JIAZHUANG
SHUIDIANGONG
BIDU

最新版

家装水电工必读

杨清德 李 川 ◎主编

中国电力出版社
CHINA ELECTRIC POWER PRESS

内 容 提 要

室内装修，水电先行。本书以新房水电设计与安装以及旧房水电改造的基础知识和基本技能为主线，包括水电安装基础知识、家装水电工常用工具和仪表使用、水电装修材料选用、家庭水电设计与安装、室内配电装置及灯具安装、厨卫电器安装、给排水及燃气管道安装等内容。彩色印刷，直观易懂。

本书适合爱好家装水电工的初、中级读者阅读，也可作为职业院校相关专业学生的课外读物。

图书在版编目（CIP）数据

家装水电工必读 / 杨清德，李川主编 . —北京：中国电力出版社，2018.11
ISBN 978-7-5198-2384-9

Ⅰ . ①家… Ⅱ . ①杨… ②李… Ⅲ . ①房屋建筑设备—给排水系统—建筑安装—基本知识②房屋建筑设备—电气设备—建筑安装—基本知识 Ⅳ . ① TU82 ② TU85

中国版本图书馆 CIP 数据核字（2018）第 204513 号

出版发行：中国电力出版社
地　　址：北京市东城区北京站西街 19 号（邮政编码 100005）
网　　址：http://www.cepp.sgcc.com.cn
责任编辑：马淑范（010-63412397）
责任校对：王小鹏
装帧设计：赵丽媛
责任印制：杨晓东

印　　刷：三河市航远印刷有限公司
版　　次：2018 年 11 月第一版
印　　次：2018 年 11 月北京第一次印刷
开　　本：787 毫米 ×1092 毫米　16 开本
印　　张：18.75
字　　数：468 千字
印　　数：0001—3000 册
定　　价：78.00 元

前　言

　　"别把装修理解为挣钱。其实，装修的本初乃是分享，把好的东西分享给有需要或有缘之人，盈取合理的服务费用，秉着做一单装修，交一个朋友，这才是装修。装修也是生意，生是生生不息，意乃心上之意。真诚做人，诚信做事，不欺，不骗，不瞒，不哄，此为商道，也为装修之道，亦为正道。"这是某装修工程公司的一段广告词，它站在装修从业者的角度说出了什么是装修，怎么样做一名真诚的装修人。

　　有人说当一名室内装修水电工真的很赚钱，其实这句话是有对也有错。近年来很多新房、旧房都需要装修，家庭装修一般都会涉及水电改造的，因此装修水电工挣钱的机会比较多。但是，随着人们生活水平的提高，业主对自己家居的装修效果也有了更高的期待，对家装水电工的专业技能水平的要求也更高了，即便是从业多年的水电工，如果没有具备家庭装修中的新技术、新材料、新产品、新工艺等的应用能力，在工作中也可能会遇到一些新的难题，会走许多弯路，甚至会赔钱。

　　室内装修，水电先行。一般来说，比较大的工程装修时，水管安装、电路安装、燃气管道安装属于不同的工种，各司其职；但对于家庭装修来说，装修公司为了节约人力成本，水、电、燃气施工则是由能同时胜任这三项工作的1~2个工人完成的。为此，我们组织编写了本书。

　　本书根据国家关于建筑装修行业的相关标准，结合近年来多数中等收入家庭水电安装的通行做法，以新房水电设计与安装以及旧房水电改造为主线，详尽讲述了家装水电工应掌握的基础知识、基本技能，家装水电工常用工具和仪表使用，家庭强弱电线路设计与安装、配电装置及灯具安装、厨卫电器安装、给排水及燃气管道安装等内容。

　　本书内容丰富，图文并茂，言简意赅，简明易懂。适合爱好家装水电工的初、中级读者作为自学参考书，也可作为职业院校相关专业学生的课外读物。

　　本书由杨清德、李川担任主编，郑汉声、包丽雅、冉洪俊担任副主编，第1章由李翠玲、吴荣祥编写，第2章由谢利华、杨鸿编写，第3章由兰晓军、田胜万编写，第4章由李川、彭贞蓉编写，第5章由郑汉声、张川编写，第6章由鲁世金、包丽雅编写，第7章由冉洪俊、马兴才编写，第8章由杨清德、王康朴编写。

　　由于编者水平有限，书中疏漏和错误之处在所难免，恳请使用本书的读者多提宝贵意见，批评指正，以便再版时修改。

编者

目录
CONTENTS

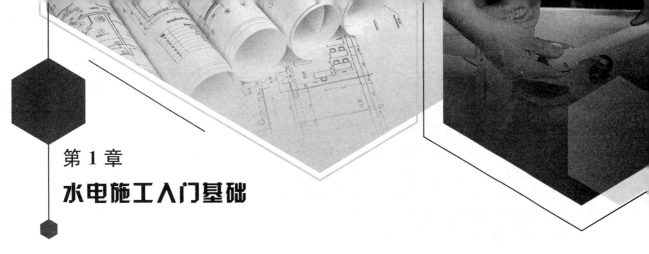

第1章
水电施工入门基础

　　水电安装是房子装修施工的重要项目,在装修工程中具有举足轻重的作用,无论是装修公司还是业主都非常重视水电安装的质量。在家装工程中,若地砖没铺好,可以重新更换几块;木板松了,可以重新钉几颗钉子;墙壁裂缝了,重新补刮涂料……起码不给楼下邻里带来损失与麻烦。可是,如果水管、电路坏了或安装不专业,就只能砸开地砖和凿开墙面了。

　　水电安装属于隐蔽工程,管线全埋在地下和墙内,纵横交织。水电安装不合格,不仅仅是财产损失的问题,更有可能给生命安全带来隐患,如淋浴时电击事故的发生。

　　因此,对于装修施工人员来说,完全有必要认真学习或温习水电安装的基础知识,提高安全意识,做好安全防护措施。

1.1　临时用电要求与管理

　　居室装修已经成为人们生活中不可缺少的一部分,新交的毛坯房需要经过较长的装修历程。一般来说,套房装的修期为 2～4 个月,别墅、洋房的修期为 6～10 个月。装修期间的用电安全不得不引起人们的重视。

　　装修施工临时用电是建筑装修工程施工现场安全生产的一个重要的组成部分。据统计,目前触电事故占各类建筑安全事故发生总数的 16.6%,仅次于高处坠落事故(占 44.8%),在五大伤害事故(高处坠落、触电、物体打击、机械伤害、坍塌事故)中位居第二位。因此,搞好装修工程的用电安全,不论对保障企业员工生命安全还是对企业的安全生产来说都十分重要。

1.1.1　家装临时用电安全的基本要求

1. 配电电源的要求

　　(1)临时用电工程应采用中性点直接接地的 380/220V 三相四线制低压电力系统和三相五线制接零保护系统。

　　装修工程队应自带临时配电箱(包括漏电开关、断路器及带保护装置的插座)和灭火器箱,如图 1-1 所示。进场时,把开发商预装的断路器上的电线全部卸下来,然后从总进线连接到临时配电箱。配电线路至配电装置的电源进线必须做固定连接,严禁做活动连接。

图 1-1　灭火器箱及临时配电箱

2. 施工现场配电线路及照明的要求

(1) 必须采用绝缘导线。

(2) 导线截面应满足计算负荷要求和末端电压偏移 5% 的要求。

(3) 电缆配线应采用有专用保护线的电缆。

(4) 配电线路至配电装置的电源进线必须做固定连接，严禁做活动连接。

(5) 配电线路的绝缘电阻值不得小于 1000Ω。

(6) 配电线路不得承受人为附加的非自然力。

3. 保护接零要求

施工现场用的下列机械设备不带电的外露导电部分要做保护接零，保护接零线必须与 PE 线相连接，并与工作零线（N 线）相隔离。

(1) 电焊机的金属外壳。

(2) 强（弱）电箱的金属箱体。

(3) 电动机械和手持电动工具的金属外壳。

(4) 电动设备传动装置的固定金属部件。

4. 电动工具的绝缘性能要求

施工现场的电动工具的绝缘性能应符合国家规范，其绝缘电阻值不小于表 1-1 的规定值。

表 1-1　　　　　　　　施工现场电动工具绝缘电阻规定值

电气设备		绝缘电阻值
异步电动机	定子	冷态 2MΩ，热态 0.5MΩ
	转子	冷态 0.8MΩ，热态 0.15MΩ
手持电动工具	Ⅰ类	2MΩ
	Ⅱ类	7MΩ
	Ⅲ类	10MΩ

5. 安全间距

(1) 临时用电线路应避开易燃易爆品堆放地。照明灯具与易燃易爆产品之间必须保持安全的距离（普通灯具 300mm，聚光灯、碘钨灯等高热灯具不宜小于 500mm），且不得直接照射易燃易爆物，当间距不够必须采取隔热措施。

(2) 施工现场临时照明灯具离地面距离≥250mm。

1.1.2　家装施工现场临时用电管理

1. 家装施工现场临时用电存在的主要问题

(1) 施工临时用电设计及管理不到位。有的装修工程在施工前没有进行临时用电施工的专项设计，对装修工程现场用电设施的布置，设施的型号规格、负荷分配情况、施工维护以及相关的用电安全管理措施等，没有按规范系统地进行设计。有的项目即使有这方面的设计，内容也是零散的、不系统的，离标准要求相差太远，起不到应有的指导作用。

(2) 现场管理人员未对施工作业人员进行用电安全技术交底，有的虽有交底但没有针对性，使得施工操作人员缺乏安全用电知识，自我保护意识薄弱。

(3) 现场没有配备专职电工，临时用电仅仅依靠用电人员自己操作，安全管理人员对此较少进行检查督促。

（4）装修施工现场未采用三相五线制保护系统，而是采用三相四线制的接地保护系统，严重违反了《建筑施工现场临时用电安全技术规范》。

（5）接地及接零保护用材不符合要求，例如保护零线应采用黄绿双色线，有的装修施工现场的保护零线接线非常随意，找到什么线就用什么线，不论其大小及颜色。

（6）照明专用回路没有设置漏电保护装置。

（7）违反"一机一闸一漏一箱"的规定（"一机"指一个独立的用电设备，"一闸"指隔离开关；"一漏"指漏电保护器；"一箱"指开关箱），有的甚至使用无任何防护装置的插座板进行供电，存在严重的安全隐患。

（8）电源线使用不合理，如有的使用塑料护套线，有的使用花线（塑料胶质线）作为电源线。

（9）电线随地拖拉，不架空或沿墙设置，如图1-2所示；电线老化、破皮及电线接头未用绝缘布包扎或包扎不合格。

图1-2　装修施工临时用电不规范举例

装修施工现场临时用电安全隐患的因果关系分析如图1-3所示。

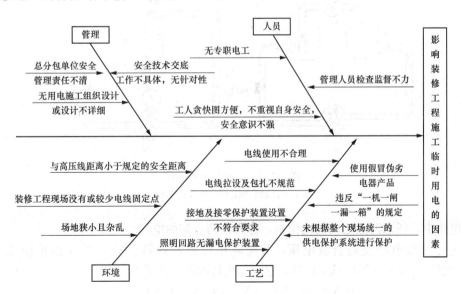

图1-3　临时用电安全隐患的因果关系分析

2. 对临时用电人员的管理

（1）电工必须按国家现行标准考核合格后，持证上岗工作；其他用电人员必须通过相关安全教育培训和技术交底，考核合格后方可上岗工作。

（2）安装、巡检、维修或拆除临时用电设备和线路，必须由电工完成，并应有人监护。电工等级应同工程的难易程度和技术复杂性相适应。

（3）各类用电人员应掌握安全用电基本知识和所用设备的性能，并应符合下列规定。

1）使用电气设备前必须按规定穿戴和配备好相应的劳动防护用品，并应检查电气装置和保护设施，严禁设备带"缺陷"运转。

2）保管和维护所用设备，发现问题及时报告解决。

3）暂时停用设备的开关箱必须分断电源隔离开关，并应关门上锁。

4）移动电气设备时，必须经电工切断电源并做妥善处理后进行。

（4）严禁施工人员在现场使用电饭锅、电磁炉、电火炉等。

（5）公休期间或下班前必须及时切断总电源，并锁好进户门。

1.2　电路安装基础知识

1.2.1　直流电路基础知识

1. 电压

可以把电的流动比做水的流动，要让水流动需要自然的坡度，如果没有，就要用人工的方法形成落差，以便产生水压。电场力做负功，就是要产生这种落差。在电学中，把相当于"水流的东西"称为电流，把"水压"类比为电压，如图1-4所示。

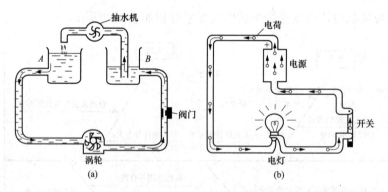

图1-4　水压和电压的形成
（a）水压的形成；（b）电压的形成

在电路中，任意两点之间的电位差，称为该两点间的电压。

无论是交流电压还是直流电压，其国际单位都是伏特（V），常用的单位还有毫伏（mV）、微伏（μV）、千伏（kV）等，它们与伏特的换算关系为

$$1mV=10^{-3}V；\quad 1\mu V=10^{-6}V；\quad 1kV=10^{3}V$$

我国规定标准电压有许多等级。经常接触的有：安全电压 6、12、24、36、42V，民用市电单相电压 220V，低压三相电压 380V，城乡高压配电电压 10kV 和 35kV，输电电压 110kV 和 220kV，还有长距离超高压输电电压 330kV 和 500kV。

2. 电流

在物理学上，把电荷在导体中的定向移动称为电流。电流的方向为正电荷定向运动的方向。例如，当手电筒开关打开灯泡发光时，电子从电池负极流出。追寻电子是如何运动的，就形成了一个电流通道，如图 1-5 所示。

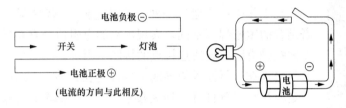

图 1-5　手电筒的工作过程

电路中有电流通过，常常表现为热、磁、化学效应等物理现象，如灯泡发光、电饭煲发热、扬声器发出声音等。

无论是交流电流还是直流电流，其单位是安培（A），常用的单位还有毫安（mA）、微安（μA），其换算关系为

$$1A = 10^{-3}mA = 10^{-6}μA$$

当人体接触带电体时，会有电流流过人体，从而对人体造成伤害。触电后，电流对人体的伤害程度取决于流经人体的电流的大小，见表 1-2。

表 1-2　　　　　　　　通过人体电流大小与人体伤害程度的关系（mA）

名称	概　念		对成年男性	对成年女性
感知电流	引起人感觉的最小电流，此时，人的感觉是轻微麻抖和刺痛	工频	1.1	0.7
		直流	5.2	3.5
摆脱电流	人触电后能自主摆脱电源的最大电流，此时，有发热、刺痛的感觉增强。电流大到一定程度，触电者将因肌肉收缩，发生痉挛而紧抓带电体，不能自行摆脱	工频	16	10.5
		直流	76	51
致命电流	在较短时间内危及生命的电流	工频	30～50	
		直流	1300（0.3s）、50（3s）	

3. 电阻

电阻是用电阻材料制成的，具有一定的阻值，其阻值代表这个电阻对电流流动阻碍能力的大小。电阻的单位是欧姆，简称欧，用字母"Ω"表示。电阻的单位除了欧姆外，还有千欧（kΩ）、兆欧（MΩ）等。其换算关系为

$$1\Omega = 10^{-3}\mathrm{k}\Omega = 10^{-6}\mathrm{M}\Omega$$

电阻的主要物理特征是变电能为热能，它在使用的过程中要发出热量，因此电阻是耗能元件。如电灯泡、电饭煲等用电器通电后要发热，这就是因为有电阻的原因。

在温度不变时，金属导体电阻的大小由导体的长度、横截面积和材料的性质等因素决定。它们之间的关系为

$$R = \rho \frac{L}{S}$$

这个公式叫作电阻定律。式中，ρ 为导体的电阻率，它由电阻材料的性质决定，是反映材料导电性能的物理量，$\Omega \cdot \mathrm{m}$；L 为导体的长度，m；S 为导体的横截面积，m^2；R 为导体的电阻，Ω。

在工作中还会遇到一种"接触电阻"，就是两个导体接触时，两者结合的紧密程度不同，表现出来的电阻值会有差异。例如，开关触点的接触电阻，导线连接点的接触电阻等。

电工在进行导线与导线、导线与接线柱、插头与插座等连接时，一定要注意接触良好（增大接触面），尽量减小接触电阻。否则，若接触电阻较大，就会留下"后遗症"，在使用时连接处要发热，容易引起电火灾事故，如图 1-6 所示导线连接不规范，正确做法是两根导线交叉后，相互缠绕并拧紧，缠绕的长度为导线直径的 10 倍。

图 1-6　施工时应尽量
减小接触电阻
（图中为错误做法）

重要提醒

人体也有电阻。人体电阻不是一个固定值，一般情况下，人体电阻值在 $2\mathrm{k}\Omega \sim 20\mathrm{M}\Omega$，其中，人体内部组织的电阻约为 500Ω。皮肤干燥时，当接触电压在 $100 \sim 300\mathrm{V}$ 时人体的电阻值为 $100 \sim 1500\Omega$。对于电阻值较小的人甚至几十伏电压也会有生命危险。对大多数人来说，触及 $100 \sim 300\mathrm{V}$ 的电压，将具有生命危险，如图 1-7 所示。

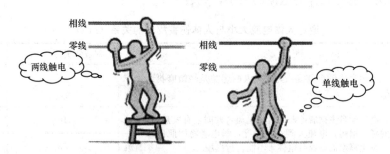

图 1-7　人体电阻小是人体触电的根本原因之一

重要提醒

由于人体电阻较小，电工在带电作业时一定要采取良好的绝缘措施，否则容易触电。

知识窗

电路的状态有通路、开路、短路等，见表1-3。

表1-3　　　　　　　　　　　　　　　电路的状态

电路状态	说明	图示
通路	处处连通的电路，即能构成电流的流通，能形成闭合回路的电路，此时，用电器工作正常	
开路	某处断开的电路。当电路中开关没有闭合，或导线没有连接好，或用电器烧坏或没安装好时，整个电路就处于断开状态，此时，没有电流流过，用电器不能正常工作	
短路	电流不通过用电器而直接接通电源叫作短路。发生短路时，因电流过大往往引起机器损坏或火灾。为防止电路短路，电路中必须设置保险装置	

4. 电功率

电功率是衡量电能转化为其他形式能量快慢的物理量。电流在单位时间内所做的功称为电功率，用符号"P"表示。平常说这个灯泡是40W，那个灯泡60W，电饭煲750W，就是指的电功率。

如图1-8所示，在相同电压下，并联接入同一电路中的25W和100W灯泡的发光亮度明显不同，这是因为100W灯泡的功率大，25W灯泡的功率小。

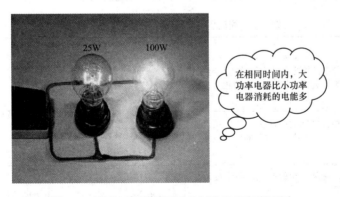

在相同时间内，大功率电器比小功率电器消耗的电能多

图1-8　相同电压功率不同的灯泡发光亮度不同

电功率的国际单位为瓦特（W），常用的单位还有毫瓦（mW）、千瓦（kW），它们与W的换算关系是

$$1\mathrm{mW} = 10^{-3}\mathrm{W}$$
$$1\mathrm{kW} = 10^{3}\mathrm{W}$$

重要提醒

大功率用电器的使用，会导致电路中的电流显著增大。由于导线（电阻）的分压作用，使得其他用电器得到的电压减小，实际功率减小，所以，启动大功率用电器时，灯泡会变暗。

5. 电能

电能是自然界的一种能量形式。各种用电器借助于电能才能正常工作，用电器工作的过程就是电能转化成其他形式能的过程。

在一段时间内，电场力所做的功称为电能，用符号"W"表示，其计算公式为

$$W = Pt$$

式中，W 为电能；P 为电功率；t 为通电时间。

电能的单位是焦耳（J）。对于电能的单位，人们常常不用焦耳，仍用非法定计量单位"度"。焦耳和"度"的换算关系为

$$1\text{度（电）} = 1\mathrm{kW} \cdot \mathrm{h} = 3.6 \times 10^{6}\mathrm{J}$$

即功率为 1000W 的供能或耗能元件，在 1h（小时）的时间内所发出或消耗的电能量为 1 度（电）。

重要提醒

在生产和生活中，用电器工作时就要消耗电能，究竟消耗了多少电能，可用电能表测量。在家装时，建筑商或供电局已经把电能表安装好了。作为家装电工，如果去拆装电能表及电路，这种行为有可能被认定为是窃电，情节严重的会依法给予经济处罚。

1.2.2 交流电路基础知识

1. 线电压、线电流、相电压、相电流、中线电流

线电压、线电流、相电压、相电流、中线电流的定义见表 1-4。

表 1-4 　　　　　　　　　线电压、线电流、相电压、相电流、中线电流

概念	定 义	关 系
相电压	各相线与中性线之间的电压称为相电压，通常俗称为"火零为相"，市电的相电压一般为 220V	线电压是相电压的 $\sqrt{3}$ 倍（即 1.73 倍）
线电压	相线与相线之间的电压称为线电压，通常俗称为"火火为线"，市电的线电压一般为 380V	
相电流	电器输入端某一相的电流，即流过每相负载的电流	三角接法时，线电流是相电流的 $\sqrt{3}$ 倍；星形接法时，线电流等于相电流
线电流	电器的三个相支路中的电流，即流过每根相线的电流	
中线电流	流过中性线（俗称零线）的电流	在保证三相负载绝对对称的条件下，中线电流等于零；否则，中性线上是有电流的

📁 **重要提醒**

在三相四线制供电电路中，三相负载常常是不平衡的，中性线（零线）上是有电流通过的。装修施工时，一定要注意用电安全。一些人错误地认为零线无电流，随意触摸中性线，这是有血的教训的，如图1-9所示。

安全用电要牢记，零线也有带电时

图1-9 触摸中性线也有可能触电

2. 三相三线制、三相四线制、三相五线制

在供电线路中，常常有三相三线制、三相四线制、三相五线制的线路，其具体含义见表1-5。

表 1-5 三相三线制、三相四线制和三相五线制

供电线路	含义	电路接线图	应用场合
三相三线制	由三根相线组成的供电线路	L1 L2 L3 三相负载	高压输电系统和三相负载平衡的配电电路
三相四线制	由三根相线和一根中性线组成的供电线路	L1 L2 L3 N 三相四线制电源 动力开关(380V) 照明开关(220V)	低压配电系统
三相五线制	由三根相线、一根中性线（称为工作零线，用N表示）和一根保护零线（用PE表示）组成的供电线路	L1 L2 L3 N PE 电力系统接地点 外露可导电部分	

📁 **重要提醒**

普通居室装修时，一般采用单相三线制接线方式，即将三相五线制供电的一根相线（火线）、

一根中性线（零线）和一根保护零线接入室内线路，暂把它称为单相三线。施工时，中性线和保护中性线要用不同颜色的电线加以区分，如图1-10所示。

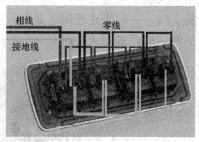

图1-10   单相三线布线

3. 强电与弱电

强电和弱电是相对而言的，两者既有联系又有区别。

"强电"是指380V的动力用电及220V的照明用电，即市电系统。强电的处理对象是能源（电力），其特点是电压高、电流大、功率大、频率低，主要考虑的问题是减少损耗、提高效率。

家用电器中的照明灯具、电热水器、取暖器、冰箱、电视机、空调、音响设备等用电器均为强电电气设备。

"弱电"是指电话、网络、监控、电视等电路，一般都在36V以下。弱电的处理对象主要是信息，即信息的传送和控制，其特点是电压低、电流小、功率小、频率高，主要考虑的是信息传送的效果问题，如信息传送的保真度、速度、广度、可靠性。

家用电器中的电话、电脑、电视机的信号输入（有线电视线路）、音响设备（输出端线路）等用电器均为弱电电气设备。

重要提醒

为了避免出现弱电受强电的电磁影响，在施工过程中，对弱电与强电的布线可采取以下措施。

（1）强电和弱电不能穿在同一根线管；以防止强电影响弱电，造成弱电设备受强电的电磁场干扰，如图1-11所示。

图1-11   不允许强弱电穿在同一根线管

（2）强电线路和弱电线路分开敷设，并保持 30～50cm 的平行距离，如图 1-12 所示。如果条件不允许，二者的间距也不能少于 15cm。

图 1-12　强电和弱电分开敷设

（3）应尽量避免强弱电交叉敷设，如果无法避免，在强电与弱电之间的交界处，必须用锡箔纸把弱电线管包住，以屏蔽电磁场的干扰，如图 1-13 所示。

图 1-13　强弱电交叉敷设的处理措施

4. 接地

为防止触电或保护设备的安全，确保安全用电，在电力系统中将设备和用电装置的中性点、外壳或支架与接地装置用导体作良好的电气连接叫作接地。

电气系统的接地措施有四种，包括工作接地、保护接地、重复接地、保护接零、防雷接地，见表 1-6。

表 1-6　　　　　　　　　　　　电 气 系 统 的 接 地

接地措施	说明	图示
工作接地	在正常或事故情况下，为了保证电气设备可靠地运行，必须将电力系统中某一点接地时，称为工作接地。如变压器低压侧的中性点接地，就属于工作接地	
保护接地	为了防止电气设备的绝缘损坏，而发生人身触电危险，将与电气设备带电部分相绝缘的金属外壳或构架与大地作电气上的连接，称为保护接地	

续表

接地措施	说明	图示
重复接地	将中性线上的一点或多点与另外的接地装置连接，称为重复接地。 　　当中性线有电时，重复接地可降低零线对地电压；当零线断线时，重复接地可使故障的危害程度减轻	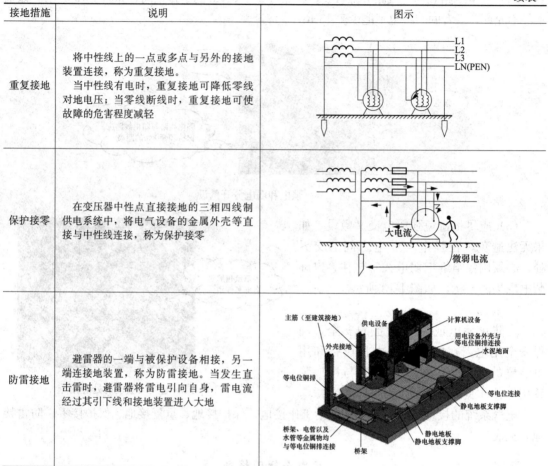
保护接零	在变压器中性点直接接地的三相四线制供电系统中，将电气设备的金属外壳等直接与中性线连接，称为保护接零	
防雷接地	避雷器的一端与被保护设备相接，另一端连接地装置，称为防雷接地。当发生直击雷时，避雷器将雷电引向自身，雷电流经过其引下线和接地装置进入大地	

📇 **重要提醒**

　　室内装修时，按照国家规定，插座的接地线要采用黄绿双色线，如图 1-14 所示。千万不能不安装接地线，或者采用其他颜色的线作为接地线。

图 1-14　用黄绿双色线作为接地线

5. 等电位连接

　　等电位连接就是将建筑物内部和建筑物本身的所有的大金属构件全部用母排或导线进行电气连接，使整个建筑物的正常非带电导体处于电气连通状态，以减小雷电流在它们之间产生的电位差。

　　《住宅设计规范》指出：城镇新建住宅中的卫生间宜做等电位连接。通俗的解释是：浴室等电位连接就是保护人们不会在洗澡的时候被触电。电热水器、坐浴盆、电热墙，浴霸以及传统的电灯……都有漏电的危险，电气设备外壳虽然与 PE 线连接，当仍可能会出现足以引起伤害的电位，发生短路、绝缘老化、中性点偏移或外界雷电而导致浴室出现危险电位差时，人受到电击的可能性非常大，倘若人本身有心脑方面疾病，后果更严重。

等电位连接使电气设备外壳与楼板墙壁电位相等，可以极大地避免电击的伤害，其原理类似于站在高压线上的小鸟，因身体部位间没有电位差而不会被电击。

一般局部等电位连接也就是一个端子板或者在局部等电位范围内构成环形连接。卫生间等电位端连接如图 1-15 所示。

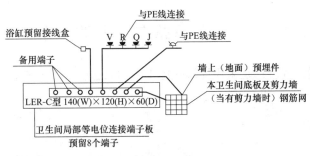

图 1-15　卫生间等电位连接举例

🗒 **重要提醒**

等电位连接的技术要求如下。

（1）所有进入建筑物的外来导电物均做等电位连接。当外来导电物、电力线、通信线在不同地点进入建筑物时，宜设若干等电位连接带，并应就近连到环形接地体、内部环形导体或此类钢筋上。它们在电气上是贯通的并连通到接地体，含基础接地体。

环形接地体和内部环形导体应连到钢筋或金属立面等其他屏蔽构件上，宜每隔5m连接一次。

（2）穿过防雷区界面的所有导电物、电力线、通信线均应在界面处做等电位连接。应采用一局部等电位连接带做等电位连接，各种屏蔽结构或设备外壳等其他局部金属物也连到该带。

用于等电位连接的接线夹和电涌保护器应分别估算通过的雷电流。

（3）所有金属地板、金属门框架、设施管道、电缆桥架等大尺寸的内部导电物，其等电位连接应以最短路径连到最近的等电位连接带或其他已做了等电位连接的金属物，各导电物之间宜附加多次互相连接。

（4）每个等电位连接网不宜设单独的接地装置。

6. 家庭用电线路的种类

家庭用电线路有照明线路、空调线路和插座线路三种，见表1-7。为了避免在日常生活中三种线路不互相影响，常将这三种线路分开安装布线，并根据需要来选择相应的断路器。

表 1-7 　　　　　　　　　　　　　普通家庭用电线路的种类

线路类型	用途说明
照明线路	为各个房间的照明灯具供电
空调线路	用于空调供电（由于功率大、电流大，需要单独控制）
插座线路	用于家用电器供电，台灯、落地灯供电

1.3　水管管路安装基础知识

现代装修水、暖、气管都是采用埋墙式施工，如果这些管子渗漏和爆裂，将会带来难以弥补的后果。

1.3.1　管材简介

1. 水管的种类

家庭水暖气装修常用管材有 PPR 水管、覆塑铜管、铝塑管、燃气管和 PVC 排水管，见表 1-8。

表 1-8 　　　　　　　　　　　　家庭水暖装修常用管材比较

管材	图示	优点	缺点
PPR 水管	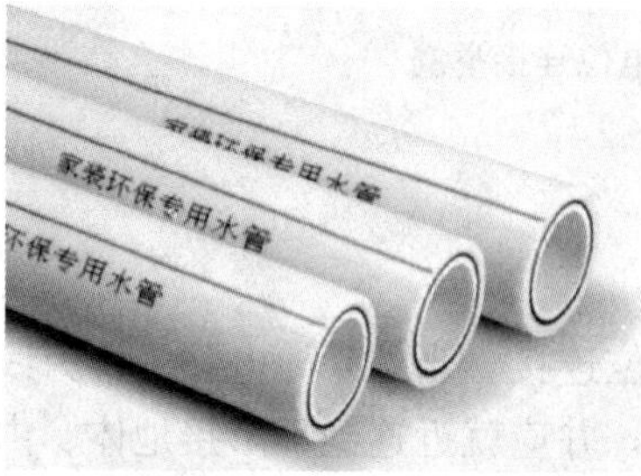	价格适中、性能稳定，耐热保温，耐腐蚀，内壁光滑不结垢、管道系统安全可靠，并不渗透，使用年限可达50年。 既可以用作冷管，也可以用作热水管，还可作为纯净饮用水管道	施工技术要求高，需采用专用工具及专业人士进行施工，方能确保系统安全
覆塑铜管		具有强度高、耐腐蚀、消菌等优点，是水管中的上等品。铜管接口的方式有卡套和焊接两种	价格高、施工难度大。在北方气候环境条件下，极易造成热量损耗，能源消耗大，使用成本高
铝塑管	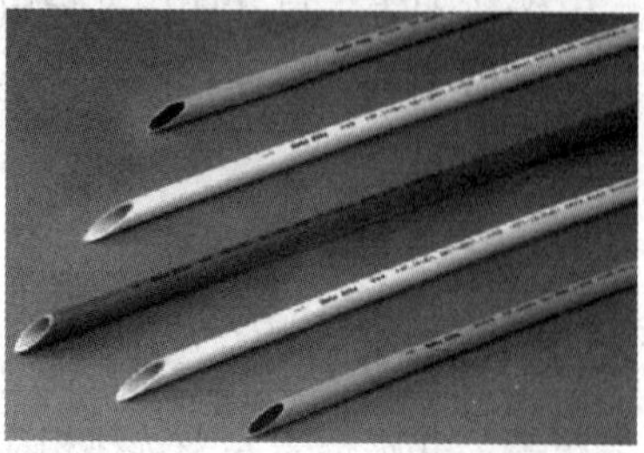	综合了钢铁材料和塑料的各自优点，可任意弯曲，内壁光滑	易老化，使用年限短，其管道连接处极易出现渗漏现象

续表

管材	图示	优点	缺点
PE 燃气管		接口稳定可靠、材料抗冲击、抗开裂、耐老化、耐腐蚀，具有柔软性、导热性、环保性等优点	器械性不如钢管，不能裸露于空气中阳光下，并且对化学物品敏感
PVC 排水管		具有较好的抗拉、抗压强度；管壁非常光滑，对流体的阻力很小，耐腐蚀性强，具有良好的水密性	柔性不如其他塑料管，使用过程中容易产生脆性

2. PPR 管的规格

PPR 管的规格用管系列 S、公称直径 DN×公称壁厚 en 表示。

（1）PPR 管系列 S。S 是用来表示 PPR 管材规格系列的，有如下关系

$$S = (DN - en)/2en$$

式中　DN——PPR 公称直径，mm；

en——PPR 公称壁厚，mm。

例：PPR 管系列 S5、PPR 公称直径 DN25mm、PPR 公称壁厚 en2.5mm，则表示为：S5、DN25×en2.5mm。

一般常用的 PP-R 管规格有 S5、S4、S3.2、S2.5、S2 五个系列，大部分企业 PPR 管件都只有最高标准 S2 一个系列［其含义为 2.5MPa（25kg）］，冷热水全部适用。

（2）公称直径 DN。公称直径（也称公称口径、公称通径）是管路系统中所有管路附件用数字表示的尺寸，用字母"DN"后面紧跟一个数字标志。同一公称直径的管子与管路附件均能相互连接，具有互换性。

注意：水管工平常说的 4 分管或者 6 分管的"分"，它既不是内径也不是外径；它是为了大家统一尺寸，方便管件和管线中相关设备之间的连接而人为的规定的一个直径俗称；它对应的是国际上用的公称直径，DN。例如：DN20 表示外径为 20mm 的 PPR 管，俗称 4 分管；丝牙 1/2 俗称 4 分，也就是 15 丝。DN25 表示外径为 25mm 的 PPR 管，俗称 6 分管；丝牙 3/4 俗称 6 分，也就是 20 丝。DN32 表示外径为 32mm 的 PPR 管，俗称 1 寸管。

1 英寸＝25.4mm＝8 英分。

3. 冷水管和热水管的区分

PPR 管有冷水管和热水管之分，冷水管不能用做热水管。

分辨冷热水管的简便方法是：热水管上有一条红线标记，冷水管上有一条蓝线标记，如

图 1-16 所示。此外，冷水管和热水管均有文字标识，也有耐受压力标识。另外，如果同种规格的管子，比较其壁厚也能区分冷热水管，热水管比冷水管壁厚的管，所以价格相对也要高一些。

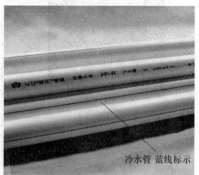

图 1-16　热水管和冷水管的标记

冷水管最高耐温不能超过 90℃，如果误用冷水管作为热水管，长期在热水状态下工作会老化开裂。

由于热水管的各项技术参数要高于冷水管，且价格相差不大，一般在家庭水暖改造中，可以建议业主安装 PPR 管时全部选用热水管，即使是流经冷水的地方也用热水管。

1.3.2　水管敷设方式

水路的安装一般有走顶、走地、走墙三种敷设方式可供选择。

1. 走地

地上走管路，安装最容易，用料也不多。但如有漏水，不易被发现而且维修起来是很大的工程。

2. 走墙

墙上走管路，安装较难，用料最少，发生漏水维修易发现易维修，但开槽较难。

3. 走顶

顶上安装管路，安装最难，用料最多。漏水容易发现，维修简单。因此，选择水管走顶的方式是比较稳妥的选择，如图 1-17 所示。

图 1-17　水管走顶敷设

总之，水管路敷设原则是：走顶不走地，顶不能走，考虑走墙，墙也不能走，才考虑走地。

1.3.3 水暖装饰美化法

家庭水暖气装修既方便使用，又较好地予以遮掩是水暖管线装饰美化的关键。通常采取埋、藏、饰等方法进行，见表1-9。

表1-9 家庭水暖装修常用美化方法

美化方法	说明	图示
埋	在装修过程中，通过墙面、地面、顶面的装修有机地将可埋设的管线埋设于面层之下	
藏	通过一些家具或造型设计有机地将上下水、暖气等管道包藏掩蔽起来。餐厅、厨房的上下水管、煤气管道可以设计成壁式家具，如酒柜、墙橱、角柜等；卫生间的上下水管可利用盥洗台和梳妆镜的设计隐藏；顶层或一层住房往往有暖气管穿过室内窗上，可将其隐藏到窗帘盒里面，使窗帘盒的挡板将管道全部遮住。 充分利用壁式家具或墙面装饰隐藏管道，既能将管道较好隐藏在家具之中，又增加了储物空间，可谓一举两得	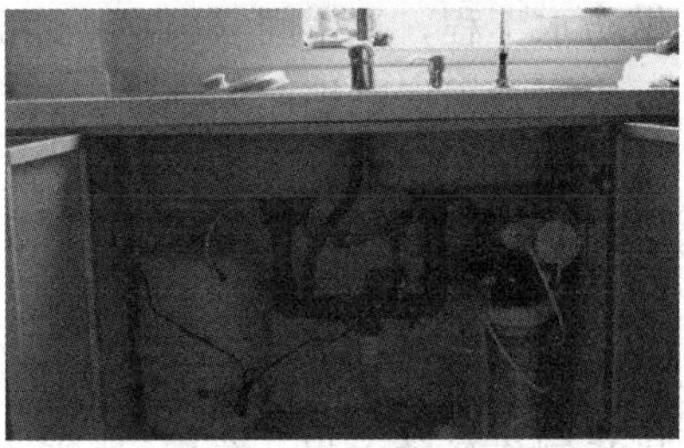
饰	水暖管线也并非都要隐蔽处理，巧妙地利用其本身作一些装饰也可起到美化作用。如可以将管线设计涂上不同的颜色，使之成为颇具创意的造型；或者管线四周用塑料花草缠绕，把管线装扮成一段树干，都会产生独特的装饰效果	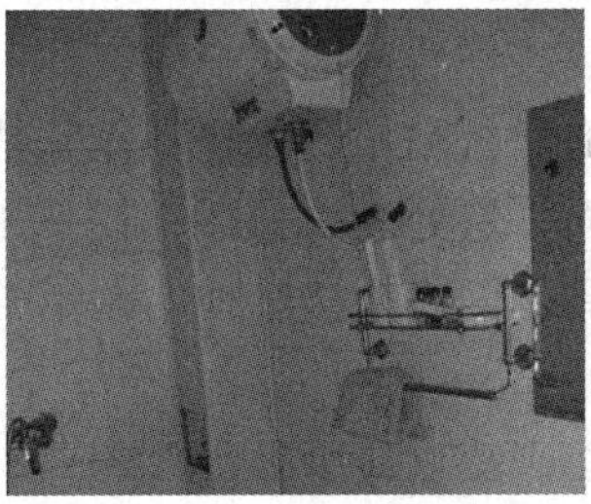

1.4 家装施工程序及要求

1.4.1 家装施工原则及程序

作为电工，应该了解家庭装修的原则及步骤，知道施工的先后顺序，以明确自己在什么时候进入装修现场进行施工。

1. 家装施工的基本原则

家装施工的基本原则是：先上后下，先里后外，先脏后净，先湿后干，先粗后细，先结构后装饰，先装饰后陈设。

2. 家庭装修的一般顺序

一般情况下，装修工程的施工顺序是：建筑结构改造→水电布线→防水工程→瓷砖铺装→木工制作→木质油漆→墙面涂饰→地板铺装→水电安装→设备安装→污染治理→卫生清洁→吉日入住。

3. 家庭装修施工的程序

(1) 准备与设计阶段。

1) 实地现场量房，了解房子结构，业主预估理想价位，收集所须资料。

2) 立意构思，确定设计方向；初步方案、报价、平面图、草图等；修改方案、报价、效果图；方案确定、完善施工图纸。

(2) 土建改造阶段。

1) 进场，拆墙，砌墙。

2) 定做的门、橱柜、浴柜、家具、散热器等进行初次测量设计。

3) 凿线槽，水电改造。

4) 封埋线槽，隐蔽水电改造工程。

5) 做防水工程，卫生间（厨房）地面做 24h 闭水试验。

6) 卫生间及厨房贴墙面、地面瓷砖。

7) 定做的门、橱柜、浴柜、家具等进行复尺测量。

(3) 基层处理阶段。

1) 木工进场，吊天花板、石膏线。

2) 包门套、窗套，制作木柜框架（定做除外）。

3) 同步制作各种木门、造型门（定做除外）。

4) 木制面板刷防尘漆（清油）。

5) 窗台大理石台面找平铺设。

6) 木饰面板粘贴，线条制作并精细安装。

7) 墙面基层处理，打磨，找平。

8) 家具、门窗边接缝处粘贴不干胶（保护边）。

(4) 细部处理阶段。

1) 墙面刷漆（最少 2 次）。

2) 家具油漆进场，补钉眼，油漆。

3) 处理边角、铺设地砖，过门石。

4) 铺地板。

5) 定做的门、橱柜、浴柜、家具、散热器等进场。

6) 灯具、开关、插座、洁具、拉手、门锁、挂件等安装调试。

7) 墙面漆涂刷（最后 1 次）。

8) 清理卫生，地砖补缝，撤场。

9) 装修公司内部初步验收。

10）三方预约时间正式验收，交付业主。

4. 各工种进场施工顺序

家居装修中各工种进场施工顺序是：瓦工→水电工→泥水工→木工→油漆工→水电工→设备安装工→污染治理工→清洁工。

1.4.2　居室电气布线方式及规定

1. 居室线路布线方式

居室线路的布线方式有明敷设和暗敷设两种，见表 1-10。

表 1-10　　　　　　　　　居室线路布线方式

布线方式	配线方法	优点	缺点
明敷设	明敷设是将导线沿墙壁、天花板表面、横梁、屋柱等处敷设。常用的配线方法有：瓷（塑料）夹板配线、绝缘子配线、槽板配线、塑料护套线配线和 PVC 线管配线	线路明敷设安装工期短，检查维修较方便	影响室内美观，人能触摸到的地方不十分安全
暗敷设	暗敷设是指将线管埋入墙壁或地板内的线管（槽）中的布线方式。常用的配线方法有：钢管配线、PVC 线管配线	使用安全，室内整洁美观	安装施工要求高，检查和维护较困难

📑 重要提醒

现代家庭装修时，强电线路基本上是采用电线管暗敷设布线方式，只有在吊顶内的天花板表面、横梁等处采用线路明敷设；弱电线路全部采用电线管在地板内或墙壁内暗敷设，如图 1-18 所示。

图 1-18　居室线路的布线方式

2. PVC 电线管配线的有关规定

（1）暗敷设必须配阻燃 PVC 电线管（以下简称 PVC 电线管），当管线长度超过 15m 或有两个直角弯时，应增设拉线盒。

（2）PVC 电线管的弯曲处不应有折皱、凹陷和裂缝，其弯扁程度不应大于管外径的 10%。弯曲 PVC 电线管要用弹簧弯管器，其弯曲半径的规定见表 1-11。

表 1-11	电线管弯曲半径规定
项目	规定说明
管路明设	一般情况下，弯曲半径不宜小于管外径的 6 倍
	当两个接线盒间只有一个弯曲时，其弯曲半径不宜小于管外径的 4 倍
管路暗设	一般情况下，弯曲半径不宜小于管外径的 6 倍
	当管路埋入地下或混凝土内时，其弯曲半径不应小于管外径的 10 倍，如图 1-19 所示

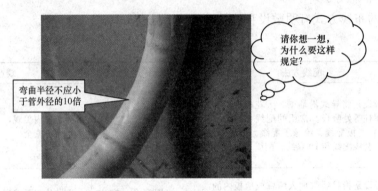

图 1-19　电线管的弯曲半径示例

（3）PVC 电线管与预埋暗盒、配电箱连接时，要用锁扣紧固；PVC 电线管与 PVC 电线管之间连接时，要使用配套的管件（如弯头、变径接头等）进行连接，连接处结合面涂专用胶合剂，使接口密封。

（4）同一回路电线应穿入同一根管内，但管内电线总截面积（包括绝缘外皮）不应超过管内截面积的 40%。穿线太多，留下隐患，如图 1-20 所示。

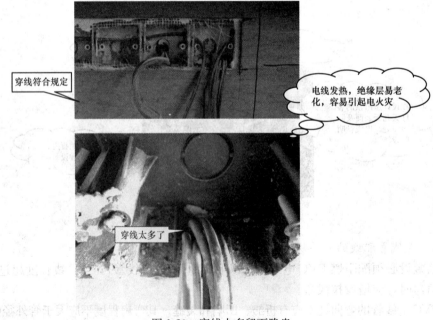

图 1-20　穿线太多留下隐患

（5）PVC电线管按照管壁厚度可分为轻型、中型、重型。一般来说，敷设在地板内的要选用重型管，敷设在墙壁内的可选用中型管。

（6）室内强电和弱电线路应选用不同颜色的PVC电线管，如图1-21所示。

图1-21　强电和弱电选用不同颜色电线管

（7）平行预埋的强电、弱电电线管应保持30~50cm的距离，如图1-22所示。

（8）不同弱电之间应单独布管，以免信号相互干扰。

（9）先敷设管路，然后再穿线，这样就可以避免将来进行换线时，出现线无法抽动的现象。

图1-22　强电、弱电电线管的距离

1.4.3　"横平竖直" VS "大弯大弧" 布线

1. 传统暗敷设线路——"横平竖直"工艺

传统电气布线方式，"横平竖直"一统江湖水电规范形象，是被广大业主和众多装饰公司长期运用。用这种方式排管走线，做出来的效果确实中规中矩，整齐划一，墙面、地面一点也不显杂乱感。因此，很有卖相。

"横平竖直"的布线方式，表面上美观而且整齐，其优势基本上只能体现在外观上。不能成为活线，其很多功能设计就难以保证规范。比如回路，由于是边穿管边布管，很多地方的回路可能就会串接；第一次布线后需要整改或者修改的布线，所有线管和电线得重新拆除后再安装，电线被多次使用，造成电线内部的损伤；由于不是后期穿线，因此管内的线径往往会超出标准，造成散热不畅；同时，"横平竖直"大多数会使用弯头和正三通，这样也会将电线折成90°，影响线路的抽动。电线在电线管内被折成90°，影响线路的抽动，成了"死线"，如图1-23所示。

这种"横平竖直"的布线方式违反了国家相关行业通行准则，必然留下后期隐患。电线无法抽动，如果今后线路出问题需更换电线，只能将地面、墙面凿开，同时更换电线管和电线，大大增加后期维修成本。

"横平竖直"对装饰公司来说，多拐几个弯，操作简单，但线路自然加长了，客户则得多掏钱。

传统布线，90°转弯，整齐划一，墙面、地面一点不杂乱，因此很有卖相。但这只能是一次性用的"死线"，无法换线！

图 1-23 横平竖直暗敷设布线

重要提醒

室内电气工程施工好与坏，重要的不是外观而是内在功能的实现。传统布线中的横平竖直，在"活线工艺"中的大弯大弧越来越普及的今天，必将悄然退出历史舞台。

2. 现代暗敷设线路——"横平大弯"工艺

国家规定：预埋电线管和穿线是两道必须分开的工序，如果是合并在一起，则是错误的！把管道全部固定好，再穿线，这样操作线就是活线。因此，室内暗敷设电线管不能采用"横平竖直"的死线工艺，应采用"横平大弯"的活线工艺。

"横平大弯"活线工艺，在线路转角处采用大弧大弯，使线管内的电线可以随意抽动，如图 1-24 所示。

新型工艺，横平大弯大弧，不拐直角弯，就像火车拐弯一样；节省时间，节约材料。先布管，业主验收后穿线，确保线路是"活线"，维护检修真方便！

图 1-24 "横平大弯"暗敷设布线

这种布管方式，电线管的配件只用直接头、锁扣、圆三通。而以前常用的弯头被冷弯所代替、正（直）三通被圆三通所淘汰。因为圆三通管径更宽，更利于分线和检查。这种工艺，比横平竖直布线节省施工时间，更节省材料。

重要提醒

活线工艺布管需大弯大弧，也就是线路拐弯不能是直角弯，而应该是像火车拐弯一样，拐弯半径要大。把电线管全部固定好，再穿线。这样，做出来的线路才不会折死。

知识窗

明敷设线路——"横平竖直"工艺

家庭临时住所、地下车库、老式住宅的楼道等场所，宜采用线路明敷设。这不仅可节省工程费用，更主要的是使用安全性能提高，且线路维护、检修方便。室内线路明敷设，就是采用电线管（槽）保护，线路沿墙、沿梁或顶棚明敷设，其工艺要求如下。

（1）线路按最短途径原则集中敷设，横平竖直、整齐美观、不宜交叉，如图 1-25 所示。

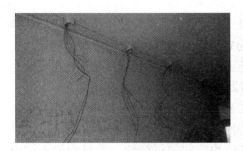

横平竖直，不宜交叉，管卡固定

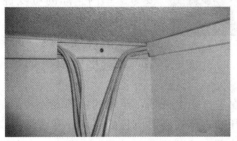

图 1-25 电线管（槽）明敷设

（2）明管采用管卡固定。PVC 管管卡间的距离，管径在 20mm 以下时为 1m，管径在 20～40mm 时为 1.5m。转弯处在离墙 10cm 的距离固定一个管卡。

（3）明敷设 PVC 管壁厚不应小于 2mm。

（4）管内导线不得有接头。若接头不可避免，应加装中间分线盒或接线盒。

（5）不同电压的回路，禁止同管敷设。

（6）电线管与其他管道的最小平行、交叉距离应符合表 1-12 的规定。电线管宜敷设在水管的上方。

表 1-12   **明敷设电线管与其他管道的最小距离（m）**

管道名称	最小距离	
	平行	交叉
暖气管	0.3	0.1
燃气管	1.0	0.3
热水管	0.2	0.1

1.4.4 水电改造施工要点

水电改造的主要工作有水电定位、开槽、埋管、穿线。

1. 水电定位

水电改造的第一步是水电定位，也就是根据用户的需要定出全屋开关插座的位置和水路接口的位置，如图 1-26 所示。水电工要根据开关、插座、水龙头的位置，按图把线路走向给用户讲清楚。而且要注意"水走天、电走地"原则，即水管走天棚，强、弱电尽量走地面，且强、弱电之间不能互相交叉及平行距离大于 30cm。

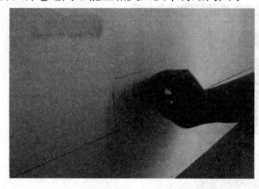

图 1-26 水电定位

（1）配电箱、信息箱的定位。配电箱、信息箱的定位设计要考虑使用方便、隐蔽、安全，还要注意和外来主线直接相连；电气线路不可隐藏在建筑承重墙、柱内。

（2）插座、开关、灯具的电气线路定位。插座、开关、灯具的电气线路定位设计要考虑室内空间的可变性，为可能的不同空间使用状况做准备，减少部分使用者在使用过程中的再规划设计的障碍，例如，书桌、装饰柜、电气设备的移动对用电、用水的影响。

如果插座在墙的上部，在墙面垂直向上开槽，至墙的顶部安装装饰角线的安装线内；如果插座是在墙的下部，垂直向下开槽，至安装踢脚板的底部。开槽深度应一致，应先在墙面弹出控制线后，再用云石机切割墙面人工开槽。

在灯具质量较大的情况下，要注意在天花预埋承重构件，不可直接安装在木楔上，以免造成室内不安全因素。

2. 开槽

水电定位之后，接下来就是开槽了，如图 1-27 所示。改造加增水管电线时，在墙面开槽不宜横开槽，宜竖开槽。因为横开槽对墙体的损害较大，对抗震性、强度有很大破坏。

电线管开槽的深度和宽度与线管的直径大小有关，一般来说电线管开槽的深度是线管的直径＋1cm 的抹灰层可以了。

水管开槽的深度是有讲究的，冷水埋管后的批灰层要大于 1cm，热水埋管后的批灰层要大于 1.5cm，如图 1-28 所示。

图 1-27 管路开槽

图 1-28 水管开槽

3. 电线管埋管、穿线

(1) 塑料电气暗管的敷设施工程序为：施工准备→预制加工管弯制→确定盒箱位置→固定盒箱管路连接→变形缝处理。

(2) 塑料电气明管的敷设施工程序为：施工准备→确定盒、箱及固定位置→支架、吊架制作安装→管线敷设与连接→盒箱固定→变形缝处理。

(3) 管内穿线施工程序：施工准备→选导线→穿拉线→清扫管路→放线及断线→导线与带线的绑扎→带护口→导线连接→导线焊接→导线包扎→线路检查绝缘测量。

4. 水管预埋

水管预埋完成，千万不要忘记打压测试，如图 1-29 所示。打压测试就是为了检测所安装的水管有没有渗水或漏水现象。金属及复合管给水管道系统在试验压力下观测 10min，压力降不应大于 0.02MPa，然后降到工作压力进行检查，应不渗不漏；塑料管给水系统应在试验压力下稳压 1h，压力降不得超过

图 1-29 水管打压测试

0.05MPa，然后在工作压力的 1.15 倍状态下稳压 2h，压力降不得超过 0.03MPa，同时检查各连接处不得渗漏。如果压力表的指针位置没有变化，就说明所安装的水管是密封的，才可以放心封槽。

水管安装好后，应立即用管堵把管头堵好，避免杂物掉进去。

下水管虽然没有压力，也要放水检查，仔细检查是否有漏水或渗水现象。

📋 特别提醒

在水施工中，如果有渗水现象，哪怕很微弱，也一定要坚持返工，绝对不能含糊。

1.4.5 水电工施工规范要点

1. 电工施工规范要点

(1) 施工现场临时电源应有完整的插头，开关、插座、漏电保护器设置，临时用电须用

电缆。

（2）电源线分三种颜色：相线红色、零线蓝色、地线黄绿色。所有单相插座应该按照左零右火中间地或上火下零的方法进行连接，如图1-30所示。

（3）各房间插座的供电回路，厨房、卫生间、浴室的供电回路应各自独立使用漏电保护器，必须与其他供电回路，不得将其零线搭接其他回路。

（4）空调等大功率电器，必须设置专用供电回路，空调至少采用4mm²的电源线，照明线采用1.5～2.5mm²的电源线，所有电源插座供电回路宜选用2.5mm²的电源线。其他供电负荷参照此标准。

（5）所有入墙电线采φ20的PVC阻燃线管埋设，并用弯头、直节、接线盒等连接，盒底使用杯梳管中不可有接头，不可将电源线裸露在吊顶上或直接用水泥抹入墙中，以保证电源线可以拉动或更换，如图1-31所示。

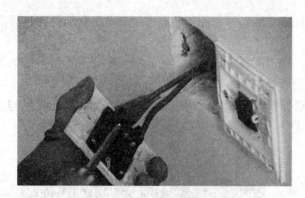

图1-30 插座接线

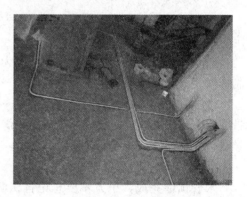

图1-31 电线管预埋

（6）特殊状况下，电源线管从地面下穿过时，应特别注意在地面下必须使用套管连接紧密，在地面下不允许有接头，线出入地面处必须套用弯头。地面没有封闭之前，必须保护好PVC套管，不允许有破裂损伤。铺地板砖时，PVC套管应被水泥砂浆完全覆盖；钉木地板时，电源线应沿墙角铺设，以防止电源线被钉子损伤。

（7）电源线走向要避开壁镜、什物架、家具等物的安装位置，防止被电锤、钉子损伤。电源线埋设时，应考虑与水管及弱电管线等的安全距离。经检验认可，电源线连接合格后，应浇湿墙面，用1∶2.5水泥沙浆封闭。电源底盒安装要牢固，面板底面平整与墙面吻合。

（8）空调电源采用16A三孔插座；在儿童可触摸的高度内（1.5m以下）应采用带保护门的插座；卫生间、洗漱间、浴室应采用带防溅的插座，安装高度不低于1.3m，并远离水源。所有插座、开关要高于地面300mm以上。同一房间内插座、开关高度一致（高度差＜5mm，并列安装的高度差＜1mm，并且不会被推拉门、家俱等物遮挡）。

卧室应采用双控开关；厨房电源插座应并列设置开关，控制电源通断；放入柜中的微波炉的电源，应在墙面设置开关控制通断。

（9）各种强弱电插座宁多勿缺，床头两侧应设置电源插座及一个电话插座，电脑桌附近、客厅电视柜背景墙上都应设置3个以电源插座，并设置相应的电视、电话、多媒体、宽带网等插座。

(10) 有金属外壳的灯具，其金属外壳可靠接地。相线应接在螺口灯头中心触片上；射灯发热量大，应选用导线上套黄蜡管的灯座，接好线后，应将灯座的导线散开。

(11) 音响、电视、电话、多媒体、宽带网等弱电线路的铺设方法及要求与电源线的铺设方法相同。强弱电线路不允许共套一管，其间隔距离为300～500mm；强弱电交叉的地方应包缠足够距离的锡箔纸，如图 1-32 所示。

图 1-32 强弱电线路的间距

音响线出入墙面应做底盒，位置在音箱背后，墙面不允许有明线。不用时，音响可放入底盒，盖上面板。

如果客户没有特殊要求，应将所有房间的电话线并接成一个号码。如果楼层有配号箱，应将电话线接通到配号箱内。多芯电话线的接头处，套管口子应用胶带包扎紧，以免电话线受潮，发生串音等故障。

重要提醒

强弱电安装质量检验方法：弱电线须采用短接一头，在另一头测量通断的方法，电源插座采用220V灯光测试通断，用绝缘电阻表测量线间绝缘强度，线间绝缘强度>0.5MΩ。电话线接头必须专用接头。

2. 水路施工规范要点

(1) 水工进场，首先必须对厨房、卫生间做蓄水试验，2 天后，到楼下观察是否渗漏。如有渗漏发生，须及时通知业主，以便做好防水处理。

(2) 给水管道的走向、布局要合理。不可斜走、交叉走。

(3) 水路改造采用铝塑管及连接配件，安装前必须检查水管及连接配件是否有破损、砂眼、裂纹等现象。

(4) 水表安装位置应方便读数；水表、阀门离墙面的距离要适当，要方便使用和维修。

(5) 在墙体内、地面下，尽可能少用或不用连接配件，以减少渗漏隐患点。连接配件的安装要保证牢固、无渗漏。

(6) 双给水龙头的两个预留口，应在同一水平线，并且与盆、池等轴线对称，预留口平面中心轴与墙面垂直，如图 1-33 所示。

(7) 墙面上给水预留口（弯头）的高度要适当，既要方便维修，又要尽可能少让软管暴露在外，并且不另加接软管，给人以简洁美观的视觉。

(8) 立柱盆的下水口应设置在立柱底部中心或立柱背后，尽可能用立柱遮接。壁挂式洗脸盆（无立柱、无柜子）的排水管一定要采用从墙面引出弯头的横排方式设置下水管（即下水管入墙），如图1-34所示。

图1-33 双给水龙头的预留口　　　　　　图1-34 洗脸盆的下水管入墙

（9）对有柜子和洗脸盆、洗菜盆的给水管，应用弯头从墙面及柜子背板上引出，高度应在柜底上方300mm（离地面400mm）左右，而不应该从柜子底板上引出。水龙头一般离地1～1.2m，离洗脸盆30～40cm。

（10）大便器的下水应直接入主下水管，并且一定要配备沉水管头，防异味。

（11）地漏必须要放在地面的最低点。

（12）橱柜、洗脸盆柜内应避免下水管设置在柜门边、柜中央部位等处。

（13）排水管道安装后要做试水检验，应保证水下水畅通，无渗漏，倒溢现象。

1.5 工程预算与成本控制

1.5.1 工程预算

在业务洽谈时，家装工程的费用是最敏感的要素，双方争执的焦点往往是单价问题，讨价还价，你来我往，都想多为自己争取一点经济利益。水电安装预算能够很好地将安装材料以及水电安装价格完美地体现出来。对于家装公司来说，赚钱是硬道理；对业主来说，省钱才是硬道理。因此，家装水电工学一点预算知识很有必要。

1. 预算基本方法

水电预算的基本方法是一致的，下面以家装电路预算为例予以说明。

（1）看工程的电气图，把工作量单拉出来，这是最基本的依据。

（2）根据图纸并结合自身经验（电工要有一定的现场施工经验），计算工程量。注意，要考虑业主在施工过程中提出的一些工程变动情况，例如，线路位置、插座位置、灯具种类等的变动情况。

（3）根据所在地区的材料价格水平、人工工资水平、税收情况、行业利润水平等，套定额或清单，再把定额中的价格调整成市场价，确定最终价格，常用水电材料见表1-13（从商业谈判技巧的角度来说，在向业主报价时，应留一点讨价还价的空间）。

表 1-13　　　　　　　　　　　　常用水电材料

大类	类型	材料
电料	线材	电线（电线应分色购买）、超五类线 UTP、电话线、视频音频线
	辅材	电线管、三通、暗盒、弯管弹簧、入盒接头锁扣、入盒接头扣锁、直接头、防水绝缘胶布、防水胶布、宽频电视一分二、有点电视分线盒、断路器、水平管、M8 腊管、塑料胀塞、螺纹管、分线盒
	开关	单开双控、双开双控、单开单控、双开单控、三开单控、暗装底盒
	插座	插座（二三孔）、插座（二二孔）、空调插座（16A）、插座（三孔）（10A）、单连 500Hz 视频插座、双连 500Hz 视频插座、电脑/电话插座、音响插座、白板、网络水晶头、暗装底盒
	灯具	厨房灯、厨房工作灯、主卫灯、南阳台灯、北阳台灯、客厅灯、餐厅灯、主卧灯、荧光灯、主卫镜前灯、筒灯、冷光灯、冷光灯变压器、客卧床头灯、主卧床头灯、灯带
水料	水管	PPR 水管（冷水、热水）、PVC 排水管、高压软管
	龙头、闸阀	洗衣机龙头、卫生间台盆龙头、厨房台盆龙头、堵头、角阀、总闸阀
	辅材	三角阀、生料带、厚白漆、回丝、防臭地漏、洗衣机地漏、弯钩、移位器、钢钉、弯头、三通

2. 电气装修价格的组成

电气装修工程价格包括材料、器具的购置费以及安装费、人工费和其他费用，见表 1-14。

表 1-14　　　　　　　　　　　　电气装修价格的组成

费用类型	说明
设计费	包括人工现场设计费，电脑设计费、制图费用等，因人而异、因级别不同
材料费	这是整个工程中最主要的费用，数目较大。各种材料的质量、型号、品牌、购买地点、购买方式（批发、零售、团购）等不同，材料费用差异较大。在计算材料时需要考虑一些正常的损耗。如果是包工不包料的工程，电工可以不计算这笔费用
人工费	因人而异、因级别不同。一般以当地实际可参考价格来预算。同时应当适当考虑工期，如果业主求的工期很急，需要加班，相应的费用要一并考虑。 通常把材料费与人工费统称为成本费
其他费用	包括利润、管理费、税收、交通费等。该项费用比较灵活

3. 预算单位

电气装修项目预算常见的单位见表 1-15。

表 1-15　　　　　　　　　　　　电气装修项目预算单位

项目	单位	工作内容	主要材料	说明
线管暗敷设	m	凿槽、敷设、穿线、固定、检测	电线、PVC 电线管、连接头、电工胶带等	分为包工包料，或包工不包料
线管明敷设	m	布线、穿管、固定、检测		
灯具安装	个	定位、打眼、安装、检测	五金配件、灯具、开关	
开关插座面板明装	个	打眼、安装、固定、检测	开关、插座面板、暗盒	
开关插座面板暗装	个	安装、固定、检测	开关、插座面板、暗盒	
强弱电箱	个	预埋、固定、安装	强电箱、弱电箱、断路器、分配器、功能模块	
弱电安装	房间	安装、固定、线材连接头组、检测、调试	接线盒、连接头	

4. 人工费的预算

家装中定额人工费的预算方法如下

$$定额人工费＝定额工日数×日工资标准$$

📑 **重要提醒**

按实结算的工地，一般应在电线管封槽之前与业主全部核对。否则，电线管封槽后有的地方无法核对，可能会产生一些误会。

5. 定额材料费的预算

家装中定额材料费的预算方法如下

$$定额材料费＝材料数量×材料预算价格＋机械消耗费$$

其中，机械消耗费是材料费的 1%～2%。

6. 预算单的内容及格式

一份预算单一般包括项目名称、单位、数量、主材单价、主材总价、辅料单价、辅料总价、人工单价、人工总价、人工总价合计、材料总价合计、直接费合计、管理费、税金、备注等项目。表 1-16 是家装工程电气项目预算单的一般格式，可供读者参考。

表 1-16　　　　　　　　　　装修工程电气项目预算单示例（强电部分）

序号	物料编号	名称	规格	单位	数量	单价	金额	品牌或产地等
1	强电 01	配电箱	AL-1	个				正泰
2	强电 02	荧光灯	2×28W 节能灯	盏				越丰
3	强电 03	电线	BVR2.5mm²	圈				金环羽
4	强电 04	电线	BVR4.0mm²	圈				金环羽
5	强电 05	暗装开关	220V 10A	个				TCL
6	强电 06	暗装插座	220V 10A	个				TCL
7	强电 07	暗装插座	220V 16A	个				TCL
8	强电 08	PVC 线管	—	m				联塑
9	强电 09	辅材、附件						
10	……		……	……	……	……	……	……
11	……		……	……	……	……	……	……
12	……		……	……	……	……	……	……
13	强电 13	照明电气安装人工费		项	1.0			
14	强电 14	小计						
15	强电 15	电气施工管理及运输费		项	1.0			

注　1. 此报价内容所有单价包含 17% 增值税。
　　2. 电源由甲方接至乙方配电箱，地板接地装置甲方负责。
　　3. 以上报价包含材料设计范围内耗损。

7. 计算电气工程应掌握的计算规律

（1）照明灯具支线一般是两根导线，要求带接地的则是三根导线，一根相线与一根零线形成回路，灯就可以亮了，但为了确保安全用电，规范要求安装高度在距地 2.4m 以下的金属灯具必须连接 PE 专用保护线（从配电箱引来），应该注意卫生间或走廊上的壁灯安装高度。

（2）N 联开关共有（N＋1）根导线，照明灯具的开关必须接在相线（也称火线）上，无论是几联开关，只接进去一根相线，再从开关接出来控制线，几联开关就应该有几条控制线，所以，双联开关有三根导线，三联开关有四根导线，以此类推。

（3）单相插座支线有三根导线，现行国家规范要求照明支路和插座支路分开，一般照明支线在顶棚上敷设，插座支路在地面下敷设，并且在插座回路上安装漏电保护器，插座支路导线根数由极数（孔数）最多的插座决定，所经二、三孔双联插座是三根导线，若是四联三极插座也是三根线。单相三孔插座中间孔接保护线（PE），下面两孔是左接中性线（俗称零线 N）右接相线 L，单相两孔插座则无保护线。

📋 特别提醒

计算时应注意的问题：
（1）电缆算出的实际量，需乘 1.025 的弯折系数。
（2）接线盒的数量为所有灯具和插座的总数，开关盒的数量是所有开关的总数。

1.5.2 家装工程成本控制

1. 人工费控制

（1）编制工日预算。编制工日预算是控制人工费的基础。工日预算应分工种、分装饰子项来编制。某装饰子项或定用工数＝该子项工程量/该子项工日产量定额，由于装饰工程的发展很快，装饰工艺日新月异，装饰用工定额往往跟不上施工的需要。这就要求装饰施工企业加强自身的劳动统计，根据已竣工的工程的统计资料，自编相应的产量定额。某装饰子项工日产量定额＝相似工程该装饰子项工程量/相似工程该子项用工总工日数。

（2）安排作业计划。安排作业计划的核心是为各工种操作班组提供足够的工作面，避免窝工。保证流水施工正常进行。在执行计划的过程中，必须随时协调，解决影响正常流水的问题。如果某一工序的进度因某种因素而耽误了，这就意味着它的所有后续工序将出现窝工，必须及时解决。

2. 材料费控制

（1）把好材料订货关。把好材料订货关要做到"准确""可靠""及时""经济"，见表 1-17。

表 1-17 把好材料订货关的原则

原则	说 明
准确	材料品种、规格、数量与设计一致
可靠	材料性能、质量符合标准
及时	供货时间有把握
经济	材料价格应低于预算价格

（2）把好材料验收、保管关。经检验质量不合格或运输损坏的材料，应立即与供应方办理退货、更换手续。材料保管要因材设"库"、分类码放，按不同材料各自特点，采取适当的保管措施。注意防火，注意防撞击。特别注意加强保安工作，防止被盗。

（3）把住发放关。班组凭施工任务单填写领料单，到材料部门领料。工长应把施工任务单副本交工地材料组，以便材料组限额发料。实行材料领用责任制，专料专用，班组用料超过限额应追查原因，属于班组浪费或损坏，应由班组负责。

（4）把好材料盘点、回收关。完成工程量的70%时，应及时盘点，严格控制进料，防止剩料，施工剩余材料要及时组织退库。回收包括边角料和施工中拆除下来的可用材料。班组节约下来的材料退库，应予以兑现奖励。回收材料要妥善地分类保管，以备工程保修期使用。

3. 工程索赔

工程索赔是工料控制的另一个侧面，工料控制是要减少人工、材料的消耗，工程索赔则要为发包方原因引起的工料超耗或工期延长获得合理的补偿。工程索赔对项目的经济成果具有重要意义。工程索赔应注意的事项见表1-18。

表 1-18　　　　　　　　　　　　工 程 索 赔 注 意 事 项

注意事项	说　明
吃透合同	仔细阅读合同条款，掌握哪些属于索赔范围，哪些是属于承包方的责任
随时积累原始凭证	与工程索赔有关的原始凭证，包括发包方关于设计修改的指令、改变工作范围或现场条件的签证、发包方供料。供图误期的确认、停电停水的确认、施工班场或工作面移交延误的确认等。签证和确认等均应在合同规定的期限内办理，过时无效
合理计算索赔金额	既要计算有形的工料增加，又要计算隐性的消耗，如由于发包方供图、供料的误期所造成的窝工损失等。索赔计算应有根有据、合情合理，然后经双方协商来确定补偿的金额

1.6　家装电工施工业务常识

1.6.1　办理装修报批手续

每一位家装工程人员包括家装电工，都应该自觉接受小区物业公司的管理。房屋装修遵循"先申请，后施工"原则。某小区规定的家庭装修报批程序如图1-35所示。

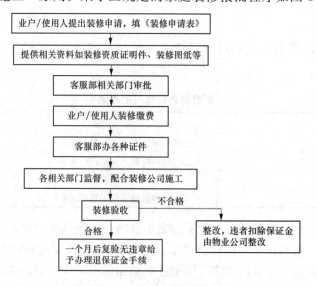

图 1-35　某小区家装报批程序

下面简要介绍家装水电工必须知道的一些规定。

（1）施工单位到物管部门办理装修人员临时《出入证》。施工人员凭《出入证》进出小区，无证人员不准入内。

（2）装修期限原则上控制在90天之内，如需延期，业主应提前向物管部提出申请，经过批准后方可继续施工。

（3）装修施工时间应遵守小区的规定，以免影响他人正常生活，如图1-36所示。（星期六、星期日是否可施工，各个小区的规定不一样。）在使用大噪声的电动工具的时候，尤其要注意。

（4）物管部将派管理人员对正在装修中的房屋进行不定期检查，装修人员不得拒绝和阻碍物管部人员对住宅室内装饰装修活动的监督检查工作，如图1-37所示。

图1-36 装修施工时间规定　　　　图1-37 请自觉遵守装修规定

（5）严禁私拉乱接，严禁偷用水电，线路安装必须接地，并做好绝缘处理。

（6）未经申报、同意，不得私自连接和移动电源线路。

（7）装修施工中有意或无意损坏公共设施、设备和他人财产物品造成损害的必须照价赔偿。

（8）空调室外机须安装在指定的位置，须将冷凝水管插入统一的引流管道内或阳台内适当的排水地方，不得悬挂在任何外墙部位，以防漏水扰人及污浊墙面。

（9）弱电线路因装修施工造成线路中断或破坏的（包括电话线、宽带网络线等），应及时向物管处客户服务部报修，由专业人员进行维修。

1.6.2 新房水电安装施工

1. 新房家装电路施工的基本程序

新房家装电路施工的基本程序为：施工前的检测与准备→电路交底与定位→电路改造材料计划及材料验收→开槽→底盒安装→布线、布管→电路改造工程量核对→电路图绘制→封槽→开关、插座面板及辅料计划→灯具安装→开关、插座面板安装。

2. 新房家装水路改造施工基本流程

新房家装水路改造施工基本流程为：对照设计图纸与业主确定定位点→施工现场成品保护→根据线路走向弹线→根据弹线对顶面固定水卡→根据弹线走向开槽→清理渣土→水管固定→检查各回路是否有误→对水路进行打压（验收测试）→封闭水槽。

1.6.3 旧房水电改造施工

1. 旧房电路改造施工

进行各种室内线路移位改造时，首先要确定线路终端插座的位置，并在墙面标画出准确的位置和尺寸，然后按照"弹线定位→开槽→电线穿管→接线→固定"的步骤进行施工。

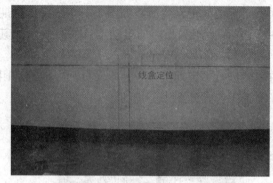

图 1-38 弹线定位

（1）根据设计和客户的具体要求，弹线定位，如图 1-38 所示。

（2）如果插座在墙的上部，可在墙面垂直向上开槽，直到墙的顶部装饰角线内。如果插座在墙的下部，垂直向下开槽，至安装踢脚板的底部。线路改造时，应尽量走最短的路线，尽量减少地面走线。万一要在地面走线，最好使用镀锌钢管内套 PVC 管再安线，而且要固定好，不让它移动。

槽深 15mm 左右，开槽深度应一致，如图 1-39 所示。开槽时，要用切割机切割墙面，人工开槽。严禁用电锤直接敲击墙面，后果会导致线槽外的粉刷层空鼓、开裂。为以后的墙面装饰留下隐患。

（1）沿地面敷设的导线，在安装踢脚板时，卧于踢脚板的底部内侧；沿顶角敷设的导线，在安装装饰线时，隐蔽在装饰角线的内部，如图 1-40 所示。

图 1-39 开槽

图 1-40 沿地面敷设的导线

注意：开槽打眼时不要破坏原电线管路或水暖管路。

（2）强电和弱电要分开走线，电源线距电话线、电视信号线的距离应大于 50mm，以避免信号干扰。

（3）导线装入套管后，应使用固定夹先固定在墙内及墙面后，再抹灰隐蔽或用踢脚板、装饰角线隐蔽，如图 1-41 所示。导线布线时除穿过空心楼板外，必须穿管。

（4）如果原插座需要保留，则重新安装的插座在原位置上；如果不保留，则用砖块填堵后，用水泥砂浆抹平。

插座盒的安装应先在墙面开出洞孔，导线插入线盒后，线盒卧入洞孔固定，将导线与面板固定，并将面板固定在线盒上。

图 1-41　套管固定

2. 旧房水路改造施工

二手房水路改造工程比较麻烦，需要细心谨慎做好，以防止后期出现问题，既花时间又费精力。

（1）做防水处理。旧房水路改造前，先要对卫生间、厨房进行防水处理，对墙、地面进行修补。将墙面地面瓷砖拆除以后，用水泥砂浆找平，然后再做防水施工，这样可以避免因厚薄不均而造成渗漏，在拆除卫生间墙砖和地砖的时候，要仔细检查墙面是否有空鼓、开裂等现象，同时检查墙面的接缝处和其他的边边角角等容易出现问题的地方，发现问题一定要仔细修补，然后才能做防水。

图 1-42　做防水处理

（2）铺设保护层。为防止之后的施工破坏防水层，需在防水涂料表面铺上保护层。保护层要完全覆盖防水层，无遗漏，与基层结合牢固，无裂纹，无气泡，无脱落现象。

（3）做闭水试验。进行闭水试验时，地面最高点的水不能低于 2cm，保存至少 24h，观察无渗漏现象后方算合格。如有渗漏，一定要重做，绝不能疏忽大意。

（4）更换水阀。旧房的水路多为镀锌管，容易生锈、积垢而且明管也不美观。新房装修可以局部改造更换，旧房最好从主管道分水阀以内全部更换，由于旧房的卫生间都不是很大，即使水管全部更换工程量也不会增加很多。在保证供水安全的前提下，装修所用管线需尽量缩短，但也要便于检修和美观。

（5）水路开槽走暗管。旧房卫生间小，为了扩展空间，水路开槽走暗管显得十分的必要，但埋在墙里的水管不能有接头，最好是一根完整的管子。在水管安装完毕封闭贴砖以前，必须用打压设备进行打压测试。

（6）安装新管道前，清理旧管道。旧房原来的下水管、地漏都不能满足现代人的生活需求，只有通过加管子来移动下水口，在新管道和旧管道对接前，必须检查旧管道是否畅通，这时候清理干净会避免日后很多麻烦。很多现代新式坐便器由于坑距、排水方式等问题，无法直接安装使用旧房原来的排污口，要移动排污口的位置又是一件非常不容易的事。遇到以上问题一般需要使用马桶移位器，只要安装得当，就不会影响排水。

1.6.4 家装水电施工验收

1. 电工验收

家装电路施工工程的验收包括前期验收、中期验收、尾期验收和竣工验收四个阶段。

（1）前期验收。家装电工的前期验收主要是材料验收，正规家装公司在将材料运输到施工现场之后，需要业主对材料逐一进行验收。此时，业主要注意是否与合同上的材料明细相符，只有业主签字之后装修公司方可进行施工。

（2）中期验收。中期验收一般安排在导线穿管完成、开关插座的暗盒固定之后，泥瓦工进场之前进行，以便发现问题，及时整改。

1）所有线路开槽横平竖直，线管敷设低于墙面5mm。当线管长度超过15m或有两个直角弯时，应增设拉线盒或适当增大直角弯半径。

2）强弱线分开穿管，不得穿于同一根管内。

3）弱电线路预埋部位必须使用整线，接头部位留检修孔。

4）同一标高的插座开关面板高低差控制在±3mm以内，并列面板高低差控制在±0.5mm以内，所有开关面板小口标高控制在±3mm以内（特殊要求除外），面板低斜小于1mm，厨房用防水插座标高不小于900mm。电源线及插座与电视线及插座的水平间距不应小于500mm。

5）按照设计规定敷设导线。空调专线为4mm²，插座主线为4mm²，分支线为2.5mm²，照明电路主线为2.5mm²，分支线为1.5mm²。

6）所有线管必须进线盒，全结构部位可以采用绝缘管，灯头线可采用波纹管，其他部位必须采用PVC线管，所有线路除插座灯头外不得有裸露现象。

7）强电线路验收：采用500V绝缘电阻表测试各回路绝缘电阻值，同时可考验所用电线质量，不达标的电线可能会被击穿，如图1-43所示。

线间绝缘或线与地之间的绝缘必须在0.5MΩ以上。

接线后的绝缘测试在总开关箱或分开关箱内进行。例如检查照明线路，切断电源，解开进照明开关箱的N线，用绝缘电阻表进行测量。

值得注意的是：测量时如果开关处于打开位置，那么开关至灯具一段导线（俗称开关线）对地绝缘未测量。为测量这一段导线的绝缘情况，可把所有灯具的开关全部扳到闭合状态，则此时的测量结果为相线和中性线对地的绝缘。

8）弱电采用专用工具测试，例如用专用网络测试工具测试网络信号线是否畅通，用万用表等测试工具测量电视同轴电缆线，完全测试合格后再进行下一步施工工作，如图1-44所示。

图 1-43　用绝缘电阻表测试各
回路绝缘电阻值

图 1-44　弱电线路测试

注意，线路敷设完毕一定要测试验收，等到其他项目施工完毕再发现问题已为时已晚。

（3）尾期验收。尾期验收一般在插座、开关、工具安装完成后进行，主要检查正常使用性能及安全性。

1）相线进开关，零线进灯头，插座接线应符合"左零右火接地在上"的规定，可通过专用仪器检查相线、零线以及接地是否正确，可用专用仪器检查所有电源插座是否正确连接，如图 1-45 所示，检查漏电保护装置是否有效，螺口灯座中心簧片是否接在相线（俗称火线）上。

2）做满负荷试运行试验。将所有照明设备，所有常用电气设备（如冰箱、电视、热水器、空调），部分临时使用电气设备同时打开，全部电器应可正常使用。

3）插座、灯具开关、总闸、漏电开关等的高度应符合安全用电规程的规定。

4）所用开关插座面板安装端正，紧贴墙面，高度符合设计要求；同一房间内同一标高要求的面板上沿高差 5mm 以内，同一墙面连续三个以上面板时高差 1mm 以内。

5）检查灯具安装是否牢固。灯具固定点数量及位置应按灯具安

图 1-45　检查插座接线
是否正确

装说明要求，一般底座直径≤75mm 时为一个，底座直径 75mm 以上时至少有两个固定点。当吊灯自重在 3kg 以上时，应先在楼板上安装调筋，而后将灯具固定调筋上，严禁安装在木楔、石膏板或吊顶龙骨上。对大型花灯、吊装花灯的固定及悬吊装置应按灯具质量的 1.25 倍做过载试验。

6）卫生间、厨房等潮湿环境应安装防水防溅的开关、插座。

（4）竣工验收。竣工验收是在所有装修工程全部完成，达到入住条件后的验收。竣工验收需要业主、设计师、工程监理、施工负责人四方参与，对工程材料、设计、工艺质量进行整体验收，合格后才可签字确认。

竣工验收的常用方法有观察检查法、量尺检查法和回路试验法。

工程竣工后，应向业主提供配线施工图（或提供供配线施工光盘），标明导线规格及走向，一式两份，交公司、业主各一份，并提供电路安装质保书。

2. 水路验收

(1) 试压。

1) 打开进水阀,从管道最低出水口缓慢灌水,充分排出管道内气体后拧紧试压泵开关。

2) 封闭总进水阀,对管道缓缓升压,升压至划定的试验压力后,观察接头、堵头是否漏水。

3) PPR、铝塑 PPR、钢塑 PPR 等焊接管保持 30min 以上,铝塑管、镀锌管等非焊接管保持 4h。测试时间结束,压力下降不超过 0.05MPa 为合格。

(2) 水卸压。确认试压合格后,将管端接上配水件,以工作压力供水,分批开启配水件,检测各出水口是否畅通。

(3) 水路验收注意事项。

1) 冷热水管需分开开槽,并且相互之间要间隔 10cm 以上,避免相互影响,如图 1-46 所示。

2) 平行于墙壁的水管用管夹固定时,管夹相互间距要≤1m(否则水流通过时水管会晃动,会有噪声产生,也会减损水管的使用寿命),如图 1-47 所示。

图 1-46 冷热水管间距要求

图 1-47 管夹间距要求

图 1-48 排水管道畅通无渗漏

3) 排水管道畅通、无阻塞、无渗漏,如图 1-48 所示。

4) 水管与燃气管间距不小于 50mm,水管和电管之间距离为 50～100mm,并分别用管卡固定牢固,如图 1-49 所示。

5) 给水管道及附件连接要严密,在安装完后的试压过程中应无渗漏,出水通畅,水表运转正常,如图 1-50 所示。

6) 冷热水阀的水口距离要正确水平,所有水口与墙体平齐,左热右冷,开关、阀门安装平整，要便于使用，如图 1-51 所示。

图 1-49　水管与其他管道的间距要求

图 1-50　水管与附件连接要严密

📋 **特别提醒**

　　水电施工后，必须绘制一张准确的水电路走向图，并妥善保管，尤其是铺设暗管的居室，如图 1-52 所示为某家庭水电施工竣工图示例。如果水电施工人员绘图能力有限，也可以采用智能手机拍照片或者录制视频等方法来留存资料，如图 1-53 所示为某客厅电线管预埋竣工照片资料留存示例。

图 1-51　水口与墙体平齐

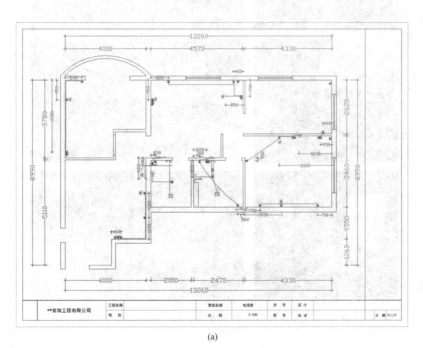

(a)

图 1-52　某家庭水电施工竣工图示例（一）

（a）插座及照明线路竣工图

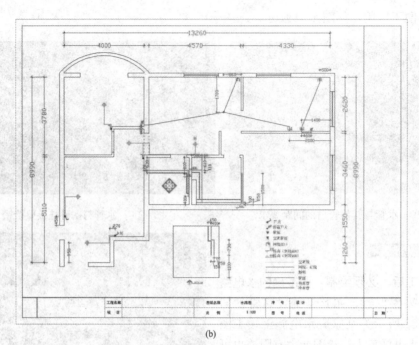

(b)

图 1-52 某家庭水电施工竣工图示例（二）

（b）水路和弱电竣工图

图 1-53 某客厅电线管预埋竣工图（照片资料）示例

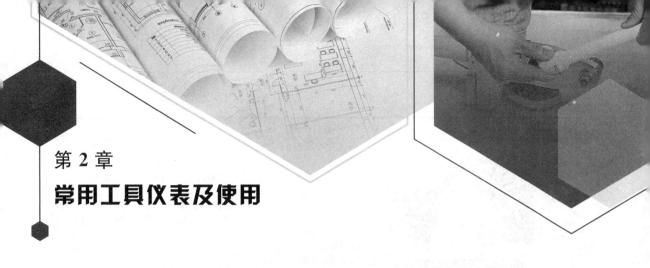

第 2 章
常用工具仪表及使用

2.1 常用电工工具及使用

2.1.1 常用基本工具使用

家装电工常用的电工工具主要有试电笔、电工钳、螺丝刀、电工刀、活络扳手、手锤等，其使用方法及操作注意事项见表 2-1。

表 2-1　　　　　　　　　　　　家装电工常用电工工具的使用

名称	图示	操作口诀	使用及注意事项
试电笔	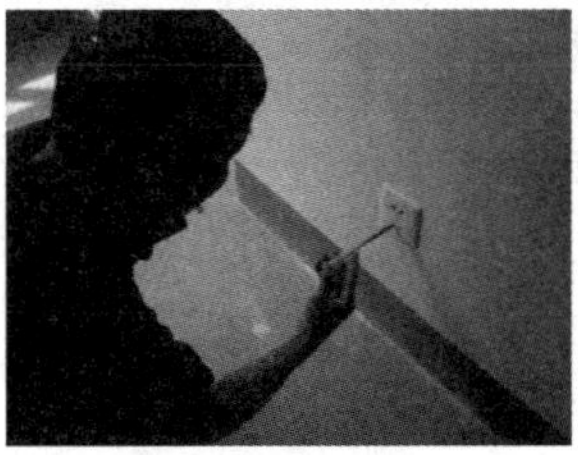	低压设备有无电，使用电笔来验电。确认电笔完好性，通过试测来判断。手触笔尾金属点，千万别碰接电端。笔身破裂莫使用，电阻不可随意换。避光测量便观察，刀杆较长加套管。测量电压有范围，氖泡发光为有电。使用电笔有禁忌，不可接触高压电	试电笔是用来测试导线、开关、插座等电器及电气设备是否带电的工具。 使用时，用手指握住验电笔身，食指触及笔身的金属体（尾部），验电笔的小窗口朝向自己的眼睛，以便于观察。试电笔测电压的范围为 60～500V，严禁测高压电。 目前广泛使用电子（数字）试电笔。电子试电笔使用方法同发光管式。读数时最高显示数为被测值
钢丝钳	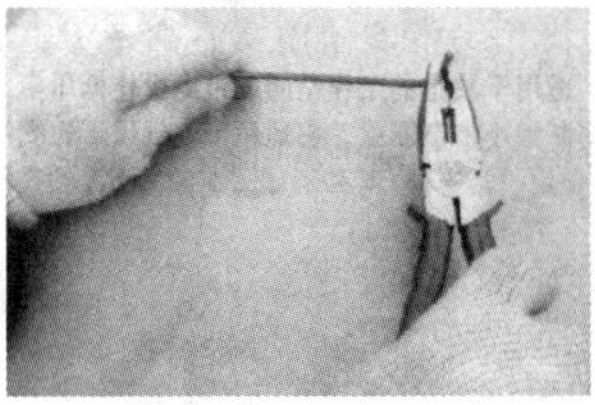	电工用钳种类多，应用场合要掌握。钳子绝缘很重要，方便带电好操作。剪断较粗金属丝，钢丝钳子可操作。弯绞线头旋螺母，铡切钢丝都能作。尖嘴用来夹小件，电线成形也能做。使用尖嘴钳注意，避免嘴坏绝缘脱。斜口钳可剪导线，钳口朝下剪线妥。专用工具剥线钳，导线绝缘自动剥	钢丝钳是用来钳夹、剪切电工器材（如导线）的常用工具，规格有 150、175、200mm 三种，均带有橡胶绝缘导管，可适用于 500V 以下的带电作业。 钢丝钳由钳头和钳柄两部分组成，钳头由钳口、齿口、刀口和铡口四部分组成。钳口用来弯曲或钳夹导线线头；齿口用来紧固或起松螺母；刀口用来剪切导线或剖削软导线绝缘层；铡口用来铡切电线线芯等较硬金属。 使用时注意：①钢丝钳不能当作敲打工具；②要注意保护好钳柄的绝缘管，以免碰伤而造成触电事故

名称	图示	操作口诀	使用及注意事项
尖嘴钳	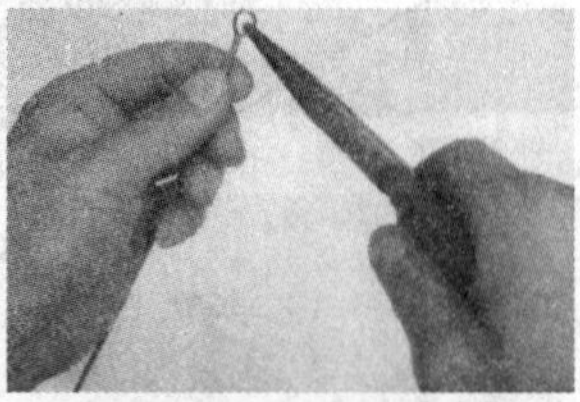	电工用钳种类多，应用场合要掌握。钳子绝缘很重要，方便带电好操作。剪断较粗金属丝，钢丝钳子可操作。弯绞线头旋螺母，铡切钢丝都能作。尖嘴用来夹小件，电线成形也能做。使用尖嘴钳注意，避免嘴坏绝缘脱。斜口钳可剪导线，钳口朝下剪线妥。专用工具剥线钳，导线绝缘自动剥	尖嘴钳的钳头部分较细长，能在较狭小的地方工作，如灯座、开关内的线头固定等。常用规格有 130、160、180mm 三种。 使用时的注意事项与钢丝钳基本相同，特别要注意保护钳头部分，钳夹物体不可过大，用力时切忌过猛
斜口钳			斜口钳又名断线钳，专用于剪断较粗的金属丝、线材及电线电缆等。常用规格有 130、160、180、200mm 四种。 使用时的注意事项与钢丝钳的使用注意事项基本相同
剥线钳			剥线钳是用于剥除小直径导线绝缘层的专用工具，它的手柄是绝缘的，耐压强度为 500V。其规格有 140mm（适用于铝、铜线，直径为 0.6、1.2、1.7mm）和 160mm（适用于铝、铜线，直径为 0.6、1.2、1.7、2.2mm）。 将要剥除的绝缘长度用标尺定好后，即可把导线放入相应的刃口中（比导线直径稍大），用手将钳柄一握，导线的绝缘层即被割破而自动弹出。 注意不同线径的导线要放在剥线钳不同直径的刃口上
螺丝刀	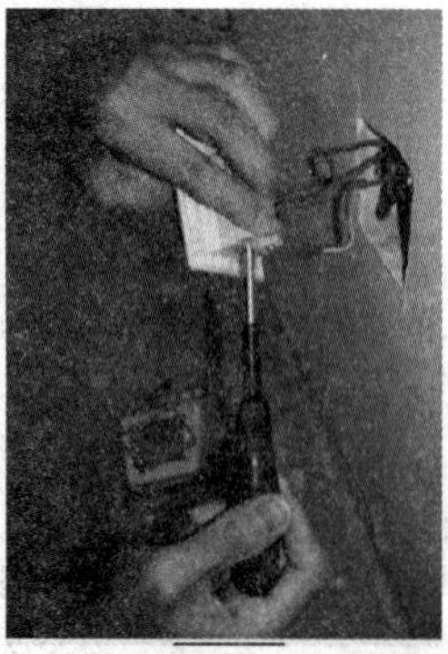	起子又称螺丝刀，拆装螺钉少不了。刀口形状有多种，一字、十字不可少。根据螺钉选刀口，刀口、钉槽吻合好。规格大小要适宜，塑料、木柄随意挑。操作起子有技巧，刀口对准螺钉槽。右手旋动起子柄，左扶螺钉不偏刀。小刀拧小螺钉时，右手操作有奥妙。大刀不易旋螺钉，双手操作螺丝刀。小钉不易用手抓，刀口上磁抓得牢。为了防止人触电，金属部分塑料套。螺钉固定导线时，顺时针方向才可靠	螺丝刀是用来旋紧或起松螺钉的工具，常见有一字型和十字型螺丝刀，规格有 75、100、125、150mm 几种。 使用时注意：①根据螺钉大小及规格选用相应尺寸的螺丝刀，否则容易损坏螺钉与螺丝刀；②带电操作时不能使用穿心螺丝刀；③螺丝刀不能当凿子用；④螺丝刀手柄要保持干燥清洁，以免带电操作时发生漏电

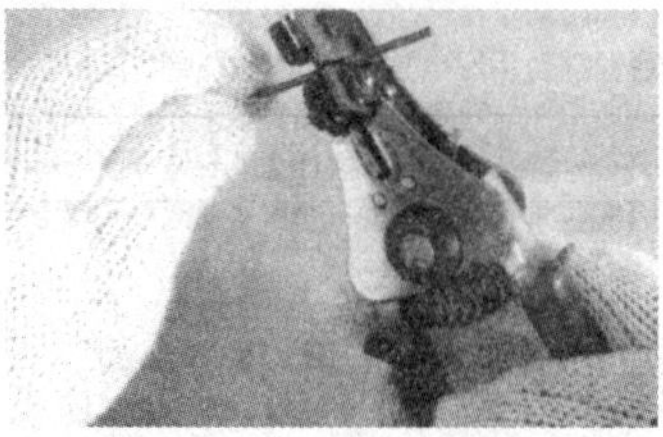

续表

名称	图示	操作口诀	使用及注意事项
电工刀		电工刀柄不绝缘， 带电导线不能削。 剥削导线绝缘层， 刀口应向外使用。 刀片长度三规格， 功能一般分两种。 单用刀与多功能， 后者可锯、锥、扩孔。 使用刀时应注意， 防伤线芯要牢记。 刀刃圆角抵线芯， 可把刀刃微翘起。 切剥导线绝缘层， 电工刀要倾斜入。 接近线芯停用力， 推转一周刀快移。 刀刃锋利好切剥， 锋利伤线也容易。 使用完毕保管好， 刀身折入刀柄内	在电工安装维修中用于切削导线的绝缘层、电缆绝缘、木槽板等，规格有大号、小号之分；大号刀片长 112mm，小号刀片长 88mm。 刀口要朝外进行操作；削割电线包皮时，刀口要放平一点，以免割伤线芯；使用后要及时把刀身折入刀柄内，以免刀刃受损或危及人身、割破皮肤
活络扳手	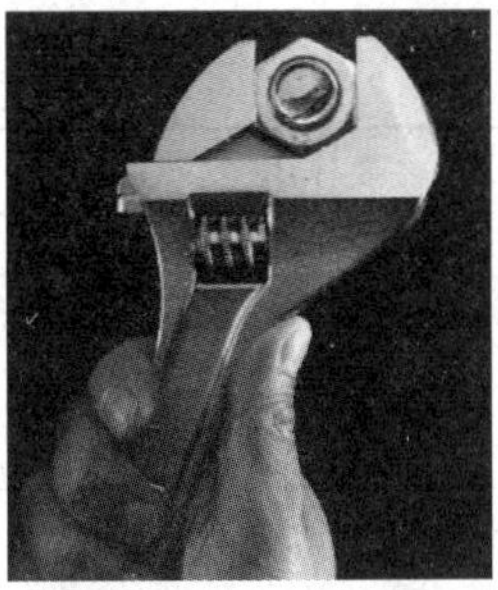	使用扳手应注意， 大小螺母握手异。 呆唇在上活唇下， 不能反向用力气。 扳大螺母手靠后， 扳动起来省力气。 扳小螺母手靠唇， 扳口大小可调制。 夹持螺母分上下， 莫把扳手当锤使。 生锈螺母滴点油， 拧不动时莫乱施	电工用来拧紧或拆卸六角螺丝（母）、螺栓的工具，常用的活络扳手有 150×20（6 英寸），200×25（8 英寸），250×30（10 英寸）和 300×36（12 英寸）四种。 使用时注意：①不能当锤子用；②要根据螺母、螺栓的大小选用相应规格的活络扳手；③活络扳手的开口调节应以既能夹住螺母又能方便地取下扳手、转换角度为宜
手锤	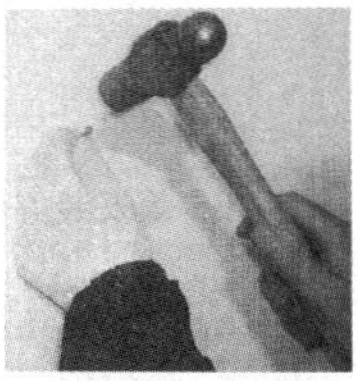	握锤方法有两种， 紧握锤和松握锤。 手锤敲击各工件， 注意平行接触面	手锤在安装或维修时用来锤击水泥钉或其他物件的专用工具。 手锤的握法有紧握和松握两种。挥锤的方法有腕挥、肘挥和臂挥三种。一般右手握在木柄的尾部，锤击时应对准工件，用力要均匀，落锤点一定要准确

2.1.2 常用电动工具使用

家装电工常用的电动工具主要有冲击电钻和电锤，其使用方法及操作注意事项见表 2-2。

表 2-2 家装电工常用电动工具的使用

名称	图示	操作口诀	使用说明
冲击电钻		冲击电钻有两用，既可钻孔又能冲。冲击钻头为专用，钻头匹配方便冲。作业前应试运行，空载运转半分钟。提高效率减磨损，进给压力应适中。深孔钻头多进退，排除钻屑孔中空	在装钻头时要注意钻头与钻夹保持在同一轴线，以防钻头在转动时来回摆动。在使用过程中，钻头应垂直于被钻物体，用力要均匀，当钻头被被钻物体卡住时，应立即停止钻孔，检查钻头是否卡得过松，重新紧固钻头后再使用。钻头在钻金属孔过程中，若温度过高，很可能引起钻头退火，为此，钻孔时要适量加些润滑油
电锤		电锤钻孔能力强，开槽穿墙做奉献。双手握紧锤把手，钻头垂直作业面。做好准备再通电，用力适度最关键。钻到钢筋应退出，还要留意墙中线	电锤使用前应先通电空转一会儿，检查转动部分是否灵活，待检查电锤无故障时方能使用；工作时应先将钻头顶在工作面上，然后再启动开关，尽可能避免空打孔；在钻孔过程中，发现电锤不转时应立即松开开关，检查出原因后再启动电锤。用电锤在墙上钻孔时，应先了解墙内有无电源线，以免钻破电线发生触电。在混凝土中钻孔时，应注意避开钢筋

2.1.3 定位及测量工具使用

家装电工用于定位及测量的用具主要有钢卷尺、角尺、划线规、吊线垂、水平尺等，其作用见表 2-3。这些用具的使用方法比较简单，故不做详细介绍。

表 2-3 定位及测量工具的作用

用具	图示	主要作用
钢卷尺	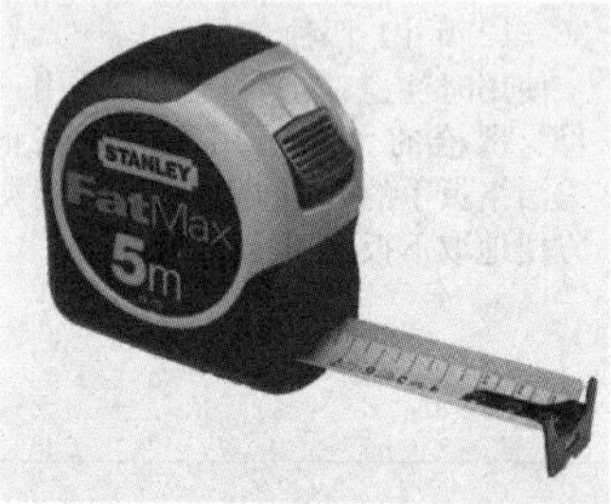	主要用于对室内管线路径及电气设备安装点的上下左右距离的测量
角尺	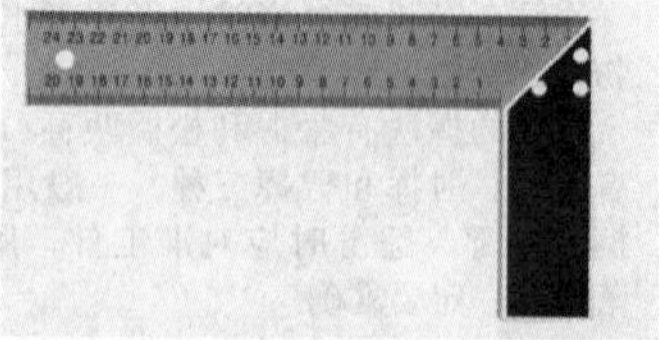	主要用于对开关、插座、方形灯具等安装方位的定位
划线规	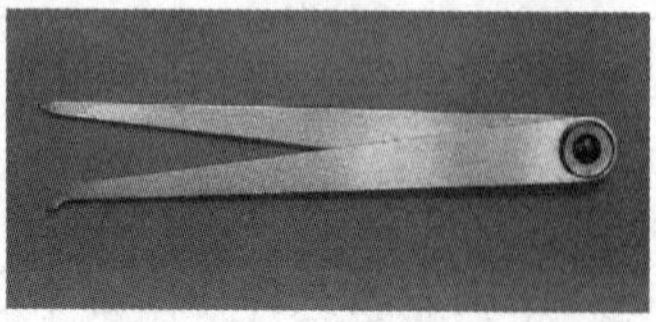	主要用于安装筒灯、射灯、圆形吸顶灯时在吊顶上划线定位

用具	图示	主要作用
吊线垂	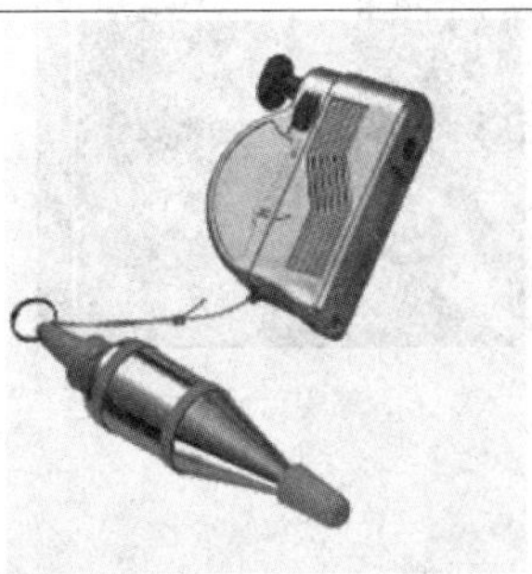	主要用于安装灯具、开关、插座等设备时校正其与地面的垂直度
水平尺	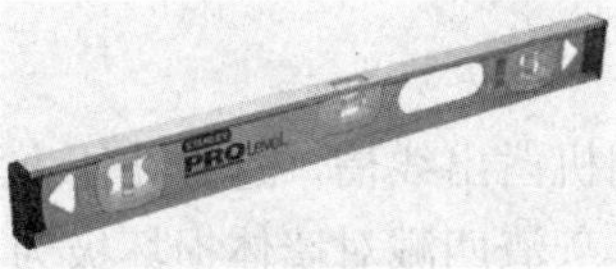	主要用于安装在一起的成排的开关插座高度一致性的定位检查
墨斗		在布线放样时，需要在墙壁、天花板上画直线，通常使用的弹线工具是墨斗。墨斗的结构是后部有一个手摇转动的轮，用来缠墨线，前端有一个圆斗状的墨仓，里边放有棉纱或海绵，可倒入墨汁
激光水平仪		激光水平仪是光学仪器的一种，主要用来测定地面水准点的高差、开关插座定位、灯饰安装定位等

2.1.4　开槽工具使用

水电改造施工的第一步就是根据设计图纸，在墙面、地面上开出放置线管的槽。首先利用笔、卷尺等画出开槽线，然后利用开槽工具开槽。

1. 手提式切割机

手提式切割机是水电工在装修装饰工程施工中切割线槽的常用工具之一。在多数情况下，切割机要带水作业，作为防触电的保护措施，操作过程中应戴橡胶手套，穿橡胶靴子，如图 2-1 所示。

调节好切割深度，启动切割机，只要压下把手开关即可。放开把手开关工具即停止转动。要使切割机连续转动，压下把手开关后再压下锁钮即可。

机具推进应保持基本水平，割口顺直光滑，前进速度均匀。停止操作，要等切割片完全停止转动后，再将机具移出，以免损坏锯片。

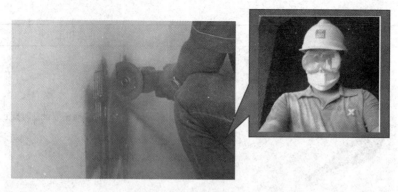

图 2-1　手提式切割机在墙面上开槽

2. 水电开槽机

传统的墙面切槽，要先割出线缝后再用电锤、切割机凿出线槽，这种使用方法既复杂效率又低，费工费时不说，操作时，噪声严重干扰邻居，灰渣四溅对墙体损坏极为不利，而新型一次成型水电安装自动开槽机一次操作就能开出施工所需的线槽，速度快，不需要辅助其他工具即可一次成型，是旧房明线改暗线、新房装修、电话线、网线、水电线路等理想的开槽工具，如图 2-2 所示。

图 2-2　水电开槽机

2.1.5　管路施工工具使用

水路施工即将水管线路连接，铺好。施工过程中需要对水管管材进行切割，切割的时候建议采用专用的管剪（管径较大的一般使用钢锯），断管时能够让管轴线垂直、无毛刺；此外，还需要用到 PPR 热熔机，熔接机能通过加热管材和管件，将管路连接起来。

用于电路施工的工具主要有弯管器、穿线器、专用管剪等，见表 2-4。

表 2-4　　　　　　　　　　　　　管材加工与穿线工具

用具	图示	主要作用
钢锯		钢锯是用来锯割物件的工具，最常见的就是用它来锯预埋穿线塑料管。安装锯条时，锯齿要朝前方，锯弓要上紧。锯条一般分为粗齿、中齿和细齿 3 种。粗齿适用于锯削铜、铝和木板材料等，细齿一般可锯较硬的铁板及穿线铁管和塑料管等

用具	图示	主要作用
PVC管剪	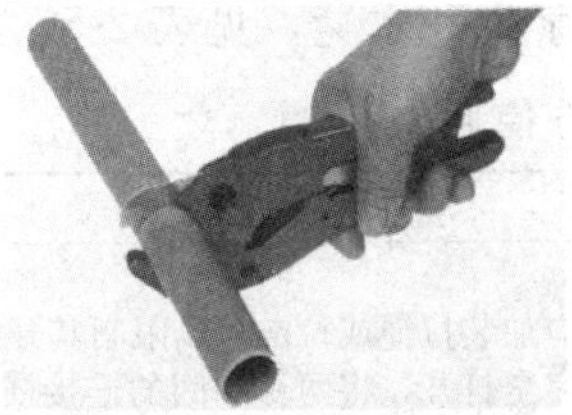	PVC管剪刀用于根据剪断PVC电线管
弹簧弯管器	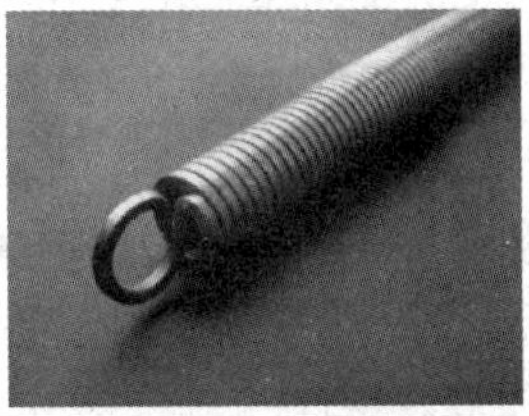	弹簧弯管器用于弯曲PVC电线管。弹簧弯管器其实就是一种弹簧，把弯管器穿入PVC电线管，一掰就能按照需要弯管
弯管器	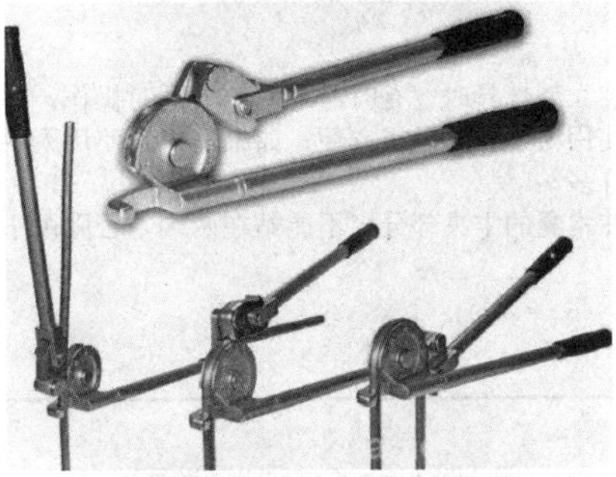	适用于铝塑管、铜管等管道使用，使管道弯曲工整、圆滑、快捷。对其管道不产生变型、不裂变
穿线器	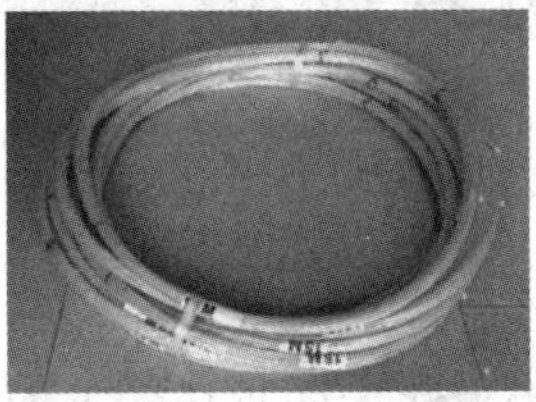	穿线器用于在预埋的电线管中穿线。把适当长度的钢带线在头上煨个小钩就制作成为一个简易的穿线器。也可以买成品的钢丝穿线器，常用的有5、10、20m等规格
PPR热熔机		PPR热熔机有可调节温控和固定温控两种，用于熔接PPR管材。 PPR热熔机带有几个口径不同的模具，选好适合的模具，固定在熔接器上，通电加热。待绿色指示灯亮了说明温度已够，插入管子加热，然后对接即可
试压泵		也称为管道打压器，一般试压泵主要有手动和电动两种。手动式试压泵属于单作用柱塞式往复泵，它主要由泵体、柱塞、手摇柄和放水阀等组成。可分别对室内冷水系统和热水系统进行压力试验，也可以用连接软管将冷、热出水口连通，一次完成内冷水系统和热水系统的压力试验

2.1.6 登高用具使用

家装水电工安装作业时使用的登高用具是人字梯和木凳，见表2-5。

表 2-5 登高用具的使用

用具	图示	使用及注意事项
人字梯		（1）人字梯两脚中间应加装拉绳或拉链，以限制其开脚度，防止自动滑开。 （2）使用前应把梯子完全打开，将两梯中间的连接横条放平，保证梯子四脚完全接触地面（因场地限制不能完全打开除外）。 （3）搬梯时应单掌托起与肩同高的梯子，手背贴肩，保持梯子与身体平行，另一只手扶住梯子以防摆动，不允许横向搬梯或将梯子放在地上拖行。 （4）作业人员在梯子上正确的站立姿势是：一只脚踏在踏板上，另一条腿跨入踏板上部第三格的空挡中，脚钩着下一格踏板。严禁人骑在人字梯上工作。 （5）人字梯放好后，要检查四只脚是否都平稳着地
木凳		（1）在客厅安装大型灯具时，有时需要两个人同时操作，并且其中一个人的位置需要移动，使用人字梯不是很方便；如果操作者使用人字梯，协助者站在木凳上就方便了许多。 （2）人应站立在木凳的中央部分，不能站在两端，否则由于重心不平衡，木凳容易翻倒

2.2 常用仪表及使用

2.2.1 指针式万用表及使用

1. 万用表的结构和使用方法

指针式万用表的种类很多，其基本原理及使用方法大同小异，下面以 M47 型万用表为例进行介绍，见表 2-6。

表 2-6 M47 型万用表的结构和使用方法

关键词	示意图	说明
外部结构	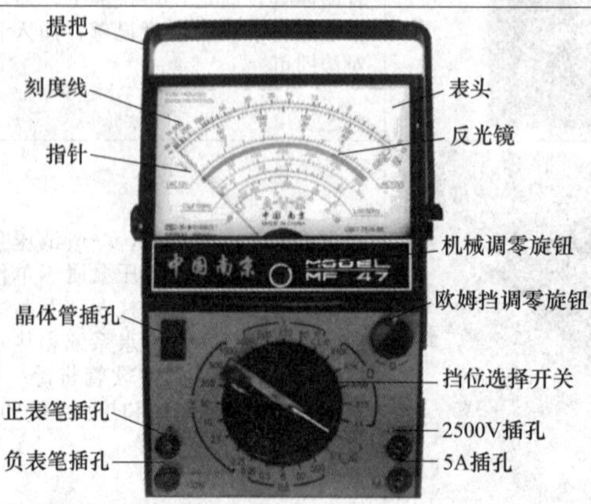	M47 型万用表由提把、表头、量程挡位选择开关、欧姆挡调零旋钮、表笔插孔和晶体管插孔等组成

关键词	示意图	说明
标度盘	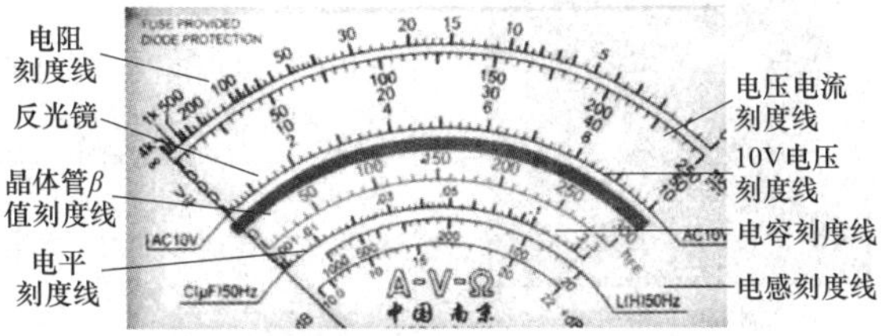	标度盘上共有 7 条刻度线，从上往下依次是电阻刻度线、电压电流刻度线、10V 电压刻度线、晶体管 β 值刻度线、电容刻度线、电感刻度线和电平刻度线。在标度盘上还装有反光镜，用以消除视觉误差
量程挡位	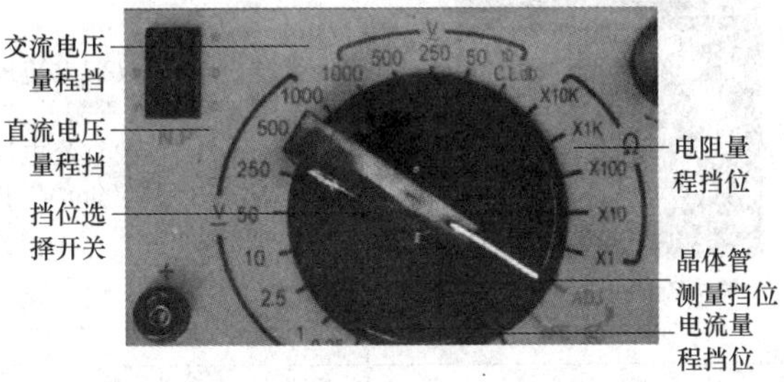	只需转动一下挡位选择开关旋钮即可选择各个量程挡位，使用方便
电池仓	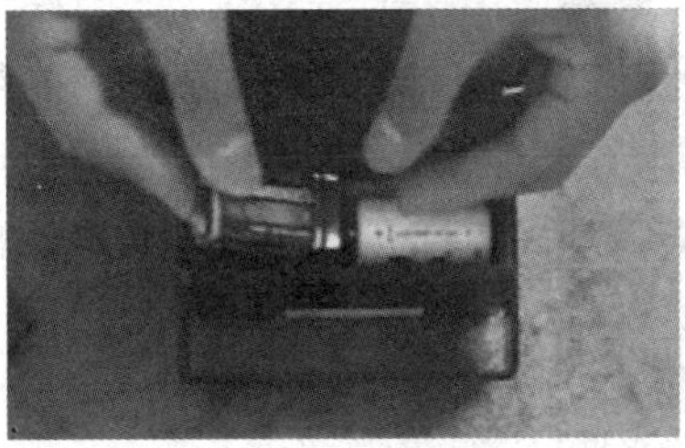	打开背面的电池盒盖，右边是低压电池仓，装入一枚 1.5V 的 2 号电池；左边是高压电池仓，装入一枚 15V 的层叠电池。 注意：有的厂家生产的 MF47 型万用表的 R×10k 挡使用的是 9V 层叠电池
测量电阻		测量电阻时，将挡位选择开关置于适当的"Ω"挡。测量前，左手将两表笔短接，用右手调节面板右上角的欧姆挡调零旋钮，使表针准确指向"0 Ω"刻度线。值得注意的是，每次转换电阻挡后，均应重新进行欧姆调零操作
测量交流电压	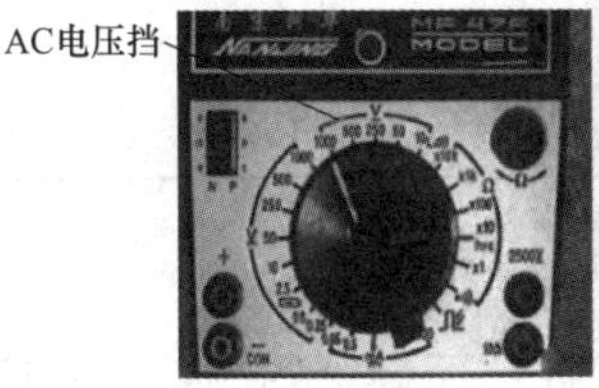 AC电压挡位 　　测量220V交流电压	测量 1000V 以下交流电压时，挡位选择开关置到所需的交流电压挡。测量 1000～2500V 的交流电压时，将挡位选择开关置于"交流 1000V"挡，正表笔插入"交直流 2500V"专用插孔

续表

关键词	示意图	说明
测量直流电压	 DC电压挡  DC电压挡 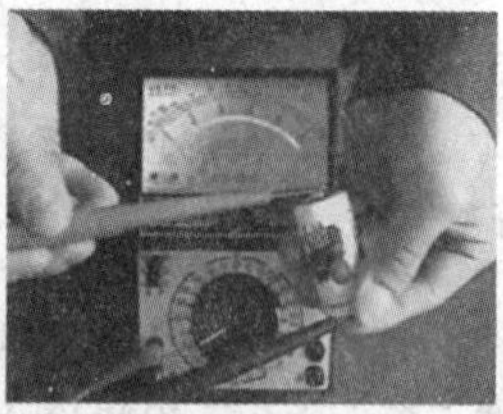　　　　测量电池电压	测量 1000V 以下直流电压时，挡位选择开关置到所需的直流电压挡。测量 1000～2500V 的直流电压时，将挡位选择开关置于"直流 1000V"挡，正表笔插入"交直流 2500V"专用插孔
测量直流电流	 测量小于500mA的电流 　　测量500mA~5A的电流	测量 500mA 以下直流电流时，将挡位选择开关置到所需的"mA"挡。测量 500mA～5A 的直流电流时，将挡位选择开关置于"500mA"挡，正表笔插入"5A"插孔
机械调零		机械调零是指在使用前，检查指针是否指在机械零位，如果指针不指在左边"0V"刻度线时，用螺丝刀调节表盖正中的调零器，让指针指示对准"0V"刻度线。简单地说，机械调零就是让指针左边对齐零位
测量完毕		MF47 型万用表测量完毕，应将挡位转换开关拨到交流 1000V 挡，水平放置于凉爽干燥的环境，避免振动。长时间不用要取出电池，并用纸盒包装好后放置于安全的地方

2. 指针式万用表的使用步骤

指针式万用表的使用可归纳为 5 个步骤：一看，二扳，三试，四测，五复位。下面以测量直流电压为例予以介绍，见表 2-7。

表 2-7   指针式万用表的使用步骤

步骤	示意图	说明
一看	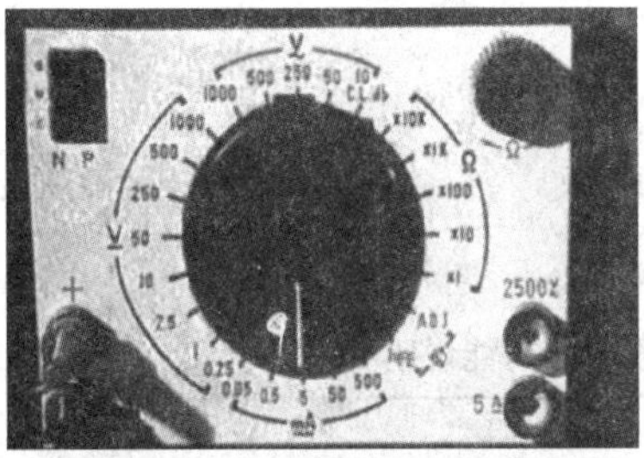	看现在的挡位选择开关处在什么挡位，若不是在测量所需要的挡位，则进入第二步操作
二扳	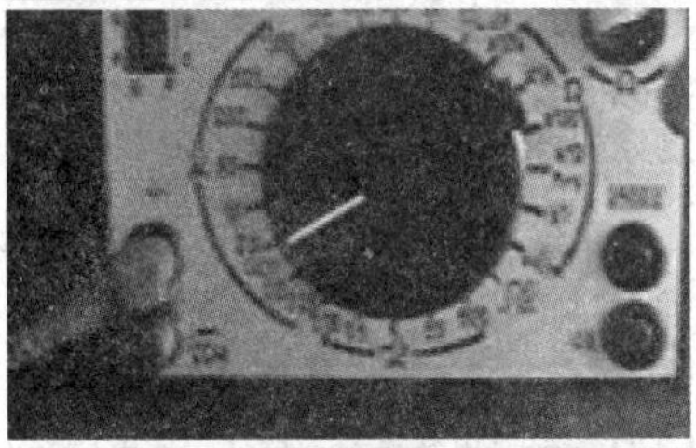	将挡位开关扳到测量所需要的挡位上（直流电压2.5V 量程）
三试		先试着测量一下，即将一只表笔固定在测量点的一端，另一只表笔迅速地试测一下，观察表针的偏转情况（正常情况下表针应正向偏转）。若没有问题，进入第四步骤
四测	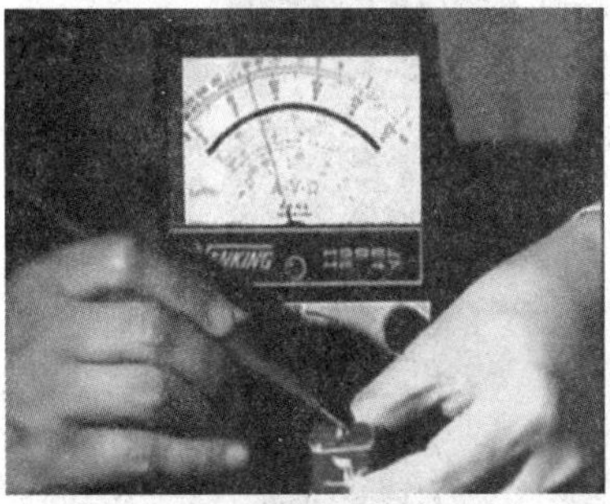	用表笔在测试点上接触一定时间，待指针稳定后即可进行读数
五复位		MF47型万用表测量完毕，应将挡位转换开关拨到交流1000V 挡，同时应把表笔取下。说明：有的指针式万用表设置有空挡，使用完毕应将挡位转换开关置于空挡位置

2.2.2 数字万用表及使用

1. 外部结构

数字万用表的型号很多, 外形设计差异较大。从面板上看, 数字万用表主要由电源开关、液晶显示器、功能开关旋钮和测试插孔等组成, 各个组成部分的功能见表2-8。图2-3所示为两款数字万用表的外部结构。

表 2-8 数字万用表各组成部分功能说明

结构	功能说明
液晶显示器	液晶显示器直接以数字形式显示测量结果。普及型数字万用表多为 31/2 位(三位半)仪表(如 DT9205A 型), 其最高位只能显示"1"或"0"(0 也可消隐, 即不显示), 故称半位, 其余 3 位是整位, 可显示 0~9 全部数字。三位半数字万用表最大显示值为 1999。 数字万用表位数越多, 它的灵敏度越高。如 41/2 (四位半)仪表, 最大显示值为 ±19999
功能开关旋钮	功能开关旋钮位于万用表的中间, 用来测量时选择测量项目和量程。由于最大显示数为 ±1999, 不到满度 2000, 所以量程挡的首位数几乎都是 2, 如 200Ω、2kΩ、2V…… 数字万用表的量程比指针式表的量程多一些。例如 DT9205A 万用表, 电阻量程从 200~200MΩ 有 7 挡。除了直流电压、电流和交流电压及 h_{FE} 挡外, 还增加了指针式表少见的交流电流和电容量等测试挡
测试插孔	表笔插孔有 4 个。标有"COM"字样的为公共插孔, 通常插入黑表笔。标有"V/Ω"字样插孔应插入红表笔, 用以测量电阻值和交直流电压值。 测量交直流电流有两个插孔, 分别为"A"和"10A", 供不同量程选用, 使用时也应插入红表笔
电源开关	用来开启及关闭表内电源
表笔	与指针式万用表一样, 配置有红色和黑色两支表笔

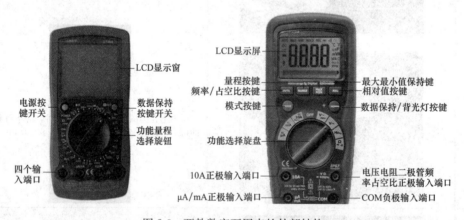

图 2-3 两款数字万用表的外部结构

2. 用前先读说明书

由于数字万用表的型号很多, 功能差异比较大, 不同型号万用表的使用方法有一定区别。因此, 在首次使用某种型号的数字万用表前, 应认真阅读其使用说明书。做到操作说明心中有数, 才能顺利完成电路或器件的检测工作, 延长万用表的使用寿命, 确保操作人员的安全。阅读说明书, 主要是熟悉以下内容。

(1) 各种开关、功能键的作用及操作方法。

(2) 输入插孔、专用插口的作用。

（3）插座、旋钮的作用。

（4）仪表附件的作用。

（5）仪表的极限参数，出现过载显示、极性显示、低电压指示、其他标志符显示以及声光报警的特征。

（6）显示器小数点位置的变化规律。

3. 检查仪表的好坏

在使用数字万用表前，应进行一些必要的检查。经检查合格后，数字万用表才能使用。

（1）检查数字万用表的外壳和表笔有无损伤，如有损伤，应及时修复。

（2）使用前应检查电池电源是否正常。若显示屏出现低电压符号，应及时更换电池。

（3）打开万用表的电源（将 ON/OFF 开关置于 ON 位置），将量程转换开关置于电阻挡，将两支表笔短接，显示屏应显示"0.00"；将两表笔开路，显示屏应显示"1"。以上两个显示都正常时，表明该表可以正常使用，否则将不能使用，如图 2-4 所示。

图 2-4　万用表好坏检查

4. 测量结果的读取

使用数字万用表测量时，测量结果的读取方法有以下两种。

第一种方法：在测量的同时，直接在液晶屏幕上读取测得的数值、单位。在多数情况下，都采用这种方法读取测量结果。

例如在测量电阻时，量程转换开关在 200Ω 位置时，屏幕读数是 150，即是 150Ω；同理，量程转换开关在 200kΩ 位置时，屏幕读数是 185，则表示 185kΩ；以此类推。

如图 2-5 所示为测量某交流电压时显示屏的显示情况。可以看到，显示测量值"216"，数值的上方为单位 V，即所测量的电压值为 216V；显示屏的下方可以看到表笔插孔指示为 VΩ 和 COM，即红表笔插接在 VΩ 表笔插孔上，黑表笔插接在 COM 表笔插孔上。

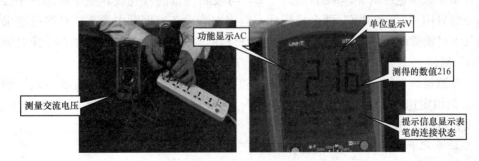

图 2-5　测量结果的读取

第二种方法：在测量过程中，按下数值保持开关"HOLD"，使数值保持在液晶显示屏上，待测量完毕后再读取数值。

采用这种方法读取测量结果，要求万用表必须具有数值保持功能，否则，不能采用这种方法。

2.2.3　绝缘电阻表的使用

绝缘电阻表俗称兆欧表或者摇表，主要用来检查电气设备、家用电器或电气线路对地及相间的绝缘电阻，以保证这些设备、电器和线路工作在正常状态，避免发生触电伤亡及设备损坏等事故。

1. 绝缘电阻表的使用方法

（1）将被测设备脱离电源，并进行放电，再把设备清扫干净（双回线、双母线的一路带电时，不得测量另一路的绝缘电阻）。

（2）测量前应对绝缘电阻表进行校验，即做一次开路试验（测量线开路，摇动手柄，指针应指于"∞"处）和一次短路试验（测量线直接短接一下，摇动手柄，指针应指"0"），两测量线不准相互缠交，如图2-6所示。

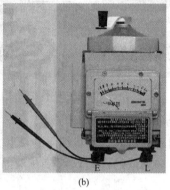

（a）　　　　　　　　　　（b）

图2-6　绝缘电阻表校验

（a）短路试验；（b）开路试验

（3）正确接线。一般绝缘电阻表上有三个接线柱，一个为线接线柱的标号为"L"、一个为地接线柱的标号为"E"、另一个为保护或屏蔽接线柱的标号为"G"。在测量时，"L"与被测设备和大地绝缘的导体部分相接，"E"与被测设备的外壳或其他导体部分相接。一般在测量时只用"L"和"E"两个接线柱，但当被测设备表面漏电严重、对测量结果影响较大而又不易消除时，例如空气太潮湿、绝缘材料的表面受到侵蚀而又不能擦干净时就必须连接"G"端钮。

（4）在测量时，绝缘电阻表必须放平。左手按住表身，右手摇动绝缘电阻表摇柄，以120r/min的恒定速度转动手柄，使表指针逐渐上升，直到出现稳定值后，再读取绝缘电阻值（严禁在有人工作的设备上进行测量）。

2. 绝缘电阻表测量室内线路的绝缘情况

下面以空调线路绝缘测试为例予以说明。

（1）在配电箱边用绝缘电阻表的红线夹子夹到线路的相线（红色），黑线夹子夹到线路的零线（蓝色）。

（2）均匀摇动把柄，绝缘电阻表的刻度应该在∞位置（因为线路是断开的，所以电阻为∞）。

（3）将某一房间空调插座中的相线和中性线对接，此时绝缘电阻表的刻度应该在0位置（因为短路，所以电阻为0）。

经过上述三步就可以说明线路没有接错，绝缘良好。

将第1步中的黑线夹子夹到的地线（黄绿相间），再重复2、3步骤检查地线。

对于厨房专线、照明线路、插座线路重复上述过程即可。

第 3 章
水电装修材料及选用

3.1 电路主材及选用

3.1.1 电线的选用

电线也称导线，是连通用电设备使其正常工作的基础，用电设备离不开电线。家庭住宅电气线路通常由电线及其支持物组成，住宅电气线路为单相 220V 电压，分别由相线、中性线和接地线引入。

国家标准《住宅设计规范》GB 50096 强制规定"导线应采用铜线"。因为铜的导电性能好，在常温时有足够的机械强度，具有良好的延展性，便于加工，化学性能稳定，不易氧化和腐蚀，容易焊接。因此，现代住宅电气线路不能采用铝芯线。

铜芯线的使用寿命一般为 15 年。

1. 电线的结构

绝缘电线一般由电线芯和绝缘层两部分构成。

（1）电线芯。电线芯按芯线硬度分，有硬型、软型和特软型（用于移动式电线的芯线）。按电线的线芯数量分，有单芯、双芯、三芯和四芯等。家装电路安装最常用的是绝缘单芯电线，如图 3-1 所示。

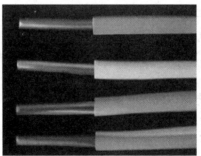

图 3-1　绝缘单芯铜电线

（2）绝缘层。绝缘层一般由包裹在电线芯外的一层橡皮、塑料等绝缘物构成，其主要作用在于防止漏电和放电。

2. 电线的种类及用途

绝缘电线的种类很多，常用的绝缘电线的种类及用途见表 3-1。

表 3-1　　　　　　　　　　　常用绝缘电线的种类及用途

型号	名称	主要用途
BX	铜芯橡皮线	固定敷设用
BV	铜芯聚氯乙烯塑料线	
BVV	铜芯聚氯乙烯绝缘、护套线	
RVS	铜芯聚氯乙烯型软线	灯头和移动电器设备的引线
RVB	铜芯聚氯乙烯平行软线	
AV、AVR、AVV	塑料绝缘安装	电器设备安装
KVV、KXV	控制电缆	室内敷设
YQ、YZ、YC	通用电缆	连接移动电器

3. 电线的型号

绝缘电线的型号一般由 4 个部分组成，如图 3-2 所示，绝缘电线型号的含义见表 3-2。例如，"RV—1.0"表示标称截面 1.0mm^2 的铜芯聚氯乙烯塑料软电线。

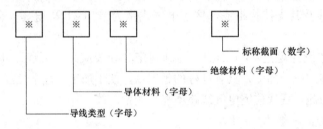

图 3-2　绝缘电线的型号表示法

表 3-2　　　　　　　　　　　绝缘电线型号的含义

类型	导体材料	绝缘材料	标称截面
B：布线用电线	L：铝芯	X：橡胶	单位：mm^2
R：软电线	（无）：铜芯	V：聚氯乙烯塑料	
A：安装用电线			

4. 选用电线应考虑的几个要素

电线的选用要从电路条件、环境条件和机械强度等多方面综合考虑。

(1) 电路条件。

1) 允许电流。允许电流量，也称安全电流或称安全载流量，是指电线长期安全运行所能够承受的最大电流。

a) 选择电线时，必须保证其允许载流量大于或等于线路的最大电流值。

b) 允许载流量与电线的材料和截面有关。电线的截面越小，其允许载流量越小；电线的截面越大，其允许载流量越大。截面积相同的铜芯线比铝芯线的允许载流量要大。

c) 允许载流量与使用环境和敷设方式有关。电线具有电阻，在通过持续负荷电流时会使电线发热，从而使电线的温度升高，一般来说，电线的最高允许工作温度为 65℃，若超过这个温度，电线的绝缘层将加速老化，甚至变质损坏而引起火灾。因敷设方式的不同，工作时电线的温升会有所不同。

2) 电线电阻的压降。电线很长时，要考虑电线电阻对电压的影响。

3）额定电压与绝缘性。使用时，电路的最大电压应小于额定电压，以保证安全。

所谓额定电压是指绝缘电线长期安全运行所能够承受的最高工作电压。在低压电路中，常用绝缘电线的额定电压有 250、500、1000V 等，家装电路一般选用耐压为 500V 的电线。

（2）环境条件。

1）温度。温度会使电线的绝缘层变软或变硬，甚至于造成短路。因此，所选电线应能适应环境温度的要求。

2）耐老化性。一般情况下线材不要与化学物质及日光直接接触。

（3）机械强度。机械强度是指电线承受重力、拉力和扭折的能力。

在选择电线时，应该充分考虑其机械强度，尤其是电力架空线路。只有足够的机械强度，才能满足使用环境对电线强度的要求。为此，要求居室内固定敷设的铜芯电线截面不应小于 $2.5mm^2$，移动用电器具的软铜芯电线截面不应小于 $1mm^2$。

此外，电线选材还要考虑安全性，防止火灾和人身事故的发生。易燃材料不能作为电线的敷层。具体的使用条件可查阅有关手册。

5. 电线截面积的选择

在不需考虑允许的电压损失和电线机械强度的情况下，可只按电线的允许载流量来选择电线的截面积。

在电路设计时，常用电线的允许载流量可通过查阅电工手册得知。500V 护套线（BW、BLW）在空气中敷设、长期连续负荷的允许载流量见表 3-3。

表 3-3　　　　　　　　　　　　500V 护套线（BW 系列）的允许载流量

电线截面积（mm^2）	载流量（A）		
	一芯	二芯	三芯
1.0	19	15	11
1.5	24	19	14
2.5	32	26	20
4.0	42	36	26
6.0	55	49	32
10.0	75	65	52

铜芯线的使用寿命一般为 15 年。目前在户内常用的有 2.5、4、6、$10mm^2$ 四种截面积的铜线。普通住宅进户线采用的铜芯电线的截面积不应少于 $10mm^2$，中档住宅为 $16mm^2$，高档住宅为 $25mm^2$。分支回路采用铜芯电线，截面积不应小于 $2.5mm^2$。

大功率电器如果使用截面积偏小的电线，往往会造成电线过热、发烫，甚至烧熔绝缘层，引发电气火灾或漏电事故。因此，在电气安装中，选择合格、适宜的电线截面积非常重要。

6. BVR 铜芯线与 BV 铜芯线的区别

BVR 是铜芯聚氯乙烯绝缘软护套电线，BV 是单芯硬导体无护套电线。简单地说，BVR 是很多股铜丝绞在一起的单芯线，也叫软线；BV 是一根铜丝的单芯线，比较硬，也叫硬线，如图 3-3 所示。BVR 铜芯线与 BV 铜芯线的主要参数见表 3-4。

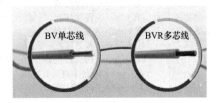

图 3-3　BVR 铜芯线和 BV 铜芯线

表 3-4   **BVR 铜芯线与 BV 铜芯线的主要参数**

标称截面 （mm²）	线芯结构根数/ 线径（mm）	最大外径 （mm）	参考质量 （kg/km）	20℃导体电阻≤ （Ω/km）
1.5（A）	1/1.38	3.3	20.3	12.1
1.5（B）	7/0.52	3.5	21.6	12.1
2.5（A）	1/1.78	3.9	31.6	7.41
2.5（B）	7/0.68	4.2	34.8	7.41
4（A）	1/2.55	4.4	47.1	4.61
4（B）	7/0.85	4.6	50.3	4.61
6（A）	1/2.76	5.0	66.3	3.08
6（B）	7/1.04	5.2	71.2	3.08
10	7/1.35	6.7	119	1.83

注 表中 A 代表 BV 单股铜芯，B 代表 BVR 多股铜软线。

BVR 电线根据所选用的材质不同，可分为阻燃电线（ZR-BVR）、耐火电线（NH-BVR）、低烟无卤电线（WDZ-BVR）。其中，低烟无（低）卤电线在火焰燃烧情况下产生极少量的烟雾，释放的气体不含卤（低卤）元素，无毒（低毒）。当火灾发生时，可大大减少对仪器、设备和人体的危害。

在穿线施工时，BVR 铜芯线由于硬度较低，在多根线同时穿管时容易转弯；BV 铜芯线由于硬度较大，在多根线同时穿管时不容易转弯。

房屋装修最好选用 BVR 铜芯线，因为多股线的载流量要比单股线大，使用中的安全系数也大一些。当然，购买成本要高一些。

7. 家装电线采购量的估算

家装时，电线采购量的估算方法比较多，许多电工师傅都总结出了很实用的经验，下面介绍其中的一种电线采购量估算方法。

（1）确定门口到各个功能区（主卧室、次卧室、儿童房、客厅、餐厅、主卫、客卫、厨房、阳台1、阳台2、走廊）最远位置的距离，把上述距离量出来，就有 A、B、C、D、E、F、G、H、I、J、K，共 11 个数据。

（2）确定各功能区灯的数量（各个功能区同种灯具统一算 1 盏），各功能区插座数量，各功能区大功率电器数量（没有用 0 表示）。

（3）计算。一般单芯铜芯线为（100±5）m/卷，根据计算结果，即可得出电线采购各种电线的长度，见表 3-5。

表 3-5   **家装电路铜芯线采购量估算**

电线规格	1.5mm² 电线长度（m）	2.5mm² 电线长度（m）	4mm² 电线长度（m）
各功能区 电线长度 计算	（A+5m）×主卧灯数； （B+5m）×次卧灯数； （C+5m）×儿童灯数； （D+5m）×客厅灯数； （E+5m）×餐厅灯数； （F+5m）×主卫灯数； （G+5m）×客卫灯数； （H+5m）×厨房灯数； （I+5m）×阳台1灯数； （J+5m）×阳台2灯数； （K+5m）×走廊灯数	（A+2m）×主卧插座数； （B+2m）×次卧插座数； （C+2m）×儿卧插座数； （D+2m）×客厅插座数； （E+2m）×餐厅插座数； （F+2m）×主卫插座数； （G+2m）×客卫插座数； （H+2m）×厨房插座数； （I+2m）×阳台1插座数； （J+2m）×阳台2插座数； （K+2m）×走廊插座数	（A+4m）×主卧大功率电器数量； （B+4m）×次卧大功率电器数量； （C+4m）×儿卧大功率电器数量； （D+4m）×客厅大功率电器数量； （E+3m）×餐厅大功率电器数量； （F+3m）×主卫大功率电器数量； （G+3m）×客卫大功率电器数量； （H+3m）×厨房大功率电器数量； （I+2m）×阳台1大功率电器数量； （J+2m）×阳台2大功率电器数量； （K+2m）×走廊大功率电器数量
总长度	上述结果之和×2	上数结果之和×3	上述结果之和×3

例如，某3室2厅2卫1厨房1阳台的房子，以上 A、B、C、D、E、F、G、H、I、J、K 的实际测量数据分别为 12、12、15、7、4、12、4、6、15、0、8m。各功能区灯的数量都为1，各功能区插座的数量都为2，各功能区大功率电器数量都为1。根据表3-6的公式计算，其结果为：1.5mm² 线需要 300m（3卷），2.5mm² 线需要 702m（7卷），4mm² 线需要 351m（4卷）。

目前，新房家装一般采用铜芯单股线或铜芯多股线（用量与铜芯单股线一致），用套管敷设在墙内（暗敷设）。1.5mm² 的铜芯线用于走灯线，2.5mm² 的铜芯线用于开关插座，4mm² 的铜芯线用于空调线等大功率的电器，双色地线用于电器的漏电保护。

如采用铜芯单股线（BV）或 BVR，以 100m² 的房屋面积家装为例，电线用量的大致数量见表3-6。1.5mm² 花线用作接地线，1.5mm² 红、蓝线用作照明线，2.5mm² 用作插座线，4mm² 用作空调等大功率插座线。

表 3-6　　　　　　　　　　　100m² 套房家装电线用量

型号规格	中档装修（卷）	中高档装修（卷）
BV1.5	3（红、蓝、花线各一卷）	4~5
BV2.5	4（红、蓝各一卷）	4~5
BV4	2（红、蓝各一卷）	2~3
BV2.5（双色线）	2	2

购买电线和购买其他装修材料一样，有一个重要原则：宜少不宜多。买少了可以再买，买多了却容易浪费钱财。

3.1.2　电线管的选用

1. 电线管的种类

电气工程中，常用的电线导管主要有金属电线管、塑料电线管和软管三种。

（1）在建筑工程中金属导管按管壁厚度可分为厚壁导管和薄壁导管，其种类如下：

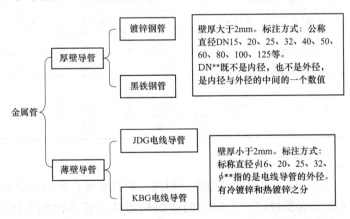

高档住宅、公共场所等场所可选用金属电线管，但施工时工作量较大，工时费较高。

（2）用作电线导管的塑料管主要有 PVC、PE、高密度聚氯乙烯管等。VC 管价格实惠，拐弯比金属管容易，绝缘性能好。一般家庭选择 PVC 管完全能够满足安全用电的需要。

（3）软管一般用于设备末端，电气工程中一般都是包塑金属软管，柔软性比较好，规范规定

图 3-4　包塑金属软管和接头

动力工程中末端长度不超过 0.8m，照明工程中软管长度不超过 1.2m。包塑金属软管和接头见图 3-4。

2. PVC 穿线管规格的选用

（1）穿线管应选用阻燃 PVC 线管，其管壁表面应光滑，且应有合格证书。

（2）要选择结实的 PVC 穿线管，管壁的厚度要求达到手指用劲捏不破的强度。简单方法就是用脚踩一下，不会被踩瘪的就是好的。

（3）PVC 穿线管按照特性可分为轻型、中型和重型，见表 3-7。室内装修时应根据需要来选择，例如，在墙壁内敷设应选用中型 PVC 穿线管，在有可能受到重物挤压的地方就应选用重型 PVC 穿线管。

表 3-7　　　　　　　　　　　　PVC 穿线管的类型及用途

标识	含义	用途及说明	施工条件
205	轻型穿线管	明装电线管，壁厚很薄，承压能力很差	-5℃以上施工
305	中型穿线管	多用在墙内暗埋穿线管，承压能力一般	-5℃以上施工
405	重型穿线管	壁厚很厚，一般在楼板挤压或重物压盖地区用	-5℃以上施工
215	轻型穿线管	壁厚与应用条件与 205 相同，生产配方不同，整体管材性能较好	-15℃以上施工
315	中型穿线管	壁厚与应用条件与 305 相同，生产配方不同，整体管材性能较好	-15℃以上施工
415	重型穿线管	壁厚与应用条件与 405 相同，生产配方不同，整体管材性能较好	-15℃以上施工

（4）选用穿线管时可根据表 3-8 认真查看产品的厚度是否符合规定。

表 3-8　　　　　　　　　　　　常用 PVC 穿线管的厚度

外径规格 \ 厚度	轻型（mm）		中型（mm）		重型（mm）	
	标准值	允许差	标准值	允许差	标准值	允许差
16mm	1.00	+0.15	1.20	+0.3	1.6	+0.3
20mm	—		1.25	+0.3	1.8	+0.3
25mm	—		1.50	+0.3	1.9	+0.3
32mm	1.40	+0.3	1.80	+0.3	2.4	+0.3
40mm			1.80	+0.3	2.0	+0.3

3. PVC 穿线管规格及型号的选用

穿线管的大小（粗细）不但要能使电线穿得进，而且要留有足够的空隙，使电线在通过大电流时产生的热量能散发掉。一般电线的截面积与穿线管截面积之比为 1/3～1/2，即 40% 左右。严禁电线把穿线管堵实。

家庭室内装修使用量最大的 PVC 穿线管有 4 分管和 6 分管。4 分管也就是直径 16mm 的线管，6 分管也就是直径 20mm 线管，两种型号在铺设线管时都要用到的，穿过线管的电线少就用直径 16mm 的，穿过线管的电线多就用直径 20mm 的，具体 16 和 20 管内穿几根线，一般按照管内的电线的总截面积不应超过管内径截面积的40%的规定进行。

总之，一般电话线、照明控制线或电线截面积在1.5mm²的多用16mm的线管（4分管）。超过前述的线，就要使用直径20mm的线管（6分管）。在地面瓷砖下面敷设的穿线管应选用中型或者重型进行预埋；在墙壁或吊顶内敷设的线路可以选用轻型管进行预埋。

4. PVC电线管配件选用

PVC电线管的安装配件有三通、弯头、直接、管卡等，如图3-5所示。硬塑料管与硬塑料管直线连接在两个接头部分应加装直接，直接应按硬塑料管的直径尺寸来选配，直接的长度一般为硬塑料管内径的2.5～3倍，直接的内径与硬塑料管外径有较紧密的配合，装配时用力插到底即可，一般情况不需要涂粘合剂。硬塑料管与硬塑料管为90°连接时可选用弯头弯。明敷设线路时，支连接时可选用三通，固定电线管应选用管卡。

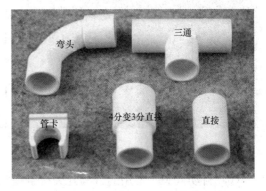

图3-5　常用PVC电线管配件

3.1.3　开关和插座的选用

1. 常用开关的选用

（1）单控开关。单控开关在家庭电路中是最常见的，也就是一个开关控制一件或多件电器，根据所联电器的数量又可以分为单控单联（俗称单开）、单控双联（俗称双开）、单控三联（俗称三开）、单控四联（俗称四开）等多种形式，如图3-6所示。

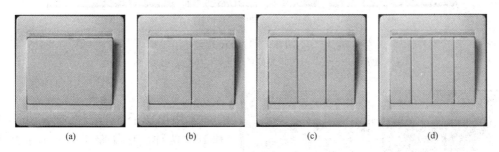

图3-6　常用单控开关
(a) 单开；(b) 双开；(c) 三开；(d) 四开

单控开关有两个接线柱，分别接进线和出线。在开关启/闭时，存在接通或断开两种状态，从而使电路变成通路或者断路。

（2）双控开关。双控开关可以在一个地方开，另一个地方关，反过来也一样；两个双控开关在不同位置可控制同一盏灯。

双控开关实际上就是两个单刀双掷开关串联起来后再接入电路。每个单刀双掷开关有三个接线端，分别连着两个触点和一个刀。单控开关和双控开关的区别如图3-7所示。

（3）夜光开关。开关上带有荧光或微光指示灯，便于夜间寻找位置（注意：带灯开关与日光灯、吸顶灯配合使用时，会有灯光闪烁现象）。

（4）调光开关。可开关并可通过旋钮调节灯光的强弱（注意：不能与节能灯配合使用）。

（5）插座带开关。插座带开关可以控制插座的通断电，也可以单独作为开关使用，如图 3-8 所示。多用于常用电器处，如微波炉、洗衣机等，还有用于镜前灯。

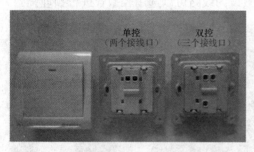

图 3-7　单控开关和双控开关的区别　　　　　图 3-8　插座带开关

（6）自动开关。常用的自动开关有触摸延时开关、声光控延时开关、人体红外感应开关等，如图 3-9 所示。

(a)　　　　　　　　　　(b)　　　　　　　　　　(c)

图 3-9　自动开关

（a）触摸延时开关；（b）声光控延时开关；（c）人体红外感应开关

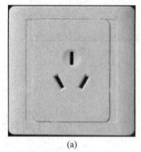
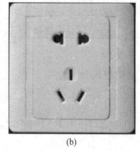

(a)　　　　　　　　(b)

图 3-10　三孔插座和五孔插座

（a）三孔插座；（b）五孔插座

2. 常用插座的选用

常用电源插座有三孔插座（有 10A 和 16A 两种，有着带开关和不带开关的区别）和五孔插座（10A），如图 3-10 所示。

10A 的三孔和 16A 的三孔插座的插孔距离和大小都是不一样的，使用普通的插头不能插入 16A 的插座，使用 16A 的插头同样也不能插入 10A 的普通插座。16A 插座用于壁挂式空调机。

3. 开关插座规格的选用

开关插座按规格尺寸可分为 86 型、118 型、120 型。不同规格开关插座的优缺点比较见表 3-9。

表 3-9 不同规格开关插座的优缺点比较

型号 说明 尺寸及优点	86 型	118 型	120 型	146 型
尺寸	外观是方的，外型尺寸 86mm×86mm	横装的长条开关。长尺寸分别是 118、154、195mm，宽度一般都是 74mm	模块以 1/3 为基础标准，竖装的标准 120mm×74mm	面板尺寸一般为 86mm×146mm 或类似尺寸
优点	通用性好，安装牢固，弱电干扰小	外形美观，组合灵活，例如电话、网络、有线、开关、插座、调速器可以任意进行组合	可以自由组合，和 118 型类似	面板上设置多个不同类型的插口
缺点	缺乏灵活性，插口少，通常要搭配拖线电源板来使用	弱电干扰比 86 型差，不够牢固	弱电干扰稍差，不够牢固	缺乏灵活性，已经逐渐被市场淘汰

4. 空白面板和防水盒的选用

空白面板用来封闭墙上预留的查线盒，或弃用的开关插座孔。开关/插座防水盒安装在开关/插座上，起防水作用，如图 3-11 所示。

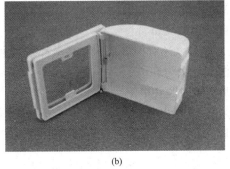

(a)　　　　　　　　　　(b)

图 3-11 空白面板和防水盒

(a) 空白面板；(b) 防水盒

3.1.4 断路器和漏电保护器的选用

1. 断路器的选用

（1）断路器的种类。低压断路器旧称低压自动开关或空气开关，它既能带负电荷通断电路，又能在短路、过负荷和低电压（或失压）时自动跳闸。低压断路器按灭弧介质分类，有空气断路器和真空断路器等；按用途分类，有配电用断路器、电动机保护用断路器、照明用断路器和漏电保护断路器等。

（2）小型断路器。小型断路器主要用于交流 50Hz 或 60Hz，额定电压 400V 以下，额定工作电流为 63A 以下的场所。家庭线路中，常用的断路器有 DZ 系列小型断路器和 C 系列小型低压断路器，如图 3-12 所示。

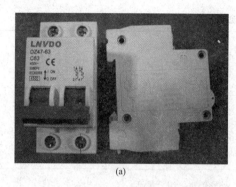

图 3-12　家用断路器

(a) DZ 系列；(b) C 系列

DZ 系列小型断路器是一种具有过载与短路双重保护的限流型高分断小型断路器，适用于交流 50Hz/60Hz，额定电压 230V/400V，额定电流至 63A 及以下的电路中，作为线路过载和短路保护之用。同时，也可在正常情况下频繁的通断电器装置和照明线路。

DZ 系列断路器（带漏电保护的小型断路器）常见的有以下型号/规格：C16、C25、C32、C40、C60 等规格，其中 C 表示脱扣电流，即起跳电流，例如 C32 表示起跳电流为 32A，一般安装 6500W 热水器要用 C32，安装 7500W、8500W 热水器要用 C40 的断路器。

DZ47-60A C25 的含义如下：

DZ——"自动"的反拼音

47——设计序号（还有很多系列，基本都是厂家命名的）

60A——框架等级为 60A

C——照明类瞬时脱扣电流

25——脱扣电流为 25A

C 系列断路器的脱扣电流一般是额定电流的 5 倍左右，适合照明线路使用，可保护线路。

注意：家庭线路中，不能选用 D 系列的断路器，因为 D 系列的断路器属于动力类型，过载后延迟跳闸，可防止电动机启动电流大跳闸。

(3) 断路器脱扣电流的选择。家庭安装断路器主要是用来保护电线及防止火灾，要根据敷设电线的大小选配断路器，而不是根据电器的功率选配断路器。如果断路器选用太大就不能保护电线，当电线超载断路器仍不会起跳，就会为家庭安全带来隐患。

1）家用配电箱总开关一般选择二极（即 2P）40、63A 小型断路器，带漏电或不带漏电均可。

2）插座回路一般选择 16、20A 的漏电保护开关。但厨房、卫生间需要 25A 左右的漏电保护开关。

3）照明回路一般选择 10、16A 小型断路器。

4）1.0~1.5 匹空调回路一般选择 16~25A 的小型断路器；3~5P 柜机需要 25~32A，10P 左右的中央空调需要独立的 2P40A 左右。

(4) 断路器极数的选用。断路器按极数可分为单极（1P）、二极（2P）、三极（3P）和四极（4P）等，分别用来控制一条线、两条线、三条线、四条线的通断。

因为电力系统有不同的接线方法，单相二线制、三相三线制、三相四线制等，所以要有不同级数的断路器。但它们的功能是相同的，就是控制正常时的分断以及电路发生过载短路故障时分断电路。

1P 和 2P 一般用于 220V 的电路，3P 和 4P 一般用于 380V 的电路。

家庭常用断路器有 1P+N、1P、2P，如图 3-13 所示。一般用二极（即 2P）断路器作总电源保护，用单极（1P）断路器作分支保护。

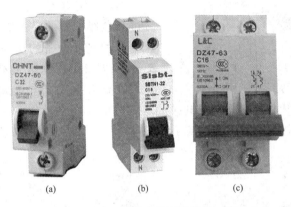

图 3-13　家庭常用断路器
(a) 1P；(b) 1P+N；(c) 2P

（1）1P+N 断路器：开关宽度是 1P 宽度（18mm），有两个接线端，一相一零。

（2）1P 断路器：开关宽度是 1P 宽度（18mm）单极开关，只有一个接线端。

（3）2P 断路器：开关宽度是 2P 宽度（36mm）两级开关，有两个接线端。

2. 漏电保护器的选用

家用漏电保护器又称漏电保护开关，老百姓俗称它为"保安器""保命器"，它是在用电器发生漏电故障或人体触电时实施保护的设备，具有漏电、触电、过载、短路等保护功能。

漏电保护器与断路器一样可将主电路接通或断开，而且具有对漏电流检测和判断的功能。当用电回路中发生漏电或绝缘破坏时，漏电保护开关可根据判断结果将主电路接通或断开。

国家标准 GB 16917《家用或类似用途带过电流保护的剩余电流动作断路器的一般要求》中规定，将漏电保护器可分为以下类型：

（1）漏电动作开关（仅有漏电保护的保护器）。

（2）漏电动作断路器（带过载、短路和漏电三种功能保护器）。

（3）漏电继电器（仅有漏电报警功能的保护器）。

漏电保护器又可分为电压型和电流型两种。电压型是反映对地电压的大小，但很难准确反映漏电的电压值，故电压型漏电保护有时不能起到很好的保护作用，所以，目前电压型漏电保护器已逐步退出。家用漏电保护器属于电流型漏电保护断路器，也称剩余电流保护器。

漏电保护器主要由试验按钮、操作手柄、漏电指示和接线端几部分组成，单相漏电保护器如图 3-14 所示。

室内装修完工后，要对漏电保护器进行几次试验检查，如图 3-15 所示。同时，要向用户

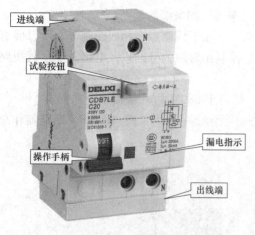

进线端

试验按钮

操作手柄

漏电指示

出线端

图 3-14 单相漏电保护器

交代清楚，每月至少一次利用试验按钮检验漏电保护器能不能正常动作断电，如果不能动作断电，必须维修或更换。要注意，有的家用漏电保护器在动作后需要手动复位后才能送上电。

要使漏电保护器能安全有效地保障用户的人身安全，必须要从下面几个主要参数来选择和考虑。

（1）额定电流 I_n。额定电流是指能够持续流过漏电保护器的最大负载电流。这需要根据家中各种电气设备的功率之和 P 来计算确定，即：$I = P/220$。算出负载电流 I 后，再选择额定电流 I_n 比计算电流略大一点的漏电保护器，这样，在正常使用中，不至于漏电保护器因过负荷经常动作，影响正常使用。目前，市场上常见的家用漏电保护器额定电流 I_n 规格有：16、20、25、32、40、63A。

漏电保护器要每月一次试验检查

图 3-15 漏电保护器试验检查

（2）额定漏电动作电流 $I_{\triangle n}$。这是漏电保护器一个重要的参数，是漏电保护器在规定的工作条件下必须动作的漏电电流值。也就是说，当家中电气设备或线路漏电电流达到某一规定值时，漏电保护器必须可靠断开电路，使住户线路及电气设备失去电源。目前的漏电保护器漏电电流的规格有：6、10、30、50、100mA 等。一般情况下，在家用漏电保护中应选择漏电电流为 30mA 的高灵敏度型的漏电保护器。

（3）漏电动作分断时间。动作时间是从突然施加漏电动作电流开始到被保护的电路或设备完全被切断电源为止。漏电保护器在动作时间可分为三种：快速型（动作时间不超过0.1s）、定时限型（动作时间不超过 0.1～2s）和反时限型（动作电流时，动作时间不超过1s；2 倍动作电流时，动作时间不超过 0.2s；5 倍动作电流时，动作时间不超过 0.03s）。在选择作为家用漏电保护时，应选用快速型的、动作时间不超过 0.1s 的漏电保护器。

（4）额定漏电不动作电流 $I_{\triangle n0}$。家用漏电保护器在电路中出现规定值的漏电电流时应该保证正常动作，也应该在故障电流没有达到规定值，保证不动作。这就是常被忽视的一个很重要的参数。

3.1.5 配电箱的选用

配电箱是家装强电用来分路及安装断路器的箱子，配电箱的材质一般是金属的，前面的面板有塑料也有金属的，面板上还有一个小掀盖便于打开，这个小掀盖有透明和不透明的。

配电箱有多种规格，典型家庭及类似场所用配电箱的结构如图 3-16 所示，中间是一根导轨，用户可根据需要在导轨上安装断路器和插座；上、下两端分别有按零排和接地排。

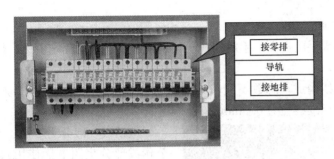

图 3-16　家用配电箱的结构

配电箱的规格要根据居室线路回路而定，小的有四、五路，多的有十几路，选择配电箱之前，要先设计好电路回路，再根据断路器的数量，以及是 1P 还是 2P，计算出配电箱的规格型号。通常占配电箱里的位置应该留有富裕，以便以后增加电路用。

一般小户型是使用 12 位开关的配电箱，中大户型使用 24 位开关的配电箱。

3.2　弱电器材的选用

3.2.1　弱电箱的选用

弱电箱也称为信息箱，是专门用于家庭弱电系统的布线箱，如图 3-17 所示。一般用于现代家居装修中，如网线、电话线、电脑显示器的 USB 线、电视的 VGA 色差线等都可以放置其中。

在选择弱电箱之前，首先要确定家中需布置哪些线材、弱电箱中需安放哪些设备，在这些设备中哪些设备是有源设备。如果弱电箱中有源设备（如路由器、Modem 等）较多的话，最好选择"多居室"弱电箱，这样，箱内的市电与设备能隔离开来，避免市电对信号的干扰，也可防止漏电窜入信号线导致家电损坏。而分仓放置有源设备，还可以加大设备散热面积，避免有源设备过分集中导致温度上升，从而影响设备稳定性等情况的发生。

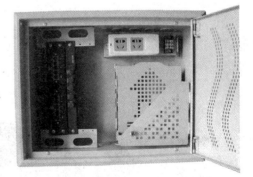

图 3-17　弱电箱

弱电箱里的有源设备通常有宽带路由器、电话交换机、有线电视信号放大器等。弱电箱里的无源设备可采用弱电箱厂家生产的配套模块（如有线电视模块、电话分配模块等），可以保持箱体里内的整洁。

弱电箱箱体要预留足够的空间，便于安装有源设备，并配置电源插座，也以便以后的升级。

如果准备将无线路由放置在弱电箱内的话，应选择一款面板为 ABS 材质的弱电箱，否则金属面板会削弱无线路由器的信号。

3.2.2 弱电线材的选用

1. 电话线的选用

随着人们经济水平的提高，手机的广泛使用代替了家里的固定电话，但还是有许多家庭固话与手机并用的。

电话线由铜芯线构成，芯数不同，其线路的信号传输速率也不同，芯数越高，速率越高。电话线的国家标准线径为 0.5mm。

图 3-18　电话线

电话线一般分为 2 芯、4 芯（4 芯适用于公司或部分集团电话使用）、6 芯（6 芯适用于数字电话使用），如图 3-18 所示。两芯标准的电话水晶头是 RJ32。分别称为 A、B 线，没有正负极的区别。至于听筒的四芯线，通过一个线圈或者集成电路出来之后，到听筒就需要四根线，两根由 MIC 用，另外两根受话器用。一般买两芯的双绞线，有条件的可以考虑上 4 芯。

2. 电视信号线的选用

电视信号线通常称为闭路电视线或有线电视线，正规名称为同轴电缆，如图 3-19 所示。同轴电缆具有双向传输信号的功能，既可单向传送，又可单向接收。信号频宽很高，可以用于宽带上网。

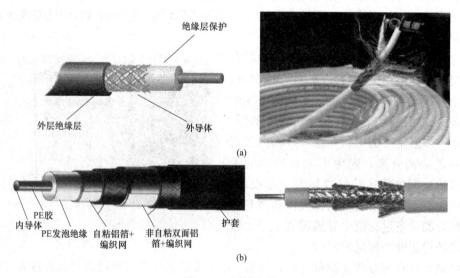

图 3-19　同轴电缆
（a）双屏蔽；（b）四屏蔽

目前有两种广泛使用的同轴电缆。一种是 50Ω 同轴电缆（采用四屏蔽），用于数字信号传输，由于多用于基带传输，也叫基带同轴电缆；另一种是 75Ω 同轴电缆（采用双屏蔽），用于模拟信号传输。

广电网络在新建楼盘中，都是采取光缆信号到小区，集中分配到户的方式安装有线电视工程的，按照国家标准，应保证每户入户信号电平在（64 ± 4）dB。在新房装修中要保证有线电视信号质量，必须选购正规厂家生产的有线电视器材（要求有入网证），同轴电缆一定要是四屏蔽的。

同轴电缆的好坏直接影响电信号的传输质量，表 3-10 列出了几种辨认同轴电缆质量的方法。

表 3-10   辨认同轴电缆质量的几种方法

序号	辨认方法	说 明
1	查绝缘介质的圆整度	标准同轴电缆的截面很圆整，电缆外导体、铝箔贴于绝缘介质的外表面。介质的外表面越圆整，铝箔与它外表的间隙越小，越不圆整间隙就越大。实践证明，间隙越小电缆的性能越好，另外，大间隙空气容易侵入屏蔽层而影响电缆的使用寿命
2	测同轴电缆绝缘介质的一致性	同轴电缆缘介质直径波动主要影响电缆的回波系数，此项检查可剖出一段电缆的绝缘介质，用千分尺仔细检查各点外径，看其是否一致
3	测同轴电缆的编织网	同轴电缆的编织网线对同轴电缆的屏蔽性能起着重要作用，而且在集中供电有线电视线路中还是电源的回路线，因此同轴电缆质量检测必须对编织网是否严密平整进行察看，方法是剖开同轴电缆外护套，剪一小段同轴电缆编织网，对编织网数量进行鉴定，如果与所给指标数值相符为合格。另外，对单根纺编线用外径千分尺进行测量，在同等价格下，线径越粗质量越好
4	查看铝箔的质量	同轴电缆中起重要屏蔽作用的是铝箔，它在防止外来开路信号干扰与有线电视信号混淆方面具有重要作用，因此对同轴电缆应检查铝箔的质量。 首先，剖开护套层，观察编织网线和铝箔层表面是否保持良好光泽；其次是取一段电缆，紧紧绕在金属小轴上，拉直向反向转绕，反复几次，再割开电缆护套层观看铝箔有无折裂现象；也可剖出一小段铝箔在手中反复揉搓和拉伸，经多次揉搓和拉伸仍未断裂，具有一定韧性的为合格品，否则为次品
5	查看外护层的包紧度	高质量的同轴电缆外护层都包得很紧，这样可缩小屏蔽层内间隙，防止空气进入造成氧化，防止屏蔽层的相对滑动引起电性能飘移，但挤包太紧会造成剥头不便，增加施工难度。检查方法是取 1m 长的电缆，在端部剥去护层，以用力不能拉出线芯为合适
6	查电缆成圈形状	电缆成圈不仅是个美观问题，而且也是质量问题。电缆成圈平整，各条电缆保持在同一同心平面上，电缆与电缆之间成圆弧平行地整体接触，可减少电缆相互受力，堆放不易变形损伤

3. 网线的选用

随着 FTTB、ADSL、HFC 等宽带进入小区、延伸至家庭，出现了计算机局域网，这时局域网内部的布线连接以及与外部以太网的连接都需要线缆传输数字信号，这就是双绞线（通常叫网络线）。

目前常用的双绞线有五类线、超五类线和六类线，如图 3-20 所示。

五类网线是 Cat 5 UTP 的俗称，完整的说法是"五类非屏蔽双绞线"，它是按照 ANSI/ISO/IEC 等一些国际标准化组织定义的标准加工的，将符合相关电气参数的 4 对双绞的铜线组装在一起的电线，通常用于以太网的连接，随着网速的提高，五类网线又发展到超五类（Cat 5e UTP）和六类（Cat 6 UTP），当然，超五类和六类网线是比五类更好的网线，使用效果会更好。

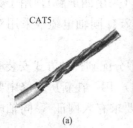

图 3-20　常用双绞线
(a) 五类线；(b) 超五类线；(c) 六类线

五类线的标识是"CAT5"，带宽 100M，适用于百兆以下的网；超五类线的标识是"CAT5E"，带宽 155M，是目前的主流产品；六类线的标识是"CAT6"，带宽 250M，用于架设千兆网，是未来发展的趋势。

不同规格的网络线还有屏蔽和非屏蔽之分。屏蔽网络线多了一层金属编织屏蔽网，一般应用在电磁干扰比较强的地方（如强电场、磁场、大功率电动机集中等处）。合格的超五类线本身抗干扰能力已经不错了，所以一般不必盲目追求屏蔽线。

目前，网络布线基本上都在采用超五类或六类非屏蔽双绞线。剥开超五类网线，可以看到里面有 8 根细线两两缠绕，另外有 1 条抗拉线，线对的颜色与五类双绞线完全相同，分别为白橙、橙、白绿、绿、白蓝、蓝、白棕和棕。裸铜线径为 0.51mm（线规为 24AWG），绝缘线径为 0.92mm，UTP 电缆直径为 5mm。

判断网线的质量，当然是对照网线的标准，达标的就是好网线，不达标的当然不好，但是五类网线的详细标准很复杂，业余人员很难搞完全搞清楚，也没有必要。下面介绍辨认好网线的几个关键。

(1) 线径。超五类双绞线的线径是 0.51mm，就是所谓的 24 号线，很多劣质网线都是用细铜线（比如 0.4mm 或者更细）来做的，铜线越细，电阻就越大，再加上趋肤效应，频率越高，指标就下降得越厉害。

判断线径的方法是：让商家拿几种不同价格的线，质量好的线明显要"粗壮"一些。再剥开外皮看看里面的铜丝直径，只要对比马上就能看出来。

(2) 材质。网线的芯线要求是铜线，如果用镀铜线或者铜合金线来代替，结果也是一样，电阻增大，其他指标也下降。在辨认网线时线径比较好判断，但如何判断是纯铜线而不是镀铜线或者铜合金线呢？其实也很简单，五类线每 100m 的电阻是 9.5Ω，拿万用表测一下就清楚了，镀铜线和铜合金线电阻会高得多（2～3 倍以上）。如果没有万用表，还有一个土办法，将网线里的铜线剪一小段下来，用有磁性的螺丝刀吸一下，一般镀铜线和铜合金线可以被磁铁吸起来（见图 3-21），但纯铜线不会。

网线外皮的质量也比较重要，把线折 180°，然后撒回去，看看外皮的耐折性如何。质量好的网线，外皮怎么折，也不会太明显的泛白的。差的撒回去以后明显很白。外皮好的网线在施工过程中不容易折断。

4. 水晶头的选用

水晶头是网络连接中重要的接口设备，是一种能沿固定方向插入并自动防止脱落的塑料

图 3-21 用有磁性的螺丝刀检查网线

接头，用于网络通信，因其外观像水晶一样晶莹透亮而得名为"水晶头"。室内装修常用的水晶头有 RJ-11 和 RJ-45 两种，如图 3-22 所示。

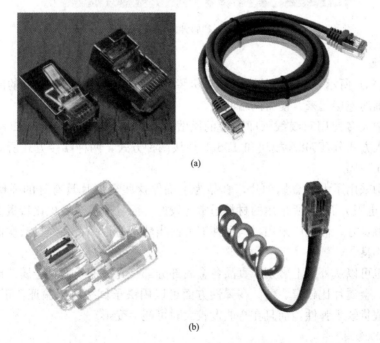

(a)

(b)

图 3-22 水晶头
（a）RJ-45 水晶头；（b）RJ-11 水晶头

RJ11 接口和 RJ45 接口很类似，但只有 4 根针脚（RJ45 为 8 根）。在计算机系统中，RJ11 主要用来连接 modem 调制解调器。日常应用中，RJ-11 常见于电话线。

双绞线的两端必须都安装 RJ-45 插头，以便插在网卡（NIC）、集线器（Hub）或交换机（Switch）的 RJ-45 接口上，进行网络通信。

水晶头由两种材质制作而成，好的材质和不好的材质很容易分得出来。

（1）看塑胶颜色（黑黑的肯定不是好的）、塑胶透明度、塑胶有无杂质、塑胶的韧性

（可拿弹片做弯折测试，不好的材质弯折十几下就折断了）、塑胶有无刮花。

（2）看金属端子有无氧化（伪劣产品在端子切口处会出现发红、发黑的氧化情况）。

（3）检查弹片弹性。质量好的水晶头用手指拨动弹片会听到铮铮的声音，将弹片向前拨动到90°，弹片也不会折断，而且会恢复原状并且弹性不会改变。将做好的水晶头插入集线设备或者网卡中时能听到清脆的"咔"的响声。

近年来还出现了一种金属弹片水晶头，弹片可以单独拆卸的，解决了塑料弹片容易断裂或容易失去弹性的问题，如图3-23所示。

图3-23　金属弹片水晶头

5. 插座模块

如图3-24（a）所示，插座模块主要用于房屋装修时连接暗藏在墙壁内的网线，把网线和信息模块正确的连接起来，使得网络能通。

现在家庭中大多使用双绞线（即一般的网线），一般分为T568A和T568B两种线序，信息模块端接入方式分T568A模块和T568B模块两种方式，两种端接方式所对应的接线顺序如图3-24（b）所示。

插座模块中采用了大量金属弹片，真品为了确保这些金属片具有好的弹性和接触性能（主要是指接触电阻方面），所采用的材料通常比较好，而且所镀金属也比较贵重，经过数次的插拔后仍接触良好。假货所采用材料和性能方面当然就差很多，在经过数次插拔后会出现部分弹片接触不良。

真假模块也可以从外观上区别。真品各金属部分都是光亮的，而且金属片比较宽厚，而假货比较暗淡，金属片比较窄、薄。在弹性方面可以用镊子试拨可以验证，正品弹性较好，不易变形，而假货缺乏弹性，而且在弯曲度较大时可能会变形。

6. 音箱线的选用

音箱线由高纯度无氧铜作为导体制成，此外，还有用银作为导体制成的，损耗很小，但价格非常昂贵，只有专业级才用到银线，所以普遍使用的是铜制的音箱线，如图3-25所示。

音箱线用于家庭影院中功放和主音箱及环绕音箱的连接。

音箱线常用规格有32、70、100、200、400、504支。这里的"支"也称"芯"，是指该规格音箱线由相应的铜丝根数所组成，如100支（芯）就是由100根铜芯组成的音箱线。芯数越多（线越粗），失真越小，音效越好。

一般来说，主音箱、中置音箱应选用200支以上的音箱线。环绕音箱用100支左右的音箱线；预埋音箱线如果距离较远，可视情况用粗点的线。

规格：1根8股电脑数据线，
按线的颜色分别接入，
接线槽上下两层。

(a)

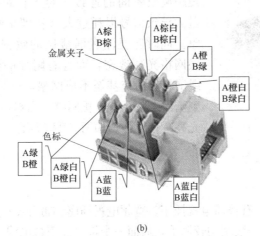

金属夹子

A棕
B棕

A棕白
B棕白

A橙
B绿

A橙白
B绿白

色标

A绿
B橙

A绿白
B橙白

A蓝
B蓝

A蓝白
B蓝白

(b)

图 3-24 插座模块

（a）实物图；（a）接线图

图 3-25 音箱线

如果需暗埋音箱线，要用 PVC 线管进行埋设，不能直接埋进墙里。

7. 同轴音频线的选用

同轴音频线用于传输双声道或多声道信号（杜比 AC-3 或者 DTS 信号），两根为一组，每一组两芯，内芯为信号传输，外包一层屏蔽层（同时作为信号地线），其中芯线表皮一般区分为红色和白色，其中红色用来接右声道，白色用来接作左声道，如图 3-26 所示。

选择同轴音频线时主要先看其直径，过细的线材只能

图 3-26 同轴音频线

用于短距离设备间的连接，对于长距离传输会因线路电阻过大导致信号损耗过大（特别是高频），同时还要注意屏蔽层的致密度，屏蔽层稀疏的极易受到外界干扰，当然其铜质必须是无氧铜，光亮、韧性强是一个显著的特征。

8. 视频线的选用

视频线用于传送视频复合信号，如 DVD、录像机等信号，一般和同轴音频线一起预埋，统称 AV 信号，这类信号线传送的是标准清晰度的视频信号。

图 3-27　视频线

选择这类线材时先看其直径，过细的线材只能用于短距离设备间的连接，对于长距离传输会因线路电阻过大导致信号损耗过大（特别是高频），出现重影等现象。同时还要注意屏蔽层的致密度（合格的线材屏蔽层网格光亮致密，而且有附加的铝箔层），而较差的线缆屏蔽层稀疏甚至不成网格，极易受到外界干扰，反映到画面上就会有干扰网纹。当然对铜质的要求是无氧铜，光亮、韧性强，如图 3-27 所示。

3.2.3　弱电插座的选用

1. 有线电视信号插座的选用

有线电视插座（TV）有普通电视插座、宽频电视插座和带分支电视插座三种供选择。

（1）普通电视插座，一般结构较简单，后面一个接口连模拟电线，面板前面一个插口插电视插头。普通电视插一般传输频率在 5～750MHz，只能满足模拟电视信号（700MHz 以下）的频率宽度，不建议安装这种插座。

（2）宽频电视插座最大的特点是能覆盖 5～1000MHz 的信号，可用于数字电视信号传输。从插座的结构上来看，宽频电视插座已不在采用传统的插拔式，而是使用英式的螺旋式接口，这样可以使插座的接触更加紧密和可靠，屏蔽层更加厚实，如图 3-28 所示。装修时，一般应选用宽频插座，相应的，同轴电缆的头子也要用螺旋式的。

2. 网络插座的选用

网线插座（WN）是指有一个或一个以上网线接口可插入的座，通过它可插入网线，便于与电脑等设备接通，如图 3-29 所示。

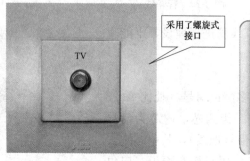

图 3-28　宽频电视插座

图 3-29　网络插座

网线插座的布置应根据室内家用电器点和家具的规划位置进行，并应密切注意与建筑装修等相关专业配合，以便确定网线插座位置的正确性。

3. 电话插座的选用

电话插座（TP）就是能够通过插座的接口插入电话线，通过电话线的连接，能够与电话设备进行联通的插座，如图 3-30 所示。

一个电话插座可以有一个或多个插口，电话插座一般是 2 芯或者 4 芯的 RJ11 水晶头。

4. 电话网络双口插座的选用

电话网络双口插座，在同一面板上能同时连接电话和网络两个终端的插座，如图 3-31 所示，在安装空间有限时可选用这种插座。

图 3-30　电话插座

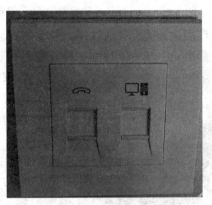

图 3-31　电话网络双口插座

3.3　水管和燃气管及配件的选用

3.3.1　水管和燃气管的选用

家庭水路改造，需要用到的管道常见的有冷水管、热水管、暖气管、煤气管道、下水管等。而从材质上看，一般有铝塑管、UPVC 管和 PPR 管。

1. UPVC 管的选用

UPVC 管是一种以聚氯乙烯（PVC）树脂为原料，不含增塑剂的塑料管材，它具有耐腐蚀性和柔软性好的优点，其管内壁光滑，液体在内流动不会结垢，因而其输送能力不会随运行时间的增强而下降。

UPVC 管通常用于作排水管道用，如图 3-32 所示。

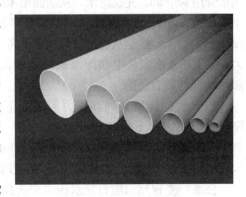

图 3-32　UPVC 排水管

2. 铝塑管的选用

铝塑管有五层，内外层均为聚乙烯，中间层为铝箔层，在这两种材料中间还各有一层粘合剂，五层紧密结合成一体，如图 3-33 所示。它的优越性能在：具有稳定的化学性质，耐腐蚀，无毒无污染，表面及内壁光洁平整，不结垢，质量轻，能自由弯曲，韧性好，具有独特的环保及节能优势。

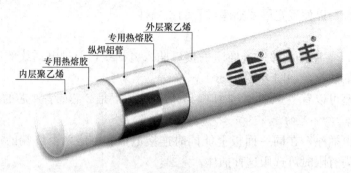

图 3-33   铝塑管的结构

铝塑管按用途分类有普通饮用水管、耐高温管、燃气管。

铝塑管是市面上较为流行的一种管材。其质轻、耐用而且施工方便，其可弯曲性更适合

在家装中使用。冷水管、热水管、天然气管、暖气管道都可以使用该类管材，但长期作为热水管用时会造成渗漏。

3. PPR 管的选用

PPR 管的正式名为无规共聚聚丙烯管，具有节能节材、环保、轻质高强、耐腐蚀、内壁光滑不结垢、施工和维修简便、使用寿命长等优点，是目前家装工程中采用最多的一种供水管道，既可以用作冷水管，也可以用作热水管，如图 3-34 所示。

图 3-34   PPR 水管

用于冷水（≤40℃）系统，选用静液压应力 PN1.0～1.6MPa 管材、管件；用于热水系统（≥70℃），选用静液压应力 PN2.0MPa 管材、管件。

PPR 管道分冷热水管 2 种。冷水管管壁薄，热水管管壁厚。经验表明，冷水管用 $\phi25mm$，热水管用 $\phi20mm$。先说冷水，从墙面出来的内丝弯头都是 $\phi20mm$ 的，也就是说，各种龙头的出水口是 $\phi20mm$ 的，用 $\phi25mm$ 的管在多点同时分流用水时，水流不变小。热水之所以要考虑 $\phi20mm$ 的管子，这是从能源节约角度来考虑的，因为家庭两个卫生间同时洗澡的机会本来不大，加上热水本来是中和冷水来调温的，对热水的用水量不如冷水这么大。所以，热水用 $\phi20mm$ 是比较合适的。

PPR 管的标管系列和压力等级如下：S5＝1.25MPa；S4＝1.6MPa；S3.2＝2.0MPa；S2.5＝2.5MPa；S2＝3.2MPa。

一般而言，家庭选用 2.3mm 或 2.8mm 管壁厚度的 PPR 管即可满足需要。暖气选用 S3.2 以上的 PPR 管，水管选用 S4 的 PPR 管。

注意：要根据当前自来水压力来选择 PPR 管的承压度，一般有 1.6、2.0MPa，管壁厚度有 2.3、2.8、3.5、4.4mm 等，不是承压越高、厚度越大就好，其实够用就行了。一般而言，2.3 或 2.8 的管壁，1.6MPa 承压就足够家用了。因为目前我们所知的自来水压力都是出厂时的加压值，真正流到用户家中，这个压力就大打折扣了。

4. 铝塑复合管的选用

铝塑管单纯从管本身来讲，还是比较可靠的，PPR 管有独特的融解优势，保证了连接口的稳定性。而 PPR 铝塑复合管，它有两者的特点。在管道的外层有（PPR）聚丙烯的材

料，可以和管道直接连接，中间又是一种铝层，本身它的耐压力要强很多。内层又是耐热聚乙烯材料，这种材料要优于 PPR 管，所以这两种材料合在一起，等于是综合了铝塑管和 PPR 管两者的优势。

3.3.2 水管和燃气管配件的选用

1. PPR 水管阀的选用

现在许多家庭都是使用的 PPR 水管，常用的阀门有截止阀、双活接球阀和角阀，如图 3-35 所示。选择阀门既要求密封效果好，又要求操作灵活。

(a)   (b)   (c)

图 3-35　PPR 水管阀
(a) 截止阀；(b) 双活接球阀；(c) 角阀

(1) 在选择阀门时，一定要注意检查阀门的密封效果。在实际产品中，阀门密封有多种型式，如软密封、硬密封、阀板密封、阀体密封、面密封、线密封等。不管采用什么样的密封形式，均不能影响到密封效果。

(2) 阀门操作是否灵活也是很重要的。操作灵活不仅体现在选择哪一种传动方式，还体现在与传动机构相关的部件的加工精度上。

2. PPR 管其他配件的选用

安装 PPR 管时，主要配件有各种互通连接头、弯头、堵头、过桥弯以及内丝、外丝接头等，如图 3-36 所示。

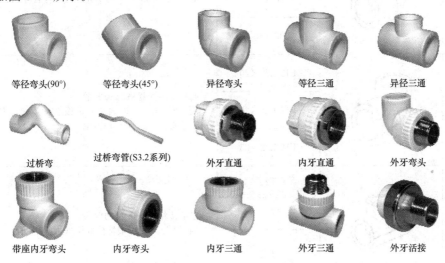

等径弯头(90°)　　等径弯头(45°)　　异径弯头　　等径三通　　异径三通

过桥弯　　过桥弯管(S3.2系列)　　外牙直通　　内牙直通　　外牙弯头

带座内牙弯头　　内牙弯头　　内牙三通　　外牙三通　　外牙活接

图 3-36　PPR 管常用配件

PPR 管常用配件型号规格及说明见表 3-11。

表 3-11   **PPR 管常用配件型号规格及说明**

产品名称	外型	型号规格	使用说明
等径直通		S20	
		S25	两端接相同规格的 PPR 管。 例：S20 表示两端均接直径 20mm 的 PPR 管
		S32	
异径直通		S25×20	
		S32×20	两端接不同规格的 PPR 管。 例：S25×20 表示一端接直径 25mm 的 PPR 管，另一端接直径 20mm 的 PPR 管
		S32×25	
堵头		D20	
		D25	用于相关规格 PPR 管的封堵。 例：D20 表示接直径 20mm 的 PPR 管
		D32	
等径弯头（90°）		L20	
		L25	两端接相同规格的 PPR 管。 例：L20 表示两端均接直径 20mm 的 PPR 管
		L32	
等径弯头（45°）		L20（45°）	
		L25（45°）	两端接相同规格的 PPR 管。 例：L20（45°）×20 表示两端均接直径 20mm 的 PPR 管
		L32（45°）	
异径弯头		F12-L25×20	
		F12-L32×20	两端接不同规格的 PPR 管。 例：F12-L25×20 表示一端接直径 25 的 PPR 管，另一端接直径 20mm 的 PPR 管
		F12-L32×25	
等径三通		T20	
		T25	三端接相同规格的 PPR 管。 例：T20 表示三端均接直径 20 的 PPR 管
		T32	

续表

产品名称	外型	型号规格	使用说明
异径三通		T25×20	三端均接PPR管，其中一端变径。 例：T25×20表示两端均接直径25的PPR管，中间接直径20mm的PPR管
		T32×20	
		T32×25	
过桥弯		W20	两端接相同规格的PPR管。 例：W20表示两端均接直径20mm的PPR管
		W25	
过桥弯管 （S3.2 系列）		W20（L）	两端接相同规格的PPR管件
		W25（L）	
		W32（L）	
外牙直通		S20×1/2M	一端接PPR管，另一端接内牙。 例：S20×1/2M表示一端接直径20mm的PPR管，另一端接1/2寸内牙
		S20×3/4M	
		S25×1/2M	
		S25×3/4M	
		S32×3/4M	
		S32×1M	
内牙直通		S20×1/2F	一端接PPR管，另一端接外牙。 例：S20×1/2F表示一端接直径20mm的PPR管，另一端接1/2寸外牙
		S20×3/4F	
		S25×1/2F	
		S25×3/4F	
		S32×3/4F	
		S32×1F	
外牙弯头		L20×1/2M	一端接PPR管，另一端接内牙。 例：L20×1/2M表示一端接直径20mm的PPR管，另一端接1/2寸内牙
		L20×3/4M	
		L25×1/2M	
		L25×3/4M	
		L32×3/4M	
		L32×1M	
带座内牙 弯头		L20×1/2F （Z）	一端接PPR管，另一端接外牙。该管件可通过底座固定在墙上。 例：L20×1/2F（Z）表示一端接直径20mm的PPR管，另一端接1/2寸外牙
		L25×1/2F （Z）	

续表

产品名称	外型	型号规格	使用说明
内牙弯头		L20×1/2F	一端接 PPR 管，另一端接外牙。 例：L20×1/2F 表示一端接直径 20mm 的 PPR 管，另一端接 1/2 寸外牙
		L20×3/4F	
		L25×1/2F	
		L25×3/4F	
		L32×3/4F	
		L32×1F	
内牙三通		T20×1/2F	两端接 PPR 管，中端接外牙。 例：T20×1/2F 表示两端接直径 20mm 的 PPR 管，中间接 1/2 寸外牙
		T25×1/2F	
		T25×3/4F	
		T32×1/2F	
		T32×3/4F	
		T32×1F	
外牙三通		T20×1/2M	两端接 PPR 管，中端接内牙。 例：T20×1/2M 表示两端接直径 20mm 的 PPR 管，中间接 1/2 寸内牙
		T25×3/4M	
		T32×1/2M	
		T32×3/4M×32	
外牙活接		F12-S20×1/2M（H）	用于需拆卸处的安装连接，一端接 PPR 管，另一端接内牙。 例：F12-S20×1/2M 表示两端接直径 20mm 的 PPR 管，中间接 1/2 寸内牙
		F12-S25×3/4M（H）	
		F12-S25×1M（H）	
		F12-S32×1M（H）	
		F12-S40×1/4M（H）	
		F12-S50×1/2M（H）	
		F12-S63×2M（H）	
内牙活接		F12-S20×1/2F（H）	用于需拆卸处的安装连接，一端接 PPR 管，另一端接外牙。 例：F12-S20×1/2F（H）表示一端接 20mm 的 PPR 管，另一端接 1/2 寸外牙
		F12-S25×3/4F（H）	
		F12-S32×1F（H）	
等径活接		F12-S20×20（H）	用于需拆卸处的安装连接，可拆卸结构，两端接 PPR 管
		F12-S25×25（H）	
		F12-S32×32（H）	

续表

产品名称	外型	型号规格	使用说明
内牙直通活接	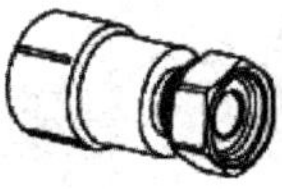	S20×1/2F（H2）	用于需拆卸处的安装连接，一端接 PPR 管，另一端接外牙，主要用于水表连接
内牙弯头活接		L20×1/2F（H2）	用于需拆卸处的安装连接，一端接 PPR 管，另一端接外牙，主要用于水表连接

常用水管配件的作用见表 3-12。

表 3-12　　　　　　　　常用水管配件的作用

序号	名称	作　　用
1	直接	又称为套管，管套接头，当一根水管不够长的时候可以用来延伸管子。在使用的时候，要注意和水管的尺寸相匹配，当管道不够长，连接两根管道所用
2	弯头	是用来让水管转弯的，因为水管自己是笔直的，不能弯折，要改变水管的走向，只能通过弯头来实现。常规分为45°和90°弯头
3	内丝和外丝	是配套使用的，连接龙头、水表、以及其他类型水管时会用到，而家装中大部分用到的都是内丝件
4	三通	分为同径三通和异径三通，顾名思义，就是连接三个不同方向的水管用的，当要从一根水管中引出一条水路来的时候使用
5	大小头	是连接管径不同的两根管材使用的，直接、弯头和三通都有大小头之分
6	堵头	是水管安装好后，用来暂时封闭出水口而用的，在安装龙头的时候会取下，在使用堵头时要注意大小要和对应的管件所匹配
7	绕曲弯	也叫过桥，当两根水管在同一平面相交而不对接时，为了保证水管的正常使用，我们用绕曲弯过渡，就像拱桥一样，通过平面的避让来避过水管的直接相交
8	截止阀	启闭水流
9	管卡	固定水管位置，防止水管移位
10	S弯和P弯	一般用于水斗和下水管链接，都具有防臭的功能，S弯一般用于错位链接，而P弯则属于除臭链接。其作用是防堵、防臭

3. 铝塑管配件的选用

燃气专用铝塑管的配件主要有直接头、三通接头、弯接头和燃气阀等，如图 3-37 所示。选用接头时，要注意区分是内丝还是外丝。

 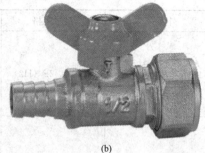

(a)   (b)

图 3-37　燃气专用铝塑管配件
(a) 接头；(b) 燃气阀

第4章
家居装修水电设计

4.1 强电的设计

高标准的住宅电气线路配置是优质住宅的基础保证。根据有关部门对我国居民住宅火灾原因的统计，约有30%的火灾是由住宅电气线路配置不合理或者线路老化造成的，在众多火灾原因中居第一位。

4.1.1 家居电气配置设计的基本思路及要求

1. 设计规范的要求

下面简要介绍《住宅建筑电气设计规范》（JGJ 242—2011）的主要规定。

（1）配电箱。如图4-1所示，每套住宅应设置不少于一个家居配电箱，家居配电箱宜暗装在套内走廊、门厅或起居室等便于维修维护处，箱底距地高度不应低于1.6m。家居配电箱应装设同时断开相线和中性线的电源进线开关电器，供电回路应装设短路和过负荷保护电器，连接手持式及移动式家用电器的电源插座回路应装设剩余电流动作保护器。

(1)位置：走廊、门厅或起居室；
(2)高度：箱底距地1.6m；
(3)安装方式：暗装；
(4)开关电器：设置总开关和各个回路的保护电器；
(5)供电回路符合要求

图 4-1　家居配电箱安装规定

（2）供电回路。

1）每套住宅应设置不少于一个照明回路。

2）装有空调的住宅应设置不少于一个空调插座回路。

3）厨房应设置不少于一个电源插座回路。

4）装有电热水器等设备的卫生间，应设置不少于一个电源、插座回路。

5）除厨房、卫生间外，其他功能房应设置至少一个电源、插座回路，每一回路插座数量不宜超过10个。

6）柜式空调的电源插座回路应装设剩余电流动作保护器；分体式空调的电源插座回路宜装设剩余电流动作保护器。

（3）电源插座的设置及数量要求。JGJ 242—2011 对家居电源插座设置及数量的要求见表4-1。

表 4-1   家居电源插座设置及数量的要求

序号	名称	设置要求	数量
1	起居室（厅）、兼起居的卧室	单相两孔、三孔电源插座	≥3
2	卧室、书房	单相两孔、三孔电源插座	≥2
3	厨房	IP54 型单相两孔、三孔电源插座	≥2
4	卫生间	IP54 型单相两孔、三孔电源插座	≥1
5	洗衣机、冰箱、排油烟机、排风机、空调器、电热水器	单相三孔电源插座	≥1

1）表中序号1~4设置的电源插座数量不包括序号5专用设备所需设置的电源插座数量。

2）起居室（厅）、兼起居的卧室、卧室、书房、厨房和卫生间的单相两孔、三孔电源插座宜选用10A的电源插座。对于洗衣机、冰箱、抽油烟机、排风扇、空调器、电热水器等单台单相家用电器，应根据其额定功率选用单相三孔 10A 或 16A 的电源插座。

3）新建住宅建筑的套内电源插座应暗装，起居室（厅）、卧室、书房的电源插座宜分别设置在不同的墙面上。分体式空调、排油烟机、排风机、电热水器电源插座底边距地不宜低于 1.8m；厨房电炊具、洗衣机电源插座底边距地宜为 1.0~1.3m；柜式空调、冰箱及一般电源插座底边距地宜为 0.3~0.5m。

4）住宅建筑所有电源插座底边距地 1.8m 及以下时，应选用带安全门的产品。

5）对于装有淋浴或浴盆的卫生间，电热水器和排风扇的电源插座底边距地不宜低于 2.25m，排风扇及其他电源插座宜安装在干区，不能安装在湿区，如图 4-2 所示。

6）安装在卫生间的插座宜带开关和指示灯，如果安装在潮湿位置的插座，最好在插座表面安装一个防水的盖子，避免水汽进入插座内，引起短路，如图 4-3 所示。

图 4-2 卫生间插座的安装高度

图 4-3 防水插座

2. 家居电气配置设计的基本思路

家居电路的设计一定要详细考虑可能性、可行性、实用性之后再确定，同时还应该注意其灵活性，下面介绍一些基本设计思路。

（1）卧室顶灯可以考虑三控（两个床边和进门处），本着两个人互不干扰休息的原则。

（2）客厅顶灯根据生活需要可以考虑装双控开关（进门厅和回主卧室门处）。

（3）环绕的音响线应该在电路改造时就埋好。

（4）注意强弱电线不能在同一管道内，会有干扰。

（5）客厅、厨房、卫生间如果铺砖，一些位置可以适当考虑不用开槽布线。

（6）插座离地面一般为30cm，不应低于20cm，开关一般距地140cm。

（7）排风扇开关、电话插座应装在马桶附近，而不是进卫生间门的墙边。

（8）浴霸应考虑装在靠近淋浴房或浴缸的正上方位置。

（9）阳台、走廊、衣帽间可以考虑预留插座。

（10）带有镜子和衣帽钩的空间，要考虑镜面附近的照明。

（11）客厅、主卧、卫生间应根据个人生活习惯和方便性考虑预设电话线。

（12）插座的安装位置很重要，常有插座正好位于床头柜后边，造成柜子不能靠墙的情况发生。

（13）电视机、电脑背景墙的插座可适当多一些，但也没必要设置太多插座，最好是以后连一个插线板放在电视机、电脑的侧面。

（14）电路改造有必要根据家电使用情况考虑进行线路增容。

（15）安装漏电保护器和空气开关的分线盒不要放在室外，要放在室内，防止他人断电搞破坏。

（16）装灯带不实用，不常用，华而不实。在设计安装灯带时应与业主沟通并说明。

3. 家居电气配置的一般要求

（1）每套住宅进户处要设嵌墙式住户配电箱。住户配电箱设置电源总开关，该开关能同时切断相线和中性线，且有断开标志。

住户配电箱内的电源总开关应采用两极开关，总开关容量选择不能太大，也不能太小；要避免出现与分开关同时跳闸的现象。

（2）室内开关、插座的配置应能够满足需要，并对未来家庭电气设备的增加预留有足够的插座。

（3）插座回路必须加漏电保护。电气插座所接的负荷基本上都是人手可触及的移动电器（吸尘器、打蜡机、电风扇、电饭煲）或固定电器（电冰箱、微波炉、电加热淋浴器和洗衣机等）。当这些电气设备的导线受损（尤其是移动电器的导线）或人手可触及电气设备的带电外壳时，就有电击危险。为此除挂壁式空调电源插座外，其他电源插座均应设置漏电保护装置。

（4）阳台应设人工照明。阳台起到居室内外空间过渡的作用，灯具可以选择壁灯和草坪灯之类的专用室外照明灯。有部分半封闭的阳台需使用防水防尘的灯具。

（5）住宅应设有线电视系统，其设备和线路应满足有线电视网的要求。

（6）每户电话进线不应少于二对，其中一对应通到电脑桌旁，以满足上网需要。

（7）电源、电话、电视线路应采用阻燃型塑料管暗敷。电话和电视等弱电线路也可采用钢管保护，电源线采用阻燃型塑料管保护。

（8）电气线路应采用符合安全和防火要求的敷设方式配线，导线应采用铜导线。

（9）供电线路铜芯线的截面应满足要求。由电能表箱引至住户配电箱的铜导线截面不应小于 10mm²，住户配电箱的照明分支回路的铜导线截面不应小于 2.5mm²，空调回路的铜导线截面不应小于 4mm²。

（10）防雷接地和电气系统的保护接地是分开设置的。

4.1.2 居室各空间强电设计要点

1. 玄关照明设计

玄关是通往客厅的一个缓冲地带，既是主人回家的第一站，同时也是主人外出的最后一站。

玄关的灯光设置是很有讲究的，如图 4-4 所示。可设计普通整体照明的主灯，以避免在客人脸上造成阴影而看不清客人的脸，甚至看不清楚所放的鞋子；同时也要设计为局部照明或间接照明的装饰灯。在玄关照明设计时，间接照明主要是用于渲染气氛。

图 4-4　玄关照明设计示例

客厅玄关的灯饰造型尽量以圆形、方形为佳。

玄关的灯光颜色原则上只能使用色温较低的暖光，以突出家居环境的温暖和舒适感。

2. 客厅照明设计

客厅电气设计的好坏，对于整个家装设计的成败具有决定性的影响。一般在家装室内电气设计中，都把体现设计个性的环境气氛集中地在客厅设计中表现出来。

由于住宅条件限制，目前大多数家庭的客厅同时兼有家人团聚、起居、休息、会客、视听活动等多种功能，现在一些面积较大的住宅，把娱乐、视听等空间从客厅中分离出来，使客厅独立成为对外会客和家庭成员交流沟通的空间。但在一般家庭中客厅仍是家庭活动中使用频率最高的核心空间。

客厅的设计要因人而异，强调设计的个性。因为不同人有不同的生活方式和居住要求。从风格上讲，有古典式的（其中包括中国古典式、西洋古典式），有民间风味的，有现代风格的，也有传统与现代结合的。从情调上讲，有优雅明丽的，有古朴雅拙的，有温馨浪漫的，有华贵富丽的等。

客厅既然是综合功能空间，因此可划分为聚客休息区、阅读品茗区、影视赏析（部分家居有独立音视室）、娱乐休闲区等区域。客厅天、地、墙、三大界面的设计，风格上应整体构思。

客厅灯具的设置应该根据天花造型而定，主要照明一般是棚中设灯，用吊灯或吸顶灯视情况而定，其他部分增设射灯、嵌入灯、壁灯等，地面沙发可设立灯，造型范围内设装饰灯等。电器插座、开关等在总体结构落实后事先埋线隐蔽好位置，室内空调也是考虑安装的条件，视空间决定立式、壁挂式或集中式等种类及功率。

客厅照明的设计应当明快，突出温馨，有明暗层次，可以根据客厅不同时间、不同使用要求而有变化，如图4-5所示。如果只靠天花垂下的主灯来照明，室内一片通明，是不会有明暗层次的。因此在各个照明器具和不同组合的线路上要设置开关和调光器，采用落地灯、台灯和摇头聚光灯等可移动式灯具来局部照明。客厅要按照空间的不同，使用不同开关和配置不同的照明灯，这样平凡的空间便会因灯光的设置而与众不同。

图4-5 客厅照明示例

客厅的敞开式高柜内可配置灯光，让陈列品展示得更完美。

客厅的灯光设计要注意保证客厅的照度，要注意吊灯的高度，吊灯底到地不少于2.2m。客厅的灯光设计上要注意灯光的分开控制，要有二组以上的回路。

客厅主灯的亮度可以分为3个控制等级，满足看电视（一级控制）亮度最小、居家（二级控制）亮度适中、会客（三级控制）亮度最大的不同需求。

3. 餐厅照明设计

餐厅的设置形式有独立餐厅和非独立餐厅两类。独立餐厅，一般面积较大。非独立的餐厅是空间互为关联的餐厅，常见的有餐厅与客厅在一个空间内和餐厅与厨房共处一室等两种形式。

许多家庭都没有独立的饭厅，将客厅的一部分作为就餐区。两种情况下的照明方法是相同的。

餐厅照明一般以主灯吊灯与辅助壁灯配合使用，光有主灯而无辅助灯，会使人感到郁闷。在某些部分利用装饰灯光渲染，明亮的光色会大大刺激食欲，如图4-6所示。

图4-6 餐厅照明示例

　　餐厅照明通常的方案是将单个灯具悬挂在桌子之上。对于较大的桌子可能使用两个或三个小而匹配的灯具。带有玻璃或帘子并且可以在脸上提供一些直接照明的灯具是首选。调光器的使用非常有用，它能照明等级可调以适应偶然事件或作业，或者仅仅当桌子没有使用时照亮桌脚以作为客厅"风景"的一部分。

　　餐厅是人们进餐的地方，家用电器相对较少，冬天有电火锅，夏天有落地风扇等，沿墙均匀布置 2 组负荷为 10A 的多用插座即可，安装高度底边距 0.3m。

　　在餐厅中需要考虑设置和安装的电器有：冰箱的定位；饮水机的定位；餐桌下要设置地插；餐厅灯的控制方式。

4. 卧室照明设计

　　卧室照明的基本要求是：理想的光线，视觉舒适，柔和均匀，光线可调节控制。一般卧室的灯光照明，可分为普通照明、局部照明和装饰照明三种，如图 4-7 所示。

(a)　　　　　　　　　　(b)　　　　　　　　　　(c)

图 4-7　卧室照明
(a) 普通照明；(b) 局部组合照明；(c) 装饰照明

　　卧室的普通照明供起居室休息。在设计时要注意光线不要过强或发白，因为这种光线容易使房间显得呆板而没有生气，最好选用暖色光的灯具，这样会使卧室感觉较为温馨。注意别忘了装双控开关，否则寒冷的冬天起床关灯可就不好受了。

　　卧室的局部组合照明主要用于梳妆、阅读、更衣收藏等。例如在睡床旁设置床头灯，方便阅读。阅读的灯光，要有适当的安排，因为灯光太强或不足，均会直接影响视觉，对眼睛造成损害。

　　卧室的装饰照明主要在于创营造卧室的空间气氛，如浪漫、温馨等。巧妙地使用落地灯、壁灯甚至小型的吊灯，可以较好地营造卧室的环境气氛。

　　卧室灯光照明要创造柔和、温馨的气氛，应尽可能多用间接光和局部照明，不要千篇一律地在床上方或房中间设一吊灯，既单调压抑，又刺眼，影响睡眠。躺在床上要避免看见顶棚的照明和壁灯光源，而且，灯光不要太晃眼。此外，还要注意到光的颜色也会影响人的睡眠。

　　老人一般视力较差，容易起夜，晚上灯光强弱要适中。老人、小孩的卧室内最好在不晃眼的高度设置一个长夜灯，以方便半夜起来的人。

　　在主卧中需要考虑设置和安装的电器有：音、视设备的定位；挂式空调器的定位；顶灯的双控设置；电话的连接方式；电脑网络的设置。

　　确定床的位置是卧室插座布置的关键。一般双人床都是摆在房间中央，一头靠墙，床头两边各设一组多用电源插座，以供床头台灯、落地风扇及电热毯之用，床头并设一个电话插座和宽带信息插座，床头的对面设有线电视插座及多用电源插座，以供睡前欣赏电视之用，靠窗前的侧墙上设一个空调电源插座，其他适当位置设一组多用电源插座作备用。

5. 厨房照明设计

厨房在采光上首先应尽可能保留原窗，不作任何遮挡，自然光是最好的光源。采用的灯具应遵循实用、长寿、防雾、防潮的特点。

厨房照明对亮度要求很高。由于人们在厨房中度过的时间较长，所以灯光应惬意而有吸引力，这样能激发主人制作食物的热情，如图4-8所示。

图4-8　厨房照明示例

基本照明灯具应远离炉灶上部，不要让煤气、水蒸气直接熏染。一般厨房照明，在操作台的上方设置嵌入式或半嵌入式散光型吸顶灯，这样顶棚简洁，可减少灰尘、油污带来的麻烦。

厨房的家用电器比较多。主要有冰箱、电饭煲、排气扇、消毒柜、电热水器、电烤箱、微波炉、洗碗机等。根据建筑厨房布置大样图，确定污水池、炉台及切菜台的位置。在炉台侧面布置一组多用插座，供排气扇用，在切菜台上方及其他位置均匀布置若干组三孔插座。

若厨房兼作餐厅，可在餐桌上方设置吊灯。

6. 卫生间照明设计

卫生间除自然采光外，还必须辅以适当的灯光照明，灯光效果宜明亮柔和，不宜直接照射，如图4-9所示。与居室其他区域有所差别的是，卫生间内灯光首先应该坚持一个最基本的标准——功能性。科学合理的卫生间照明设计应由两个部分组成，一是脸部整理部分，二是净身空间部分。

图4-9　卫生间照明示例

脸部整理部分主要适用于化妆功能要求，对光源的显色指数有较高的要求，对照度和光线角度要求也较高。光源一般是在化妆镜的两边，其次是顶部，最好是在镜子周围一圈都是灯。

高级的卫生间还应该有部分背景光源，可放在卫生柜（架）内和部分地坪内以增加气氛。

净身空间部分包括淋浴空间和浴盆、坐厕等空间。净身空间部分要以柔和的光线为主。亮度要求不高，光线宜均匀。光源本身还要有防水功能、散热功能和不易积水的结构。一般光源设计在天花板和墙壁。一般在 $5m^2$ 的空间里要用相当于 $60W$ 的光源进行照明。而对光线的显色指数要求不高，白炽灯、荧光灯、气体灯都可以。

卫生间的照明设计，除了考虑光源问题，还要注意防潮问题，不得有半点马虎。

7. 阳台照明设计

虽然阳台占用居室的空间不是很大，但它也有一定的功能，也需要进行照明设计。

（1）洗衣房阳台，可选在阳台顶部的中间安装一个吸顶灯，也可以在洗衣机柜旁边安装一个壁灯，方便整理刚刚洗过的衣服。

（2）花园式阳台，可以安装草坪灯，照射植物，便于方便晚上赏花、浇水等活动。若阳台空间比较大，而且采用的是开放式装修，那么在灯具的选择时，一定要考虑其灯光照明效果，这种阳台的装修一般都会中"顶棚"或者吊顶的装修，因此在选择灯具时，尽量的选择筒灯进行装修，这样才能达到大面积照明的效果。

（3）学习阳台，有些家庭喜欢把封闭式阳台变成一个学习区，作为书房用，如图 4-10 所示。除了吸顶灯外，可以在桌面上安装能够调节灯具亮度的聚焦照明灯；也可以安装书柜灯光，方便查找书本信息；也可在书柜中安装壁灯以达到曝光书柜的效果。

图 4-10　阳台书房照明设计

（4）休息区阳台，阳台被装成一个休息区，阳台的这种布局，可以在圆形天花板的顶部安装吸顶灯或吊灯，也可以安装在壁灯，如图 4-11 所示。具体需要安装数量的灯具，根据阳台的大小和照明效果综合做设计，营造更温暖的家庭氛围。

图 4-11　休息阳台照明设计

8. 书房照明设计

书房是人们学习的地方，也可兼作健身锻炼之用。主要家用电器有电脑、电话、打印机、传真机、空调机、台灯、健身器具等。人们一般习惯把书桌摆在窗前，所以窗前墙一边布置有线电视插座和宽带与电话信息插座各一组以及电视电源插座一组，另一边布置2组电源多用插座，以供电脑、传真机、打印机之用。窗前的侧面墙上布置一个壁挂式空调机插座一组，在其他适当的位置分别布置1～2组多用插座，以供健身器具使用。书房至少应有强电插座5组，弱电插座2组。

4.1.3 室内配电器材的设计

1. 配电箱的设计

由于各家各户用电情况及布线上的差异，家庭配电箱不可能有个定式，只能根据实际需要而定。

家庭室内配电箱可分为金属外壳和塑料外壳两种，有明装式和暗装式两类，一般有6、7、10个回路（还有更多的回路箱体），在此范围内安排断路器。究竟选用何种箱体，应考虑住宅、用电器功率大小、布线等，并且还必须考虑控制总容量在电能表的最大容量之内（目前家用电能表一般为10～40A），如图4-12所示为某二室一厅配电箱。

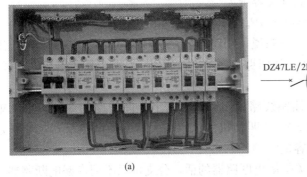
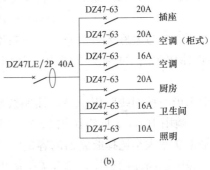

(a)   (b)

图4-12 家庭配电箱
(a) 实物图；(b) 原理图

2. 断路器容量的设计

断路器在家庭供电中作总电源保护开关或分支线保护开关用。当住宅线路或家用电器发生短路或过载时，它能自动跳闸，切断电源，从而有效的保护这些设备免受损坏或防止事故扩大。家庭一般用二极（即2P）断路器作总电源保护，用单极（1P）作分支保护，如图4-13所示。

断路器的额定电流如果选择的偏小，则断路器易频繁跳闸，引起不必要的停电；如选择过大，则达不到预期的保护效果，因此家装断路器，正确选择额定容量电流大小很重要。一般来说，为了确保

(a)   (b)

图4-13 小型断路器
(a) 2P断路器；(b) 1P断路器

安全可靠，电气部件的额定工作电流一般应大于 2 倍所需的最大负荷电流；此外，在设计、选择电气部件时，还要考虑到以后用电负荷增加的可能性，为以后需求留有余量。

一般小型断路器规格主要以额定电流区分 6、10、16、20、25、32、40、50、63、80、100A 等。

（1）总断路器容量的设计。作为家庭电源总开关的断路器容量应根据家庭用电器的总功率来选择，而总功率是各分路功率之和的 0.8 倍，即总功率为

$$P_\Sigma = (P_1 + P_2 + P_3 + \cdots + P_n) \times 0.8 (\text{kW})$$

总开关承受的电流应为

$$I_\Sigma = P_\Sigma \times 4.5 (\text{A})$$

式中　　　P_Σ——总功率（容量）；

$P_1、P_2、P_3 \cdots\cdots P_n$——分路功率；

I_Σ——总电流。

（2）分支线断路器容量的设计。家庭供电采用回路分别控制的目的是，可以保证一个用电回路跳闸后，不影响其他用电回路的工作，也有利于保护用电器的安全。各个分回路开关的承受电流为

$$I_{fen} = 0.8 P_n \times 4.5 (\text{A})$$

空调回路要考虑到启动电流，其开关容量为

$$I_{kt} = (0.8 P_n \times 4.5) \times 3 (\text{A})$$

各个回路要按家庭区域划分。一般来说，回路的容量选择在 1.5kW 以下，单个用电器的功能在 1kW 以上的建议单列为一分回路（如空调、电热水器、取暖器灯大功率家用电器）。

一般来说，照明线路用 16A，插座线路用 25A，厨房卫生间线路用 32A。空调单独走线，1 匹空调用 16A，2 匹空调用 25A，3 匹柜机用 32A。大功率的电热水器，如果是单独走线，根据功率大小选择断路器的容量。

（3）漏电断路器的选择。总开关带漏电断路器的话，分支可以不用带漏电断路器。总开关不带漏电断路器，插座线路、厨卫线路、空调柜机线路建议选择带漏电的断路器，2P 漏电断路器如图 4-14 所示。

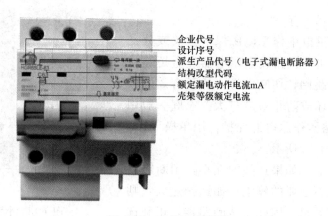

企业代号
设计序号
派生产品代号（电子式漏电断路器）
结构改型代码
额定漏电动作电流 mA
壳架等级额定电流

图 4-14　2P 漏电断路器

3. 开关、插座的设计

开关、插座设计属于很细节性的设计。开关插座设计得是否合理、是否便利，对居住生活影响很大。因此，设计师在设计前需要跟业主进行充分沟通，以了解业主的需要。只有真正了解了业主的生活习惯，才能设计出真正符合业主需求的开关插座体系，从而为业主的居住生活带来体贴的便利性。

（1）开关插座安装高度的设计。如图4-15所示，电源开关离地面一般在1.2～1.3m（一般开关的安装高度是与成人的肩膀一样高）。视听设备、台灯、接线板等的墙上插座一般距地面0.3m（客厅插座根据电视柜和沙发而定），洗衣机的插座距地面1.2～1.5m，电冰箱的插座为1.5～1.8m，空调、排气扇等的插座距地面为1.9～2.0m；厨房功能插座离地1.1m高。

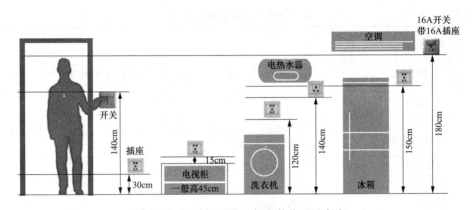

图 4-15　开关插座的一般安装位置及高度

欧式脱排位置一般相宜于纵坐标定在离地2.2m，横坐标可定吸烟机本身宽度的中间，这样不会使电源插头和脱排背墙部分相碰，插座位于脱排管道中心。

设计进户门开关的高度时，要考虑家具的高度和宽度（如鞋柜等），不要宽于或高于开关，否则给使用带来不便。

（2）开关插座安装位置的设计。几乎每个房间都少不了开关，一般根据灯的不同布位来定，选择一联、双联、三联等不同控制形式的开关。比如客厅有顶灯、射灯、灯带，就需要多位开关控制；卧室里的床头最好装双控开关，这样就不用下床开关灯了。

一般开关都是用方向相反的一只手进行开启关闭，而且用右手多于左手。所以，一般家里的开关多数是装在进门的左侧，这样方便进门后用右手开启。符合行为逻辑。但是，这种情况是有前提的，与此开关相邻的进房门的开启方向是右边。

客厅里的插座针对性较强。如果有音响、吧台等设计，要提前将插座安排好。由于这里经常招待客人，最好在设计时将插座放在方便使用且较为隐蔽的地方，这样就不破坏整体美观了。

近年来，比较流行安装遥控开关与面板开关配合的双开关，使用起来很方便。

（3）插座回路的设计。

1）住宅内空调器的电源插座、普通电源插座、电热水器电源插座、厨房电源插座和卫生间电源插座与照明应分开回路设置。

2）电源插座回路应具有过载、短路保护和过电压、欠电压或采用带多种功能的低压断路器和漏电综合保护器。宜同时断开相线和中性线，不应采用熔断器作为保护元件。除分体式空调器电源插座回路外，其他电源插座回路应设置漏电保护装置。有条件时，宜按分回路分别设置漏电保护装置。

3) 每个空调器电源插座回路中电源插座数不应超过 2 只。柜式空调器应采用单独回路供电。

4) 卫生间应作局部辅助等电位连接。

5) 厨房与卫生间靠近时，在其附近可设分配电箱，给厨房和卫生间的电源插座回路供电。这样可以减少住户配电箱的出线回路，减少回路交叉，提高供电可靠性。

6) 从配电箱引出的电源插座分支回路导线截面应采用不小于 2.5mm^2 的铜芯塑料线。

（4）开关和插座数量的设计。现代住宅室内开关、插座配置的建议见表 4-2。

表 4-2　　　　　　　　　　　　　　家庭各房间开关插座配置建议

房间	开关或插座名称	数量（个）	说明
主卧室	双控开关	2	卧室做双控开关非常必要，这个钱不要省，否则使用不方便
	5 孔插座	4	两个床头柜处各 1 个（用于台灯或落地灯）、电视电源插座 1 个、备用插座 1 个
	3 孔 16A 插座	1	空调插座没必要带开关，现在室内都有空气开关控制，不用的时候将空调的一组单独关掉就行了
	有线电视插座	1	—
	电话及网线插座	各 1	—
次卧室	双控开关	2	控制次卧室顶灯
	5 孔插座	3	2 个床头柜处各 1 个、备用插座 1 个
	3 孔 16A 插座	1	用于空调供电
	有线电视插座	1	—
	电话及网线插座	各 1	—
书房	单联开关	1	控制书房顶灯
	5 孔插座	3	台灯、电脑、备用插座
	电话及网线插座	各 1	—
	3 孔插座 16A	1	用于空调供电
客厅	双控开关	2	用于控制客厅顶灯（有的客厅距入户门较远，每次关灯要跑到门口，所以做成双控的会很方便）
	单联开关	1	用于控制玄关灯
	5 孔插座	7	电视机、饮水机、DVD、鱼缸、备用等插座
	3 孔插座 16A	1	用于空调供电
	有线电视插座	1	—
	电话及网线插座	各 1	—
厨房	单联开关	2	用于控制厨房顶灯、餐厅顶灯
	5 孔插座	3	电饭锅及备用插座
	3 孔插座	3	抽油烟机、豆浆机及备用插座
	一开 3 孔 10A 插座	2	用于控制小厨宝、微波炉
	一开 3 孔 16A 插座	2	用于电磁炉、烤箱供电
	一开 5 孔插座	1	备用

续表

房间	开关或插座名称	数量（个）	说明
餐厅	单联开关	3	灯带、吊灯、壁灯
	3孔插座	1	用于电磁炉
	5孔插座	2	备用
阳台	单联开关	2	用于控制阳台顶灯、灯笼照明
	5孔插座	1	备用
主卫生间	单联开关	1	用于控制卫生间顶灯
	一开5孔插座	2	用于洗衣机、吹风机供电
	一开三孔16A	1	用于电热水器供电（若使用天然气热水器可不考虑安装一开三孔16A插座）
	防水盒	2	用于洗衣机和热水器插座（因为卫生间比较潮湿，用防水盒保护插座，比较安全）
	电话插座	1	—
	浴霸专用开关	1	用于控制浴霸
次卫生间	单联开关	1	用于控制卫生间顶灯
	一开5孔插座	1	用于电吹风供电
	防水盒	1	用于电吹风插座
	电话插座	1	—
走廊	双控开关	2	用于控制走廊顶灯，如果走廊不长，一个普通单开就行
楼梯	双控开关	2	用于控制楼梯灯
备注	插座要多装，宁滥勿缺。墙上所有预留的开关插座，如果用得着就装，用不着的就装空白面板（空白面板简称白板，用来封闭墙上预留的查线盒，或弃用的开关、插座孔），千万别堵上		

典型家庭开关、插座的基本配置如图4-16所示。

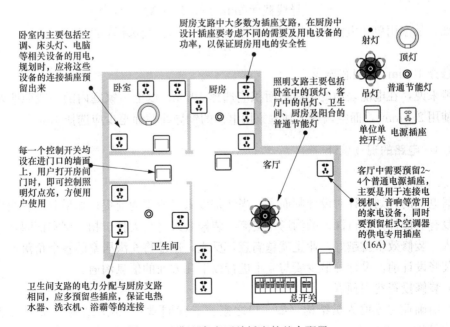

图4-16 典型家庭开关插座的基本配置

（5）带开关的插座的设计。几乎所有的家用电器都有待机耗电。为了避免频繁插拔，类似于洗衣机插座、电热水器插座等这类电器可以考虑用带开关插座，如图 4-17 所示。

此外，潮湿或近水区域的插座需要防水盖，比如：临近水槽、洗脸盆的插座、卫生间湿区的插座，如图 4-18 所示。开关不需要安装防水盖。

图 4-17　带开关的插座　　　　图 4-18　插座防水盖

4. 导线线径的设计

按照国家的有关规定，家装电路应使用铜芯线，而且应尽量使用较大截面的铜芯线。如果导线截面过小，其后果是导线发热加剧，外层绝缘老化加速，易导致短路和接地故障。

铜导线的安全载流量推荐值为 $5\sim8A/mm^2$，如：$2.5mm^2$ BVV 铜导线安全载流量的推荐值为 $2.5\times8A/mm^2=20A$，$4mm^2$ BVV 铜导线安全载流量的推荐值 $4\times8A/mm^2=32A$。

考虑到导线在长期使用过程中要经受各种不确定因素的影响，一般看按照以下经验公式估算导线截面积

$$导线截面(mm^2)\approx I/4(A)$$

例如，某家用单相电能表的额定电流最大值为 40A，则选择导线为

$$I/4\approx 40/4=10$$

即选择 $10mm^2$ 的铜芯导线。

一般来说，在电能表前的铜线截面积应选择 $10mm^2$ 以上，家庭内的一般照明及插座铜线截面使用 $2.5mm^2$，而空调等大功率家用电器的铜导线截面至少应选择 $4mm^2$。

4.1.4　电路的现场设计

1. 设计前的沟通

家居电气的规划设计对设计师而言，当然是以满足业主为前提。如果业主忽视设计的重要性，没有与设计师进行深入的沟通与交流，装修效果将会大打折扣。事实证明，与业主沟通越深入，装修效果就越好，业主就越满意，反之，遗憾将充满居室的各个角落。

在装修设计前，设计师最少要与业主进行以下几方面的信息沟通。

（1）装修投资费用预算。

（2）明确业主家庭人员结构（如 3 口之家、三代同堂）、年龄结构（如小孩已经上小学、尚未结婚、父母已经退休等）、家庭主导人员个性（如以妻子为主的家庭，妻子的爱

好是欧式风格还是简约主义等）、经济条件、爱好与职业特点。

（3）对装饰风格、色泽的感觉与爱好。

（4）各居室功能的定位。

（5）对主要装饰材料选取的个人意见。

（6）全居室照明系统、开关、插座、空调系统的安排与要求。

（7）家俱、工艺品、装饰字画的摆放位置等。

由于对业主的了解并不是一次就能完成的，设计师与业主的沟通应该反复进行，并把尽量多的问题全部交代清楚，尤其是下述因素全面清楚了解。

（1）了解准备购买家用电器的规格，例如：电冰箱、洗衣机的尺寸等。

（2）了解准备购买家俱的尺寸。例如：床的宽度、是否配置床头柜；客厅沙发的尺寸、摆放方式；衣柜的尺寸等，如图 4-19 所示卧室床头开关插座的安装位置不合理的示例。

（3）卫生间里的镜子要先考虑好尺寸，否则镜前灯很容易就装高了。

图 4-19　卧室床头开关插座
安装位置不合理

（4）卧室的空调出风口不要正对着床头。

（5）确定好门的开闭方向，开关不要装在门背后。

（6）灯尽量考虑双控。

（7）阳台上要考虑一个插座。

（8）空调洞要考虑向外倾斜，否则雨水会进来。

（9）开关、插座、灯具及家用电器的安装位置有无特殊要求。

（10）卫生间最好是安装防溅插座。在卫生间不要装电话，容易受潮。

（11）家庭装修要量力而行。例如：射灯通常只有客人来时才打开，或逢年过节才用，除此通常不用。因此，在射灯的安置上应坚持能少则少的原则。相反，应该根据住房面积，按照专业电工的设计，再综合家庭实际电器数量，合理安置电源插座，并留一些待用插座，以利将来扩容。

2. 现场设计配电回路

目前，家庭常用的配电回路有以下三种方式。

（1）依据电器类型安排配电回路。根据家用电器的类型，从室内配电箱分出普通插座、空调插座、照明灯具、电热器具、厨房电器等供电回路，如图 4-20 所示为某三室两厅配电回路图。虽然这种配电方式敷设线路长，造价高，但是供电稳定性及较好安全性，某一类型的电器出现故障需要检修，不会影响其他电器的正常供电。

（2）依据供电区域安排配电回路。依据不同的供电区域安排配电回路，就是从室内配电箱分出客厅、餐厅、厨房、卧室、卫生间等回路，如图 4-21 所示。这种配电方式的优点是各个房间供电相对独立，敷设线路较短；缺点是某一供电回路出现故障，则该房间无电源，检修时不太方便。

（3）依据实际情况合理安排配电回路。大功率电器（如空调、电热水器等）采用单独供电回路，其他电器的供电根据线路走向及用电器的功率等因素来考虑分配供电回路，如图 4-22 所示。这种方式配电灵活，节省投资，应用较多。

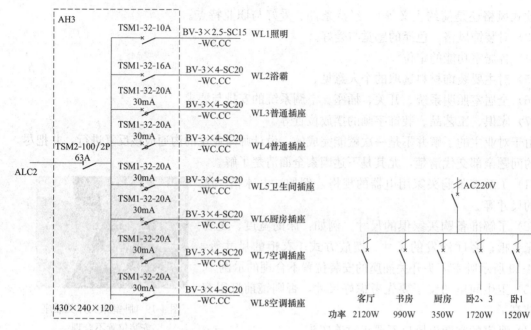

图 4-20 依据电器类型安排配电回路   图 4-21 依据供电区域安排配电回路

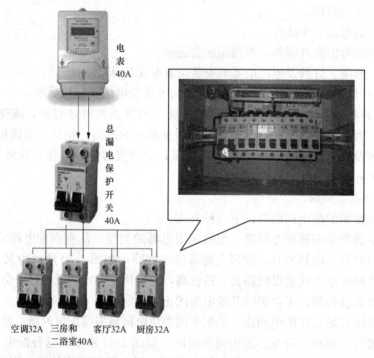

图 4-22 根据实际情况混合安排配电回路

3. 现场设计供电线路的走向

室内供电线路的走向有走顶、走地、走墙三种方式，应根据实际情况灵活应用。

（1）线路走顶。线路走顶通常将照明线路敷设在房顶，导线分支点安排在灯具底盒的内部，如图 4-23 所示。线路走顶的布线方式几乎适合于室内大多数照明灯具及浴霸的供电。

图 4-23　线路走顶

（2）线路走地。线路走地是把线路敷设在地面，导线分支点安排在开关接线盒内部的布线方式，如图 4-24 所示。线路走地主要适合于低位安装的电源插座、开关、弱电线路等，但是，厨房、卫生间、阳台等容易进水受潮的地方不能采用这种布线方式。

图 4-24　线路走地

（3）线路走墙。线路走墙就是在墙壁上开槽、将电线管预埋在线槽中，然后再敷水泥抹平的布线方式，如图 4-25 所示。线路走墙的工作量较大，对墙体有一定破坏作用，电工应与泥水工配合做好墙体的修补工作。

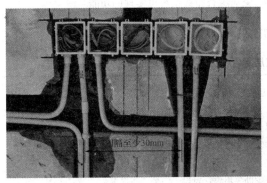

图 4-25　线路走墙

4.2　弱电系统的设计

4.2.1　家居综合布线的设计

1. 家居综合布线系统的功能

随着现代科技的发展，智能化生活已经不再是梦想，当人们回到家中，轻轻一按手中的遥控板，灯光随即亮起，空调随着启动，窗帘自动拉起等一系列动作自动执行，这些自动化的响应在现实生活中还是不难见到的，出门在外的人们还可以用手机查看家中的安全情况等，种种智能化的家电都将走进百姓家庭，为人们享受智能化生活带来了便利。而这一切信息化的基础都来自综合布线系统的支撑，智能家居综合布线系统是区别物联网智能家居与传统家居的一个重要标准。

家居综合布线系统是未来家居智能化发展的必然产物，主要支持语音、数据、视频、报警及对讲等服务，将非屏蔽双绞线、同轴电缆、光缆等各种传输导线敷设到室内各部位以满足将来的智能系统的传输要求，如图 4-26 所示。因此，家居综合布线逐渐成为继水、电、气之后第四种必不可少的家庭基础设施。

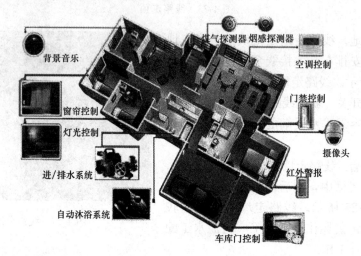

图 4-26　家居综合布线系统可实现的功能

家居综合布线系统可实现的功能见表 4-3。

表 4-3　　　　　　　　　　　　　家居综合布线系统可实现的功能

功能	说明
智能家电控制	家电的远程控制接口、一点控制多点、多点控制一点、多点控制多点、调光、传感器自动控制、时间控制、选台控制。以及以上控制的组合控制。 控制的电器包括：灯、车库门、窗帘、排气扇、鱼缸、空调、音响、电视、DVD、卫星电视、电饭锅、摄像机、保险柜等
安全防范	防盗、火灾、燃气、紧急求助等报警；对讲、门禁、吓退等
视频监控	通过宽带网络平台，随时随地远程视频监视家里的情况，并且可以将影音信息进行存储和回放
智能娱乐	家庭影院、背景音乐、场景变换、宽带娱乐
水电气管理	实现家庭的水、电、气自动抄表

智能家居布线系统关系着家庭生活的网络化与智能化，未来生活的智能化程度将会越来越高，智能家居综合布线系统也将面临越来越严峻的考验，担当越来越重的角色，因此须高度重视家居布线，只有严格把守好家居综合布线这一关，才能让人们尽情享受智能化生活。

2. 家居综合布线系统的组成

智能家居综合布线主要包括了家庭的通信系统、网络系统、娱乐系统以及最重要的安防系统等。

　　家居综合布线系统属于弱电布线系统，主要由信息接入箱、信号线和信号端口组成，见表4-4。如果将综合布线系统比作家居的神经系统，信息接入箱就是大脑，而信号线和信号端口就是神经和神经末梢。

表 4-4　　　　　　　　　　　　　　　　　家居综合布线系统的组成

组成部分	作用	图示
信息配线箱	用于控制输入和输出的信号，使住户能够对各个房间、各个位置的网络设备进行统一的管理和控制	
信号线	用于传输电信号	
信号端口	用于接驳终端设备	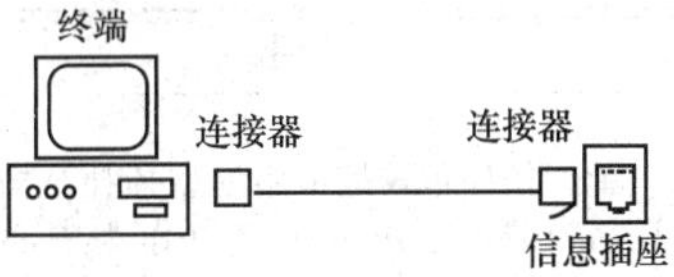

3. 家居综合布线系统设计原则

　　家居综合布线系统设计原则包括四个方面的内容，见表4-5。

表 4-5　　　　　　　　　　　　　　　　　家居综合布线系统设计原则

设计原则	内容及说明
信息接入箱体定位原则	信息接入箱体一般有以下三种定位方式，可据实际情况选择。 （1）为方便与外部进线接口，综合布线箱体位置可考虑在外部信号线的入户处，一般在大门附近。 （2）因综合布线箱体的布线方式是星型布线，各信息点的连线均是从综合布线箱体直接连接，因此从节省线方面考虑，综合布线箱体可放在房子中央部位，但这要在外部信号线的入户处预留线缆连至综合布线箱体，以备将来的其他入户信号接入从方便管理家庭内信号考虑。 （3）综合布线箱体可放在主人易管理的地方，从而可随时控制小孩房等其他房的信号通断，也需在外部信号线的入户处预留线缆连至综合布线箱体
开槽原则	（1）为避免强电的干扰，强弱电线不可近距离平行，一般相隔40~50cm。 （2）根据用户的地面铺设材料，确定开槽是走地面还是走墙体。 （3）相邻的面板底盒之间应留有空隙，以便于今后的面板安装。 （4）通常外部进线并不与综合布线箱体配线箱在一起，进线需要进行接续才能进入综合布线箱体配线箱，因此在各接续点位置需留有底盒，以方便今后的查线和维修

续表

设计原则		内容及说明
布线原则	综合考虑	在布线设计时，应当综合考虑电话线、有线电视电缆、电力线和双绞线的布设。电话线和电力线不能离双绞线太近，以避免对双绞线产生干扰，但也不宜离得太远，相对位置保持20cm左右即可
	注重美观	家居布线更注重美观，因此，布线施工应当与装修同时进行，尽量将电缆管槽埋藏于地板或装饰板之下，信息插座也要选用内嵌式，将底盒埋藏于墙壁内
	简约设计	由于信息点的数量较少，管理起来非常方便，所以家居布线无需再使用配线架。双绞线的一端连接至信息插座，另一端则可以直接连接至集线设备，从而节约开支，减少管理难度
	适当冗余	综合布线的使用寿命为15年，也许现在家庭拥有的计算机数量较少，但是没有人能够预测将来的家用电器会发展到什么程度，或许不需要几年的时间，所有的家用电器都可以借助于Internet进行管理。所以，适当的冗余是非常有必要的
端接原则		(1) 不同种类的线缆有其各自的连接方式，必须按标准连接各类线缆的接头。 (2) 连接完毕后立即测试其是否畅通。 (3) 综合布线箱体内的线缆必须整理整齐，各接头作好相应标识，让综合布线箱体的整个操作界面清楚且一目了然

4. 家居综合布线的布线方式

综合布线是完成智能家居的基础。就像盖房子一样，只有根基打得好，才有盖高楼的可能性。目前技术比较成熟的几种家居综合布线方式见表4-6。

表4-6 家居综合布线的布线方式

布线方式	说明	特点
星形拓扑连接	星型拓扑布线是采用星型拓扑结构给网络布线，是用一个节点作为中心节点，其他节点直接与中心节点相连构成网络。 星型拓扑结构相对简单，便于管理，建网容易，是目前局域网普遍采用的一种拓扑结构。采用星型拓扑结构的局域网，一般使用双绞线或光纤作为传输介质，符合综合布线标准，能够满足多种宽带需求	(1) 可靠性强。在星型拓扑结构中，由于每一个连接点只连接一个设备，所以当一个连接点出现故障时只影响相应的设备，不会影响整个网络。 (2) 故障诊断和隔离容易。由于每个节点直接连接到中心节点，如果是某一节点的通信出现问题，就能很方便地判断出有故障的连接，方便地将该节点从网络中删除。如果是整个网络的通信都不正常，则需考虑是否是中心节点出现了错误。 (3) 成本高，所需电缆多。由于每个节点直接于中心节点连接，所以整个网络需要大量电缆，增加了组网成本
总线形拓扑连接	总线形拓扑连接是采用单根传输线作为传输介质，所有的设备都通过相应的硬件接口直接连接到传输介质或称总线上，使用一定长度的电缆将设备连接在一起。设备可以在不影响系统中其他设备工作的情况下从总线中取下，任何一个站点发送的信号都可以沿着介质传播，而且能被其他所有站点接收。 总线型拓扑结构适用于计算机数目相对较少的局域网络，通常这种局域网络的传输速率为100Mbit/s，网络连接选用同轴电缆	(1) 易于分布。由于节点直接连接到总线上，电缆长度短，使用电缆少，安装容易，扩充方便。 (2) 故障诊断困难。各节点共享总线，因此任何一个节点出现故障都将引起整个网络无法正常工作。并且在检查故障时必须对每一节点进行检测才能查出有问题的节点。 (3) 故障隔离困难。如果节点出现故障，则直接要将节点除去，如果出现传输介质故障，则整段总线要切断。 (4) 对节点要求较高。每个节点都要有介质访问控制功能，以便与其他节点有序地共享总线

续表

布线方式	说明	特点
电力线载波连接	电力线载波是电力系统特有的通信方式，电力线载波连接是指利用现有电力线，通过载波方式将模拟或数字信号进行高速传输的技术	电力线载波连接的最大特点是不需要重新架设线路，只要有电线，就能进行数据传递。但是电力线载波通信有以下缺点。 (1) 一般电力载波信号只能在单相电力线上传输；不利于远程控制。 (2) 电力线存在本身固有的脉冲干扰。 (3) 电力线对载波信号造成高削减。实际应用中，当电力线空载时，点对点载波信号可传输到几千米。但当电力线上负荷很重时，只能传输几十米。
无线控制	随着个人数据通信的发展，功能强大的便携式数据终端以及多媒体终端的广泛应用，为了实现任何人在任何时间、任何地点均能实现数据通信及控制的目标，要求传统的有线控制向无线控制，由固定向移动、单一业务向多媒体发展，更进一步推动了无线控制的发展。无线控制产品逐渐走向成熟，并且正在以它的高速传输能力和其灵活性在这个信息社会发挥日益重要的作用。 现行的无线控制的主要采用两种传输方式：红外（IR）和无线射频（RP）	(1) 红外采用小于 $1\mu m$ 的红外线作为传输媒质。红外信号要求视距传输，有较强的方向性，对邻近区域的类似系统也不会产生干扰，但由于它具有较高的背景噪声（如日光等），在室外使用会受到很大限制，适于近距离控制。 (2) 无线射频的方式就是使用无线电作为传输媒质，它覆盖范围大，发射功率较自然背景噪声低，而且这种局域网多采用扩频技术，具有良好的抗干扰性、抗噪声、抗衰落及保密性能。因此它具有很高的可用性，成为目前主流的无线控制方式

从市场角度来看，家居智能市场可分为三块：新建住宅小区、个人新房装修、旧房改造。

新建住宅区一般以小区为单位，要求联网报警、信息互动。小区在建设中实现智能化对布线的要求不应以布线是否复杂为首要，而以可靠性为第一要求。在小区中实现家庭智能一般不宜实现得太复杂，不然验收和维护都将是大的问题。因此在小区中实现智能化应以星型连接为主。

个人新房装修要求比较个性化的家庭智能功能，但没有联网的要求。由于个人家装一般是由装修公司来主推，因此对家庭内部的功能要求一般也较多，实现的点数也相应较多。这时除了对系统的可靠性要求还有扩展性的要求，由于这时布线不是什么大的问题，新房装修应尽量采用星型和总线两种方式。

旧房改造对布线的一般要求是以尽量少布线为首要，星型和总线两种布线方式有时显得力不从心，因此，旧房改造市场中电力线载波和无线应是主要的连接方式。

总之，作为一个实际的家庭智能化系统，最佳的方案应该是各种布线方式可以混合使用的方案。例如安防尽量采用星型连接方式，同时也可以用总线的方式或者无线的方式作为补充。电力线载波很难用于安防探头的连接方式，因为无法解决停电时的信号传输问题。星型连接还是信息综合布线的最佳解决方案。灯光和除了信息类家电以外的电器如空调、电饭煲等的控制可以采用总线、电力线、无线或红外等方式。

5. 家居综合布线设计要点

布线是任何网络的关键因素之一，合理布线是建设智能家居数字家庭的必要条件之一。家居综合布线设计要点见表 4-7。

表 4-7   **家居综合布线设计要点**

设计要点	说明
信息点数量的确定	通常情况下，由于主卧室通常有两个人，所以建议安装两个信息点，以便双方能同时使用计算机。其他卧室和客厅只需安装一个信息点，供孩子或临时变更计算机使用地点时使用。特别是拥有笔记本电脑时，更应当考虑在每个室和厅内都安装一个信息点。餐厅通常不需要安装信息点，因为很少会有人在那里使用计算机。如果小区预留有信息接口，应当布设一条从该接口到集线设备的双绞线，以实现家庭网络与小区宽带的连接。 另外，最好在居所中心和前后阳台的隐蔽的位置多布设 2～3 个信息点，以备将来安装无线网络的接入点设备，实现家庭计算机的无线网络连接，并可携带笔记本电脑到室外工作
信息插座位置的确定	在选择信息插座的位置时，也要非常注意，既要便于使用，不能被家具挡住，又要比较隐蔽，不太显眼。在卧室中，信息插座可位于床头的两侧；在客厅中可位于沙发靠近窗口的一端；在书房中，则应位于写字台附近，信息插座与地面的垂直距离不应少于 20cm
集线设备位置的确定	由于集线设备很少被接触，所以，在保证通风较好的前提下，集线设备应当位于最隐蔽的位置。需要注意的是，集线设备需要电源的支持，因此，必须在装修时为集线设备提供电源插座。另外，集线设备应当避免安装在潮湿、容易被淋湿和电磁干扰非常严重的位置
远离干扰源	双绞线和计算机应当尽量远离洗衣机、电冰箱、空调、电风扇，以避免这些电器对双绞线中传输信号产生干扰
电源分开	计算机、打印机和集线设备使用的电源线，应当与日光灯、洗衣机、电冰箱、空调、电风扇使用的电源线分开，实现单独供电，以保证计算机的安全和运行稳定
路由选择	双绞线应当避免直接的日晒，不宜在潮湿处布放。另外，应当尽量远离经常使用的通道和重物之下，避免可能的摩擦，以保证双绞线良好的电气性能

6. 家居综合布线方案的选择

随着住宅宽带网络的迅速发展和普及，现在家庭内的电话线、有线电视线、网络线、音响线、防盗报警信号线等线路也越来越多，纷繁复杂，因此家庭综合布线成为迫切的需求。随着宽带互联网的入户，许多以前只能想象的情景都将得到实现，家庭综合布线应该本着"实用为主、适当超前"的原则，根据自己的需求和消费能力，选择不同的解决方案，见表 4-8。

表 4-8   **家居综合布线方案**

布线方案	说明
基础型方案	在主要厅、房内安装电话、网络、有线电视和影音出口
扩展型方案	在居室所有房间内安装电话、网络出口，在主要厅、室内安装有线电视和影音出口、家庭灯光自动控制和安防接口，布置门磁、煤气泄漏、烟雾报警、微波红外探测报警、可视、非可视对讲等
豪华型方案	在居室内所有需要和可能需要的位置安装电话、网络、有线电视和影音出口、家庭灯光自动控制以及安防接口，布置门磁、煤气泄漏、烟雾报警、微波红外探测报警、可视、非可视对讲、网络监控、家电远程控制等

7. 两居室综合布线的设计

组建家庭网络综合布线，规划是关键。盲目组网，不但影响今后的使用效果，而且还会造成资金上的浪费。

组建有线网络的优势在于有线网络费用低，而且速度快，安全性好。有线网络使用双绞线电缆作为连接通道，传输的速度可以达到 100Mb 以上，而且信号传输比较稳定，基本不会受外界因素的干扰。组建有线网络，虽然布线比较零乱会影响房屋的装潢效果，如果是新房，可以在装修时一并施工，就不存在这个问题了。

（1）确定组网方案。对于两居室的家庭用户来说，家里的电脑数量普遍都达到了3台或3台以上的水平，对于这种2~4台计算机同时上网的小型网络来说，一台宽带路由器是最好的选择。普通的宽带路由器交换端口一般都有4个，完全可以满足家庭用户的需要，所以只要在ADSL MODEM的基础上，加装一台宽带路由器，就可以实现有线网络环境。

（2）确定入户点位置。如果ADSL的接入点设计在玄关，可以把线路入户的地方作为整个家庭网络综合布线，利用宽带路由器来实现共享上网，在入户点的墙体上做配电盒，把ADSL MODEM、宽带路由器以及各种线路集中起来。

（3）确定接入点位置。根据用户的需求和户型结构，确定接入点位置。例如，客厅在放沙发的位置和放电视的位置分别安装一个接口，两个卧室分别安装一个网络接口。在客厅安装两个网络接口，是为了提前为今后的数字网络的发展做准备。

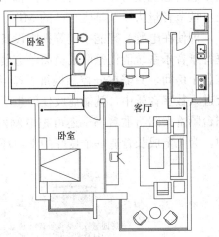

图4-27　两居室综合布线示例

两居室综合布线如图4-27所示，其中"●"表示信息点。

1）信息点设置。从住宅小区提供的信息插座引一条双绞线到集线设备处，以实现家庭网络的小区局域网接入。

客厅安装一个信息点，位于沙发一端或茶几附近较为隐蔽的位置，便于使用笔记本电脑在客厅办公或娱乐。

主卧室安装两个信息点，位于双人床两侧方便双方能够同时使用笔记本电脑。

次卧室安装信息点，位于单人床床头或写字台附近，便于子女或来访客人使用。

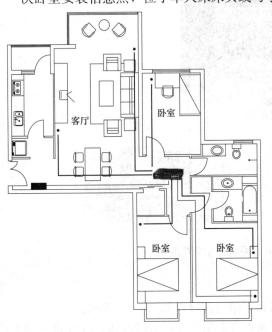

图4-28　三居室综合布线设计

2）布线与安装。电话线与电源线分管铺设，彼此之间的距离为20cm。

将双绞线穿入PVC管，埋设在地板垫层。需要过墙时，在墙壁贴近地面处打洞。信息插座采用墙上暗装型，需在墙壁中埋设底盒。信息插座距地面距离为20cm，距电源插座的距离也为20cm。集线设备（集线器或交换机）安装在次卧室，建议选用5口桌面型设备，可以固定在写字台靠近床头的一侧，既节约空间、保证有适当的通风空间，同时又避免设备直接暴露影响美观。

8. 三居室综合布线的设计

由于三居室的客厅通常比较大，所以可考虑在两侧的墙壁上分别安装一个信息点，均位于距窗口1~1.5m的隐蔽位置，便于同时接入计算机，如图4-28所示。综合布线的要求与两居室完全相同。三居室的走线方式与两居室相同。

4.2.2 背景音乐及家庭影院的设计

1. 家庭背景音乐系统的作用

简单地说，家庭背景音乐就是在居室的任何一间房里，包括厨房、卫生间和阳台，均安装背景音乐线，通过多个音源，可以让每个房间都听到美妙的背景音乐。当然，如果有的房间不想听也完全可以，因为每间房都单独安装了终端控制器，可以独立控制这间房的开关，还可调节音量大小及享受自己的 MP3。

即使在电脑、智能手机等视听设备非常普及的今天，背景音乐仍然以其特殊的魅力。家庭背景音乐系统能让家庭成员简单方便地选择音源，在每个房间听到高品质、立体声音乐。在各个房间，只需在分控触摸屏、全功能触摸遥控器、移动智能终端或者 ipad、iphone 等上进入数字音乐中，就能播放任何想听的音乐。这样，在厨房一边做菜一边欣赏轻音乐，在阳台晒着太阳听歌看书。还可把电脑网络上的动画、英语等无限资源，送到背景音乐系统中，为儿童成长营造一个良好的学习环境。家庭背景音乐系统的主要功能如图 4-29 所示。

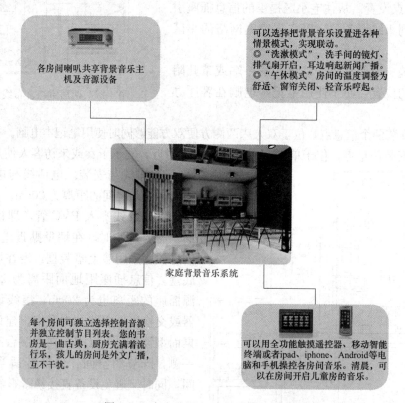

图 4-29 家庭背景音乐系统的主要功能

2. 家庭背景音乐系统的组成

家庭背景音乐系统主要包括音源、控制器和音箱三部分，如图 4-30 所示。

（1）音源部分：音源就是声音的源头，可简单理解为记录声音的载体，家庭背景音乐系统可以自由选择音源，电脑、电视、MP3、MP4、MP5 等都可以作为音源。

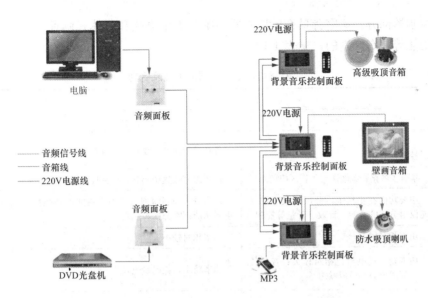

图 4-30　家庭背景音乐系统的组成

（2）音箱部分：目前家庭背景音乐所采用的音箱主要有吸顶音箱、壁挂音箱（嵌入式）、平板音箱等几种，见表 4-9。

表 4-9　　　　　　　　　　　　　　家庭背景音乐系统的音箱选用

音箱形式	图示	说明
吸顶音箱		吸顶音箱是目前使用比较多的一种音箱，它分为普通、同轴和高低音可调试这三种。从音质上看，同轴和高低音可调试音箱的效果要好很多，价格也相应贵些。但如果房间没有吊顶，则无法使用吸顶音箱
壁挂音箱		目前壁挂音箱颜色多为白色，与墙壁搭配和谐。更重要的是，这种音箱在音质上比吸顶喇叭更好，受到很多高要求客户的欢迎。另外，壁挂音箱解决了没有吊顶的问题。但由于安装需要在墙上开口，导致工程量增大
平板音箱		又称为平面艺术扬声器，属于目前比较新的产品。发声方式区别于吸顶音箱的纸盆式结构，采用平面发音；其优点是可以个性化的定制画面，把环境与音箱完美结合到一起。在音质效果上，其声压分布很平衡，声场均匀，比吸顶喇叭音色好。在安装上很简单，直接挂在墙面合适的位置即可

（3）控制器部分：家庭背景音乐控制器系统分为中央式和分体式两种。不同的控制器，其组成、功能等是有区别的，见表4-10。

表4-10　　　　　　　　　　家庭背景音乐控制器的种类及区别

区别	种类	
	中央式	分体式
组成设备不同	一台中央主机，各音区的分区控制器，遥控器，音箱	各音区控制器，遥控器，音箱
音源不同	集合了各路音源输送到各音区控制面板	把音源直接集中到各个分区控制器上
功能不同	主要功能在主机上，分区面板上的功能仅对分区的音源、音效、音量等控制	每台分区控制器相当于把中央式的功能集合到分区控制器，主要功能都在分区控制器上
功率不同	功率相对较大	功率相对较小
节能环保不同	功率较大耗电量也相对较大；音量较大对邻居家势必造成噪声	功率较小，耗电量也较小
灵活性不同	灵活性较差。每次每个音区开机听音乐都得先开主机	灵活性较好。每个音区有单独控制电源开关、音源选择，打开分区控制器就可以听音乐
性价比不同	价格昂贵，一般较同档次分体式产品至少高出四五倍	价格适中，符合大众消费理念

3. 家庭背景音乐系统解决方案

背景音乐早期被应用于星级饭店、高级购物休闲等场所，播放的乐曲轻柔平缓，用来遮蔽环境噪声，创造和点缀出一种恬静轻松的休闲环境气氛。引入家庭的背景音乐一样甜美轻松，无强烈节奏感，与家庭影院的爆棚及大功率重金属效果截然不同。同时，家庭影院视听布设位置是固定的，主要功能是看影片，唱卡拉OK，体现的是一种动态的宏大的影视场景，而家庭背景音乐系统的布设可以辐射到整个家居空间，也可以根据需要而定，主要功能是休闲逸情，体现的是一种恬静温馨的生活气氛。

许多看似非常复杂的背景音乐系统，其实并没有想象中那么复杂，只要具备一些基本的电工知识就可以设计出适合客户需求的背景音乐系统方案。根据房间的多少和需求的不同，可采用以下五种方案。

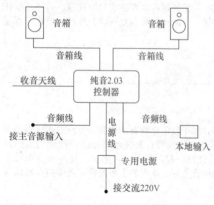

图4-31　单房间单音乐方案

（1）单房间单音乐方案。这是家庭背景音乐系统中最基本的方案，适合餐厅、卧室、卫生间或厨房等空间，比如只考虑在餐厅用餐时听音乐，或者在厨房烹饪时收听广播，宜采用此方案，如图4-31所示。只需一台背景音乐、一台控制面板和若干只吸顶音箱，根据面积决定吸顶音响的数量，卫生间空间不大，1～2只即可，厨房或餐厅不超过20m²的面积，建议采用2只。如果在30m²左右，可考虑增加为4只。

（2）多房间单音乐方案。在需要音乐的房间装上吸顶音箱，功放同时控制多个房间，比如卫生间、餐厅、厨房、书房等，如图4-32所示。这个系统最重要的特点是可以通过音控开关分别地控制各个房间的音量。需要音乐的房间就播放，没人的房间可直接关闭背景音乐。也可以各个房间同时播放，但仅限于相同的节目。这个系统的结构简单、施工不复杂、经济实用。

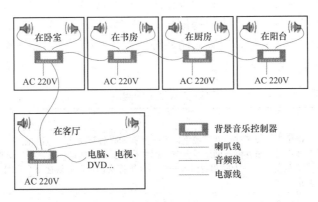

图 4-32　多房间单音乐方案

（3）双房间多音乐方案。如果想同时在主人卧室听广播，孩子房间播放英语教学课程，那么可以选择本方案。这种方案就不能简单采用上面方案中的普通背景音乐功放，而是需要选择可分区控制功放。这个系统最重要的特点是可以通过可分区控制功放分别控制各个房间的播放。

（4）多房间多音乐方案。此方案功能与方案 3 比较类似，但是更高级。各个房间都可以加入自己的节目，满足不同需求。各房间还设有开关，可单独控制音量、平衡、低音等。这个方案的实现是在方案一叠加的基础上，通过几台背景音乐功放或者一台中央主机和若干只吸顶音箱来实现，真正做到各房间各取所需，自得其乐，互不干扰。

（5）装修后音乐方案。装修后的音乐方案主要是面对房屋已经装修好，但又想实现家庭背景音乐效果，有音乐改造需求的家庭。这个方案同方案一类似，可以安装无线背景音乐功放，安装方便无需布线，配合控制面板和吸顶音箱，即可实现背景音乐效果。

家庭背景音乐系统的音箱，一般选用 3～6W 无源音箱（即不带集成功放电路和供电电路的音箱），如图 4-33 所示。为了保证立体声效果，安装扬声器的时候需要考虑人在房间的活动特点。例如，在卧室，将扬声器安装在床头两侧；在书房，将扬声器安装在书桌两侧；在餐厅，可以考虑将扬声器安装在餐桌两侧。一般情况下，扬声器之间的距离保持在层高的1.5 倍左右就会有比较好的立体声效果。

图 4-33　家庭背景音乐系统音箱

4.2.3 家居安防系统的设计

1.家庭安防系统的组成

家庭安防就是基于家庭安全的一种防范措施,利用物理方法或电子技术,自动探测发生在布防监测区域内的侵入行为,产生报警信号,并提示值班人员发生报警的区域部位,显示可能采取对策的系统。一般来说,家庭安防系统由视频监控系统、报警系统、隐私防范和警情处理系统四个部分组成,见表4-11。

表 4-11   家庭安防系统的组成

组成	说明
视频监控系统	新一代的网络摄像头的像素在100万像素以上,具有360°旋转功能,可以拍照,可以录像,而且这些图像信息都会根据客户需要来存储在网络服务器。网络摄像头带有通话功能,等于安装了一部网络电话。 一般100m²左右的房子,在大厅和厨房各安防一个摄像头即可,如果在每个房间都装上摄像头,那即可做到全屋没有死角
报警系统	把各种传感器与摄像头集成联动,是当前家庭安防的一个创新。门磁、红外位移、烟雾探测器、燃气探测器、浸水探测器、紧急求助按钮等都可以与视频网关进行联动,任何一个地方触发告警,摄像头都会自动转向这里,并把短信和图像发送到手机和电脑
隐私防范	新一代的家庭安防系统采用了P2P的网络传输模式,所有视频不经过服务器转发,所以后台的工作人员看不到任何用户家里的情况;视频网关都带有密码,只有用户自己知道,自己才能修改;手机客户端也设有密码,只有用户自己知道
警情处理系统	当家中出现非法入侵或煤气泄漏等警情信息后,本地会发出声光报警信息,同时系统主机发送短信、彩信、抓拍现场图片,并把现场视频发给多个指定的用户手机;用户收到警情信息可第一时间拿起手机或电脑查看家中监控任意的画面,并可以通过手机或电脑对家中摄像机、报警器、智能家电进行控制,在手机上即可独立完成监控录像、防盗报警、智能家居等功能

2.家庭防盗技术手段

目前许多家庭的防盗手段基本上是靠人防和物防(如防盗门、铁护栏等),如果采用技术防范手段,将会收到事半功倍的效果。

(1)安装红外线防盗报警装置。这种报警装置处于工作状态时,能发射肉眼看不见的红外光,只要人进入光控范围,装置便立即发出报警声响,如果是有盗贼进入,用户能立即发现,而盗贼自己却不知道,往往束手就擒。

图 4-34 防盗"空城计"

(2)安装电磁密码门锁。安装这种锁,从外面开锁时需先按密码,否则无法开锁;若撬开,锁上报警装置会发出报警声响,这样就会惊动室内的人或邻居,如图4-34所示。

(3)参加城市小区报警联网系统。用户安装这种报警设备后,如遇危险情况(如入室盗窃),报警器将通过预先设置好的防区自动发出报警,派出所的接警装置立即自动显示出用户的确切地址,民警即可迅速出警到达案发现场,抓获案犯。

3.家庭安防系统设计原则

防盗报警系统的设计应当从实际需要出发,尽可能的使系统的结构简单、可靠,设计时应遵循的基本原则如下。

（1）可靠性原则。安防系统的可靠性是第一位的。在安防系统设计、设备选型、调试、安装等环节都应严格执行国家、行业的有关标准及公安部门有关安全技术防范的要求。即使工作电源发生故障，系统也必须处于随时能够工作的状态。

（2）扩充性原则。系统应具备一定的扩充能力，以适应日后使用功能的变化。

（3）隐蔽性原则。传感器尽量安装在不显眼的地方，但在其受损时易于发现。报警器应安装在非法闯入者不易察觉的位置，和报警器相连的线路最好采用暗敷设的方式进行。同时，用于目标保护的传感器探测角度和范围不能出现控制盲区，如图 4-35 所示。

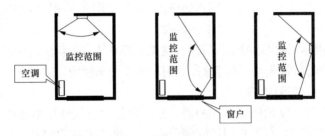

图 4-35　传感器探测角度和范围

（4）安全性原则。安防系统的程序或文件要有能力阻止未授权的使用、访问、篡改，或者毁坏的安全防卫级别。硬件设备具有防破坏报警的安全性功能。

（5）经济性原则。在满足安全防范级别的要求前提下，在确保系统稳定可靠、性能良好的基础上，在考虑系统的先进性的同时，按需选择系统和设备，做到合理、实用，降低成本，从而达到极高的性能价格比，降低智能家庭安全管理的运营成本。

（6）易操作性及实用性原则。采用多媒体监控系统，全中文友好界面，方便准确地提供丰富的信息，帮助和提示操作人员进行操作，易学易用。系统的操作简单、快捷、环节少以保证不同文化层次的操作者及有关领导熟练使用操作系统。系统有非常强的容错操作能力，使得在各种可能发生的误操作下，不引起系统的混乱。系统应支持热插拔，具有良好的维护性。

4．摄像机的选用

摄像机可分为模拟摄像机和网络摄像机，采用模拟摄型机只能在住宅内联网监视、录像和回放，如果需要远程监控则需要采用网络摄像机（最少需要采用视频服务器）。

采用网络摄像机，如果用户要通过远程（一般是指互联网）监控自己的住宅，则首先需要申请一个 ADSL 宽带上网服务，然后购买一台支持动态域名解析的路由器，再申请一个动态解析的域名，用户可以通过标准浏览器访问预先申请的域名即可访问家中的摄像机了。

家居监视系统一般可不配置专用监视器，主人既可以从房间的电视上的空闲频道上看到所监视的画面，也可以通过广域网络利用计算机进行远程监控。

视频监控系统的线路设计比较简单，只需要视频同轴电缆和 12V 直流供电系统即可。同轴电缆的连接一般采用莲花头（RCA）或 F 形接头。

下面介绍几种适合普通工薪阶层家庭使用的家庭视频监控系统。

（1）IP 摄像机。现在普通的 IP 摄像机单价几百到几千不等（模拟摄像机这个价位的相对较少），并且 IP 摄像机的总成本和使用复杂程度均远低于模拟摄像机，如图 4-36 所示。对于

图 4-36　家用 IP 摄像机

IP 摄像机，视频记录和回放的软件都是免费提供的，用户可以使用个人电脑进行 24h 监控。IP 摄像机传输数字视频信号所需要的网络电缆或者 WiFi 可以在任意一台计算机设备供应商那里买到。而相比之下模拟摄像机通常需要专门定制传输线路。

（2）枪机和方形的摄像机。目前市面上成本最低的就是这两种监控摄像机，这类摄像机的缺点是不能改变焦距，视野有限，并且通常没有什么智能的功能。专业的应用中通常不会使用此类相机，但是对于家庭应用是比较合适的。

（3）使用数码相机，提供远程访问管理。这类监控系统目前仍然在发展当中，技术尚不成熟，系统出现问题的概率非常大，不建议家庭用户优先考虑使用。

5. 红外探测器和门磁的选用

目前国内市场上用于室内防盗的探测器，比较常见的有红外探测器和门磁。在住宅所有的窗户旁安装红外探测器，在进户门边安装门磁，实现住宅室内窗户及门的非法闯入监视。防盗系统正常情况下处于守候状态，当有人进入监视范围时，捕捉到盗情信息，触发报警单元。一旦报警信号产生，控制主机及时启动室内警号，并报警到指定电话号码；与小区控制中心连接的，则同时报警到小区监控中心，达到现场报警及远程报警的目的。

（1）红外探测器。红外探测器按工作方式可分为主动式红外探测器和被动式红外探测器，如图 4-37 所示；按探测范围的不同又可分为点控红外探测器、线控红外探测器、面控红外探测器和空间防范红外探测器。

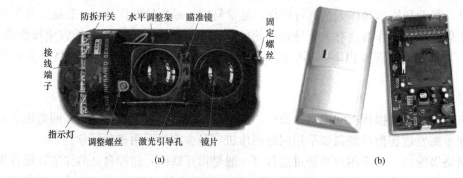

(a)　　　　　　　　　　　　　(b)

图 4-37　红外探测器

(a) 主动式；(b) 被动式

主动式红外探测器一般包括两个设备，一个主动发出红外光束，另一个接收，当光束被遮断时就会报警。被动式红外探测器它本身不发射红外线，它只是被动的感应周围温度变化，当感应到达到条件的温度变化时就会产生报警（例如感应到人体）。

在实际应用中，根据使用情况不同，合理选择不同防范类型的红外探测器，才能满足不同的安全防范要求。

（2）门磁。门磁可分为无线门磁和有线门磁，如图 4-38 所示。无线门磁一般由无线发射器和磁块两部分组成。将无线发射器和磁块分别安装在门框和门上沿，但要注意无线发射器和磁块相互对准、相互平行，间距不大于 15mm。

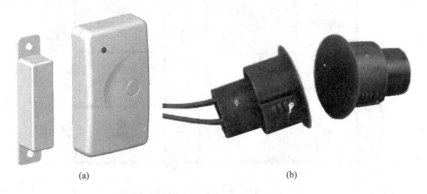

图 4-38　门磁

(a) 无线门磁；(b) 有线门磁

　　红外探测器安装使用时，应避免阳光、汽车灯光直射探头，须考虑窗帘飘动、家中宠物活动而引发的误报警。红外探测器各探头的功能见表 4-12。

表 4-12　　　　　　　　　　　　红外探测器各探头的功能

探头名称	探头功能
红外探头	装在住户室内每个入口及窗口位置，当人非法进入时，红外探测器触发主机报警
气体泄漏探测器	安装在住户的厨房或厕所，一旦有气体泄漏，即触发主机报警
烟感探头	安装在客厅位置，当住户发生火灾时，探头探测到烟雾，即触发主机报警
紧急求助按钮	当家中有紧急事情发生如重病，有盗贼闯入，需要求助时按动紧急按钮，即触发主机报警
门磁探头	在门框上边中央位置或窗门边安装一对门磁，当有人非法打开大门或窗门时，即触发主机报警

　　6. 家居室内防盗系统设计方案的选择

　　在当今高速发展的社会中，人们对自身所处的环境越来越关心，居家安全已成为当今小康之家优先考虑的问题。

　　(1) 根据房间情况确定需要防范的范围。如图 4-39 所示为某家庭容易入侵区域及位置示意图。通过分析，2 个阳台和大门处于最容易受到入侵的位置；其次就是厨房、书房的窗户（由于书房和厨房在平时一般是无人状态，特别是晚上一般空置，容易成为窃贼的入口）；再次就是主卧室、儿童房和卫生间。只要需要防范的区域心中有数了，就可以把防范区域的主次也确定下来（图中按防范的主次表示入侵位置）。

　　(2) 确定防区和每个防区的防范方式及设备。在清楚容易受到入侵的位置和区域后，应该根据用户的周边环境、小区保安措施、家庭环境等因素以及用户的经济情况决定设防的点数（当然是对所有的容易入侵防区全部设防最好）。

　　1) 经济型配置。在治安环境比较好或经济条件约束等情况下，可仅对大门、阳台、厨房、书房进行设防。其中，大门、厨房、书房采用无线门磁探测器，客厅和卧室采用红外探测器进行布防，如图 4-40 所示。

　　所用设备：红外探测器（538F）2 个，门磁探测器 3 个，主机 1 台（任配，这里以518K 主机为例）。

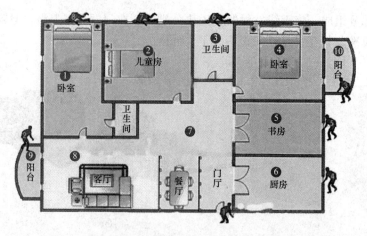

图 4-39 容易入侵区域及位置示意图

图 4-40 经济型红外探测器配置方案

采用经济型配置方案可实现的功能：在大门、书房、厨房的门和窗户被打开、撬开等使门扇或窗扇移位超过 1cm 的情况下，或者有人体在设防状态下从阳台进入卧室和客厅，相应的探测器会驱动报警，主机在接收到报警信号后，在打开高音警号的同时，向主人手机、邻居电话等事先设定的电话拨号报警。

缺点：门磁探测器使用在窗户上时，在夏天不能打开窗户；卫生间和儿童房未能布防，存在隐患；538F 探测器不适合有宠物的家庭。

2）基本型配置方案。在经济型配置的基础上，在儿童房、客厅、书房加装红外探测器各 1 个，在卫生间的窗户加装门磁 1 个，这样就完成了一个基本的家庭防盗系统，同时在关键的防区（大门、书房）安装了双重探测设备，如图 4-41 所示。

基本型配置所需设备：红外探测器（538F）5 个，门磁探测器 4 个，主机 1 台。

采用基本型配置方案可实现的功能：在大门、书房、厨房/卫生间的门和窗户被打开、撬开等使门扇或窗扇移位超过 1cm 的情况下，或者有人体在设防状态下从阳台、儿童房、书房侵入，同时，由于在大门和书房进行了双重设防，防范效果能得到有效保证。

缺点：所有的室内范围虽已经在防范之内，但被动的红外只能在侵入之后发现并报警，对阳台和窗户的周界防护不是十分得力。

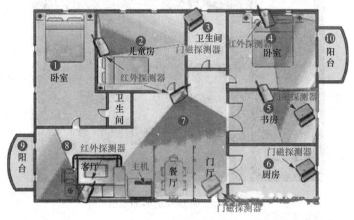

图 4-41　基本型红外探测器配置方案

3）功能型配置。为解决基本型配置不能对阳台和窗户进行更好的保护的问题，可在阳台和窗户加装红外对射栅栏，去掉部分室内红外探测器，如图 4-42 所示。

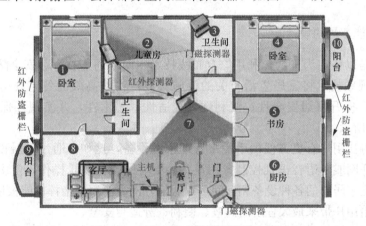

图 4-42　功能型红外探测器配置方案

设备如下：红外对射栅栏：4 对，红外探测器（538F）2 个，门磁探测器 2 个，主机 1 台。

采用功能型配置可实现的功能：在阳台和窗户外使用红外对射栅栏布防，能在有人靠近阳台和窗户的时候及时报警，据侵入者于室外，避免入侵者进入室内后与主人的正面冲突，更好的保障人身和财产安全。

缺点：室内采用普通探测器，鉴别能力有限，无视频监控功能和联动设备，报警的同时无法利用技术手段留存证据。

7. 家庭紧急求助系统的设计

家庭紧急求助系统是指主人在家中遇到突发情况或紧急情况时，能简单、便捷地进行求助的终端设施，在各卧室和客厅处分别安装一个紧急按钮，有紧急情况时能很容易报警，家中的老人在急切需要帮助时也可以通过这个按钮进行求助，如图 4-43 所示。

家居紧急按钮与主机采用普通的电话线连接，应安装在卧室和客厅较隐蔽且很容易触摸到的地方。

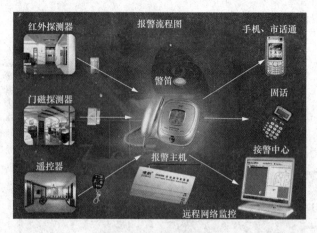

图 4-43　家庭紧急求助系统

比较先进的家居紧急求助系统一般配置有遥控器（也称为呼救器），一旦面临突发疾病、遭遇险情等"紧急情况"，只需要按动的呼叫器按钮，一键呼叫，保安会及时赶来，获得救助。

4.2.4　智能家居的设计

智能家居是以住宅为平台，利用综合布线技术、网络通信技术、安全防范技术、自动控制技术、音视频技术将家居生活有关的设施集成，构建高效的住宅设施与家庭日程事务的管理系统，提升家居安全性、便利性、舒适性、艺术性，并实现环保节能的居住环境，如图 4-44 所示。

智能家居将让用户有更方便的手段来管理家庭设备，比如，通过家触摸屏、无线遥控器、电话、互联网或者语音识别控制家用设备，更可以执行场景操作，使多个设备形成联动。此外，智能家居内的各种设备相互间可以通信，不需要用户指挥也能根据不同的状态互动运行，从而给用户带来最大程度的高效、便利、舒适与安全。

与智能家居含义近似的有家庭自动化、电子家庭、数字家园、家庭网络、网络家居、智能家庭/建筑，在中国香港和台湾等地区，还有数码家庭、数码家居等称法。

1. 三室两厅智能家居方案设计

智能家居系统由安全防范、照明控制、家电控制、电话远程控制、窗帘控制 5 个子系统组成，各个子系统之间有联动关系，可以任意组合，非常方便。例如某 3 室 2 厅 2 卫 1 厨（建筑面积 $150mm^2$），应用户的要求，在设计方案选择了照明控制与家电控制系统。

智能照明控制可通过面板手动控制或射频遥控器控制，也可以通过配合智能终端、电话远程控制器实现用电话（手机）远程控制；通过与遥控器的对码学习可以进行个性化情景灯光设置，创造不同场景氛围。

智能家电控制通过使用射频遥控器、电话远程控制器与智能插座及红外转发器的对码学习，可以方便地在家中的任何地方，对家中的电视、空调、电动窗帘等进行遥控，也可利用电话、手机实施远程控制。

下面介绍各个房间配置与功能。

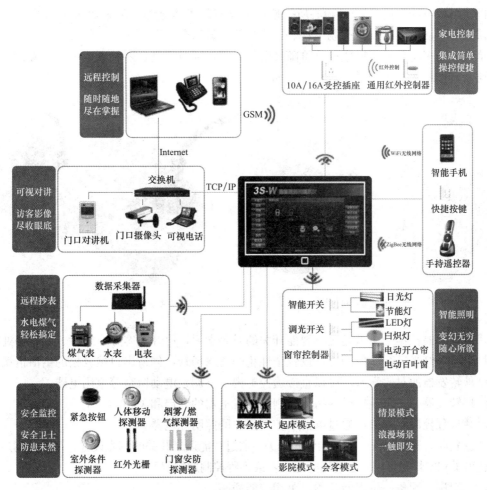

图 4-44 智能家居

（1）客厅。配备二位智能调光开关、智能灯光遥控器、单相智能插座、单相移动多功能插座、红外转发器、电话远程控制器。

智能调光开关——手动按键可直接开关家中的照明灯（白炽灯、荧光灯、LED 灯），可随意进行个性化的灯光设置；电灯开启时光线由暗逐渐到亮，关闭时由亮逐渐到暗，直至关闭，有利于保护眼睛，又可以避免瞬间电流的偏高对照明所造成的冲击，能有效地延长照明的使用寿命。

智能调光开关带有记忆功能，主人将照明设置成自己喜欢的灯光氛围后，无论何时，只要重新开启，它就会自动调整到主人所喜欢的灯光氛围；它还带有停电保护功能，当停电时自动切断电源；带有夜光指示功能，可在黑暗中指示开关位置，如图 4-45 所示。

单相智能插座——智能插座是基于 WiFi 网络通信，实现在任意时间、任何地点，都能通

图 4-45 智能调光开关

过手机或平板电脑上的 APP，随心所欲地控制插座是否通电的产品，如图 4-46 所示。可手动、遥控或电话远程控制器控制电视、饮水机等电源通断。

单向移动多功能智能插座——可随插随用，可以通过手动、遥控器或电话远程控制其电源的通断，如图 4-47 所示。

图 4-46　单相智能插座　　　　　　　　　图 4-47　单向移动多功能智能插座

智能灯光遥控器——可通过与智能开关的对码学习，可开关客厅、餐厅、卧室等处的所有电灯，可对灯光进行遥控调光，设置个性化的情景场景，创造出自然轻松的生活情调；通过与红外转发器的对码学习，可以直接遥控电视、空调、电动窗帘等家用电器。

红外转发器——可遥控或网络化控制空调等电器的开启和关闭。

电话远程控制器——可通过电话来控制家中的照明和电器。

（2）餐厅。餐厅配备一位智能调光开关。通过智能调光开关的调光设置，可以为用户进餐时营造出柔和的灯光氛围；也可通过遥控器或远程控制器控制开关。

（3）厨房。配备一位智能开关、单相智能插座。

智能开关——手动按键可直接开关，也可以通过遥控器或远程控制器控制开关。

单相智能插座——手动、遥控或网络来控制排烟机、电饭煲等电源通断。

（4）主卧室。配备二位智能调光开关（或二位移动式智能开关）、单相智能插座、8 键遥控器、红外转发器。

智能调光开关——用户可依着自己的心情，将卧室灯光设置成一种温馨、浪漫的灯光氛围；电灯开启时光线由暗逐渐到亮，关闭时由亮逐渐到暗，直至关闭，有利于保护眼睛；当用户将照明设置成自己喜欢的灯光氛围后，无论何时，只要重新开启，它就会自动调整到所喜欢的灯光氛围。

单相智能插座——可手动、遥控器或网络来控制电视等电源通断。

8 键遥控器——开关主卧等六路的电灯或电器的开关；可设置按一个键，开启家中所有照明；临睡前，按一个键，关闭家中所有的照明灯具及卫生间的换气扇。

红外转发器——遥控或网络化控制空调的开启和关闭。

（5）客卧室。配备一位智能调光开关、单相智能插座、迷你遥控器、红外转发器。

电灯——软启动、可调光，为用户营造出柔和、温馨的灯光氛围。

单相智能插座——通过手动、遥控器或网络来控制电视、音响等电源的通断。

智能调光开关——同客厅调光开关功能一样。

迷你遥控器——控制客卧、廊灯；临睡前，按一个键，关闭家中所有的照明灯具及卫生间的换气扇；起夜时，按一个键，卧室、卫生间的照明灯打开。

红外转发器——可遥控或网络化控制空调的开启和关闭。

（6）书房。配备一位智能调光开关、单项智能插座、迷你遥控器。

电灯——通过智能调光开关软启动、可调光，可以为用户营造出柔和的读书灯光氛围。

单相项智能插座——可通过手动、遥控器或网络来控制电器。

迷你遥控器——控制书房、廊灯（客厅）；离家时按一个键，关闭家中所有的照明灯具、电视、空调等；回家时按一个键客厅灯打开。

红外转发器——可遥控或网络化控制空调的开启和关闭。

（7）主卫。配备二位智能开关、16A 单项智能插座。

电灯——本地自控、异地受控。

排气扇——本地自控、异地受控。

16A 单相智能插座——可通过遥控器或网络来关闭热水器电源通断。

（8）客卫。配备二位智能开关、16A 单项智能插座。

电灯——本地自控、异地受控。

排气扇——本地自控、异地受控。

16A 单相智能插座——可通过手动、遥控器或网络来关闭热水器。

（9）走廊。配备一位智能开关。

电灯——本地自控、异地受控。

（10）玄关。配备红外感应探测器，对非法闯入者进行电话语音报警，通知主人，以及物业中心保安人员。

2. 单户智能家居方案设计

（1）指导思想。家居智能化系统的硬件和软件应具有先进性，避免短期内因技术陈旧造成整个系统性能不高和过早淘汰。同时，应立足于用户对整个系统的具体需求，具有实用性。

无论是系统设备、软件还是网络拓扑结构，都应具有良好的开放性。网络化的目的要实现设备资源和信息资源的共享，用户可根据需求，对系统进行拓展或升级。

计算机网络选择和相关产品的选择以及系统软件设计要以先进性和实用性为基础，同时考虑兼容性。

随着社会的不断发展和进步，住宅小区物业管理智能化系统的规模、自动化程度会不断扩大和提高，用户的需求会不断变化。因此，系统的硬件和软件应充分考虑未来可升级性。

家居智能化系统建成后，应操作方便，适应不同层次住户的素质。同时系统应具有很高的可靠性和安全性。

（2）系统配置。本方案设计涵盖全宅照明及风扇网络自动化控制、智能灯光场景、家电万能遥控、防盗本地报警等系统，该方案配置智能遥控器 1 个、无线匙扣遥控器 1 个；自动生成"睡眠""起床"虚拟开关各 1 个。具体方案设计见表 4-13。

表 4-13   单居家居智能化系统系统配置

房间名称	设备	产品	说明
客厅	—	1个智能双联开关	定义为离家开关和回家开关，执行快捷操作
	九路吊顶灯光设备	1个智能场景开关，1个智能场景驱动器	智能灯光场景控制
	电视机、影碟机、音响、空调、遥控电风扇、电动窗帘	1个三功能智能网络转发器	房间照明自动控制；智能遥控器替代客厅所有家电设备的遥控器实现万能遥控；防盗监控；配合匙扣遥控器进行家庭网络布防、撤防操作
主卧	顶灯和床头灯	1个智能双联开关	控制两路灯光，其中一路可调光
卧室一	顶灯和床头灯	1个智能双联开关	控制两路灯光，其中一路可调光
	—	1个系统电源	为家庭网络提供工作电源
	—	1个智能声音报警器	智能输出各种报警声响提示
餐厅	顶灯	1个智能单联开关	控制一路灯光，可调光
厨房	顶灯、排气扇	1个智能双联开关	控制一路灯光和一路风扇，其中一路可调光（或调速）
卫生间	顶灯	1个智能单联开关	控制一路灯光，可调光
阳台	顶灯	1个智能单联开关	控制一路灯光，可调光

注   各智能产品数量（包括智能插座开关、门磁、幕帘传感器）的多少请根据实际需要确定。更多房间住宅或多楼层住宅方案的设计同此原则。

（3）系统功能。本方案设计可控制全宅共 18 路灯光/风扇（包含智能灯光场景的 9 路灯光），其中有 15 路可调光（或调速），并可控制客厅的 6 台不同类型的红外家电，还有防盗本地声光报警功能。

智能灯光场景控制，可实现对客厅吊顶的 9 路灯具进行群控（智能场景开关接 1 路，场景驱动器接 8 路，每路可接 1 盏或多盏灯具），实现 18 种可调的灯光组合效果（即 18 种灯光场景，9 路灯具的每一种亮度组合就是一种灯光场景）；通过智能场景开关或智能遥控器均可对灯光场景进行开、关、场景选择、场景调整等操作。

任何一个智能开关均可设置联锁动作对象，实现全开、全关、开几个设备的同时关闭其余的设备等组合功能。

由于智能场景开关同时具备家庭网络定时控制器功能，因此任何一个智能开关均可设置"永久定时""暂时定时"或"3min 相对定时"动作。

无需任何设置，通过任何一个智能开关均可关闭同房间的所有灯光设备。

通过智能遥控器可对全宅任一处灯光（或风扇）进行本地或异地遥控开、关、调光（或调速）、设置定时等操作。

通过智能遥控器可对全宅任一个房间的所有灯光进行本地或异地遥控全开、全关、全调光、全定时操作。

通过智能遥控器上的快捷功能键，可同时打开、或同时关闭全宅所有的灯光设备。

通过智能遥控器可对客厅的电视机、影碟机、音响、空调、遥控电风扇和电动窗帘进行本地或异地遥控操作。原家电遥控器除了特殊设置，基本可抛开不用，彻底摆脱需要频繁切换遥控器的烦恼；并且，由于三功能网络转发器集成有人体移动感应功能，在系统布防的状态下，可实现客厅的防盗监控，在系统撤防的状态下，可实现客厅灯光的自动控制（人来灯开，人走灯关）。

通过智能遥控器操作时，用户无需记忆任何抽象的数字代码，老人小孩都会用。

通过无线匙扣遥控器可进行家庭网络的"布防""撤防"以及"离家"和"回家"快捷操作。

在系统布防状态下，三功能网络转发器监控到人体移动时，智能声音报警器会立即启动本地声光报警。

4.3　水路和燃气管路设计

4.3.1　水路改造设计

水路改造是指根据装修配置、家庭人口、生活习惯、审美观念等对原有开发商使用的水路全部或部分更换的装修工序。水路改造设计是一个系统工程，在实施过程中需要把水电有关设计、施工、验收方面的知识结合起来参考。

1. 水路改造设计原则

（1）户内水路改造必须在原水表后进行，不得改动建筑主管道。

（2）水路应尽量走"天"（天花板），以便于检修，如图4-48所示。

图4-48　水路尽量走"天"

（3）所有管路应遵循最短原则，横平竖直，减少弯路，禁止斜道。管路走向设计合理，避免使用过多的90°弯头连接，以影响水流速。排水管道应在顺水流方向保持千分之三到千分之五的坡度，以便于水流通畅，如图4-49所示。

图4-49　排水管道要有坡度

（4）水路、电路和燃气、暖气管道煤气管平行间距应大于 30cm。

（5）冷热水管不能同槽，间距不小于 15cm，上下平行时上热下冷，左右平行时左热右凉，如图 4-50 所示（按出水方向，因为一般人为右撇子，而凉水用得多）。

（6）不得随意改变排水管、地漏及坐便器等废、污排水性质和位置。见图 4-51。

图 4-50　冷热水管的分布

图 4-51　不得随意改变排水管的性质和位置

2. 水路设计的准备工作

（1）加强与业主沟通，想好与水有关的所有设备。比如：热水器、净水器、厨宝（一种小型的电热水器）、软水机、洗衣机、马桶和洗手盆等，它们的位置、安装方式以及是否需要热水。

（2）确定好热水器的种类，以避免临时更换热水器种类导致水路重复改造。常见热水器的种类及优缺点见表 4-14。

表 4-14　　　　　　　　　　　常见热水器的种类及优缺点

种类		优缺点	图示
燃气热水器	烟道式	烟道式热水器是直排式热水器的改良版，在原来直排式的结构上，增加了一个防倒风排气罩与排烟系统。将废气通过烟道排出，安全性大大提高，但管道比较长而粗，安装不方便，而且有碍美观，但价格比较便宜，不需要用电	
	强排式	是气、水、电一体化的燃气热水器，是利用排风机将废气排出，可以有效地防止倒烟，在燃气热水器中应该是较安全类型。但价格比较贵。强排式热水器的烟道比烟道式热水器要细得多，相对来说比较美观，但停电时不宜使用	

续表

种类		优缺点	图示
电热水器	速热式	在冷水流过热水器时即时加热，随用随加热。供给的热水虽然流量有限，但可以做到连续供水	
	预热式	对热水器贮水罐中的水进行加热，可以预先设置所需热水的温度，当水温高于设置温度时，热水器自动停止加热，当水温低于设置温度时，热水器自动开始加热。特点是供水流量大，水温稳定，不受热源波动和水压影响，但预热式热水器流量有限，连续供热水能力有限，且安装在室内时，占用空间比较大	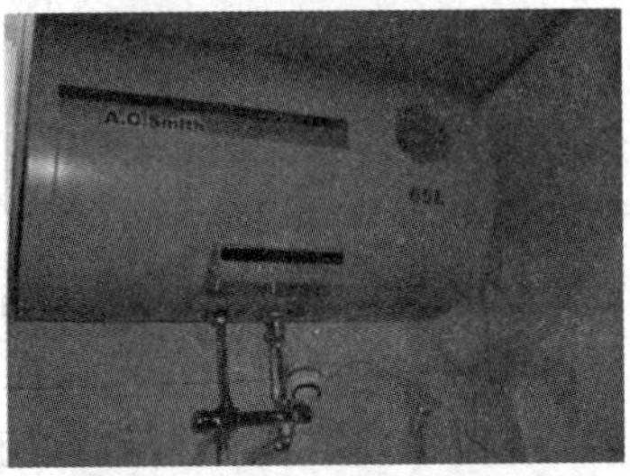
太阳能热水器		在阳光充足时可以使用太阳能加热水，当阳光不充足时，可以用电能加热水，既有利于节约能源，又方便使用，但安装条件会受到一定限制	

（3）卫生间除了留给洗漱盆、拖把池、马桶等出水口外，最好再接一个出水口，以方便接水冲地。

（4）洗衣机位置确定后，洗衣机排水可以考虑把排水管做到墙里面的，这样既美观又使用方便。

洗衣机地漏最好不要用深水封地漏，因为深水封地漏有一个普遍的特点就是下水慢。但洗衣机的排水速度非常快，排水量大，深水封地漏的下水速度根本无法满足，结果会直接导致水流倒溢。

3. 厨房水路设计

厨房水路一般包括水槽冷热进水、出水，洗衣机、洗碗机的进水、排水，饮水机接口等，如图 4-52 所示。

（1）冷热进水口水平位置的确定：应该考虑冷热水口连接和维修的作业空间，一般定在落地柜中，但是，要注意落地柜侧板和下水管的影响。

（2）冷热进水或水表的高度确定：应该考虑冷热水口、水表的连接、维修、查看的作业空间及洗菜盆和下水管的影响，一般定在离地 200～400mm 的位置比较合适，如图 4-53 所示。

（3）排水口或下水口位置的确定：主要考虑排水的通畅，维修方便和落地柜之间的影响。一般定在洗菜盆的下方比较合适。

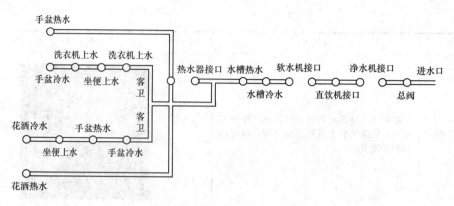

图 4-52 厨房水路设计示例

（4）洗碗机排水口位置的确定：一般安排在洗碗机机体的左右两侧地柜内（尽量这个柜不要装配件或抽屉），杜绝将它安排在机体背面。冷热进水口一般安排在落地柜中，高度在墙面位置离地高 200~400mm 的位置比较合适；而洗碗机排水口则安排在洗碗机机体的左右两侧地柜背墙上，千万不要安排在机体背墙上。

（5）热水器、洗衣机是否放在厨房，这要根据厨房的面积与用户的生活习惯来定，如图 4-54 所示。

图 4-53 冷热进水或水泵的高度确定

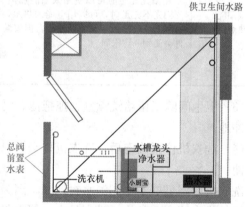

图 4-54 洗衣机、热水器等的水路设计

图 4-55 主卫水路设计效果图

4. 主卫水路改造的设计

如果居室是双卫，则主卫是起房主起居用的，因此洁具放置尽量简洁，满足最基本的要求即可。即：浴缸或淋浴、洗手盆（尽量是台盆）、马桶、洁身器（选装），如图 4-55 所示。

（1）洗浴方式的选择。双卫可以考虑装浴缸，但要根据房间的大小定制合适的浴缸。不建议选择冲浪浴缸，不实用，返修率高。

（2）洗手盆的选择。现在的居室里很少有专门的梳妆台，一般都是在卫生间里解决梳妆问题，所以尽量考虑用台上盆。放一些化妆用品与洗浴用品比较方便，会使卫生间简洁。

（3）马桶的选择。选择马桶时主要考虑排水方式是下排还是后排，以便坑距（排水墙距）。下排的马桶一般有后300mm与后400mm之分，选择前将尺寸量好就可以了。

（4）卫生器具的布置间距最小间距要求。

1）马桶与对面墙壁的净距离应不小于460mm，与旁边的墙面的净距应不小于380mm，墙面有排水管时，则距离应不小于500mm。

2）马桶与洗脸盆并列时，马桶的中心至洗脸盆边缘的净距离应不小于350mm，与洗脸盆相对时，马桶的中心至洗脸盆净距离就不少于760mm。

3）洗脸盆的边缘至对面墙的净距离应不小于460mm；洗脸盆的边缘至旁边墙面的净距离就不小于450mm；洗脸盆的上沿距镜子底部的距离约200mm。

5. 客卫水路改造的设计

客卫不但要满足基本的卫生间功能，也要将洗衣机、拖布池都放在客卫，有的还要加装热水器，如图4-56所示。

图4-56 客卫设计效果图

（1）手盆可以选择柱盆。因为客卫的功能多，限于空间可以考虑用柱盆。

（2）洗浴选择淋浴，如果空间允许尽量考虑淋浴房，可以干湿分开。

（3）马桶的选择可以参考主卫。

（4）洗衣机的选择。滚筒与全自动洗衣机均可。需要注意的是，洗衣机不要与地漏共用一个下水，因为洗衣机放水的时候流量较大，很容易向上溢水。

（5）拖布池的选择。这个问题要参考卧室与客厅地面的铺设、卫生间的容量。如果地砖较多，最好安一个拖布池，比较方便。如果是木地板，可以不安装拖布池，预留1个水龙头便于用水桶接水。

（6）热水器的安装。热水器要考虑房子住人的数量以及有无浴缸为依据的。如果有浴缸，电热水器不要选择80升以下的。如果只有两个人，50～60升就够用了。

4.3.2 燃气管道设计

燃气管道的安装关乎业主的生命财产安全，因此，国家及相关部门对此有一定的规范要求。燃气管道一般不能自行安装，先要报装，然后由燃气公司派人入户布管，最后由装修队按要求埋管。

1. 管材的选用

家庭燃气管材质一般有镀锌管、不锈钢波纹管和铝塑管等，它们的优缺点比较如下。

（1）镀锌管。镀锌管是指在钢管表面进行镀锌的一种管道，有热镀锌和电镀锌管之分。由于电镀锌管容易被腐蚀，通常采用的是热镀锌管。热镀锌管不仅有较高的耐腐性，而且使用寿命很长，不过由于其接口过多，施工麻烦，正逐步被市场所淘汰。

（2）不锈钢波纹管。不锈钢波纹管是一种柔软而且耐压的管件，除了用于燃气输送外，还运用于液体输送系统中，主要是为了补偿管道或其他机械设备连接端口的相互位移。不锈钢波纹管除了柔软耐压外，还具有质量轻、耐腐蚀、耐高温等特点，因此，我国目前燃气管基本向不锈钢波纹管方向发展。

（3）铝塑管。铝塑管的内外层都是一种特殊的聚乙烯材料，无毒环保而且质量轻盈，其"能屈能伸"的性质很是适合应用在家庭装修中。铝塑管作为室内燃气管道能够经受强大的工作压力，而且由于管道可以延伸很长一段距离，需要接头的情况少，因此其对于气体的渗透率几乎接近于零。用铝塑管作为家庭煤气输送路线是安全可靠的，但要小心避免买到劣质的铝塑管，因为市场上劣质铝塑管受到碰撞时，很容易会出现弯曲、变形，甚至是破裂的情况，威胁业主们的生命财产安全。

2. 燃气表安装位置设计

燃气表严禁安装在有电源、电器开关及其他电器设备的橱柜里和潮湿的地方；若安装在橱柜内，应确保便于日后维修、拆装及插卡、检查、更换胶管、燃气阀门开关，如图 4-57 所示。

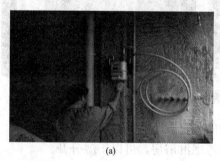 

(a)　　　　　　　　　　　　　　　(b)

图 4-57　燃气表安装位置的设计

（a）燃气表安装在墙上；（b）燃气表安装在橱柜内

燃气表所在橱柜柜门上方预留直径不小于 2.5cm 的通风孔或采用百叶门，确保通风良好；燃气表不防水，请勿用水清洗，注意防雨防潮；禁止将燃气管道及设施（阀门、燃气表）包封起来。

3. 安全距离设计

（1）电源插座、电源开关与天然气管道不得交叉，水平净距不小于 15cm；燃气表、燃气阀门及管道接口正上方不应有电源插座。

（2）明装的绝缘电线与天然气管道的平行净距不小于 25cm，交叉净距不小于 10cm；暗装的绝缘电线与天然气管道的平行净距不小于 5cm，交叉净距不小于 1cm。

（3）若燃气管道与燃气具的距离超过 2m，需使用燃气专用不锈钢波纹管或镀锌管进行连接。

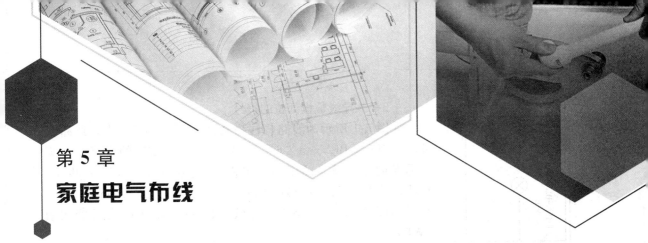

第5章
家庭电气布线

5.1 家装电路识图基础

5.1.1 常用电气符号及标注

1. 线路敷设表示法

电气图中导线的敷设方式及敷设部位一般用文字符号标注，见表5-1。表中代号 E 表示明敷设，C 表示暗敷设。

表 5-1 导线敷设方式及敷设部位文字符号

序号	导线敷设方式和部位	文字符号	序号	导线敷设方式和部位	文字符号
1	用瓷瓶或瓷柱敷设	K	14	沿钢索敷设	SR
2	用塑料线槽敷设	PR	15	沿屋架或跨屋架敷设	BE
3	用钢线槽敷设	SR	16	沿柱或跨柱敷设	CLE
4	穿水煤气管敷设	RC	17	沿墙面敷设	WE
5	穿焊接钢管敷设	SC	18	沿顶棚面或顶板面敷设	CE
6	穿电线管敷设	TC	19	在能进入的吊顶内敷设	ACE
7	穿聚氯乙烯硬质管敷设	PC	20	暗敷设在梁内	BE
8	穿聚氯乙烯半硬质管敷设	FPC	21	暗敷设在柱内	CLC
9	穿聚氯乙烯波纹管敷设	KPC	22	暗敷设在墙内	WC
10	用电缆桥架敷设	CT	23	暗敷设在地面内	FC
11	用瓷夹敷设	PL	24	暗敷设在顶板内	CC
12	用塑料夹敷设	PCL	25	暗敷设在不能进入的吊顶内	ACC
13	穿金属软管敷设	CP			

2. 线路标注法

电气图中，线路标注的一般格式为

$$a-d(e \times f)-g-h$$

式中 a——线路编号或功能符号；

d——导线型号；

e——导线根数；

f——导线截面积，mm^2；

g——导线敷设方式的符号；

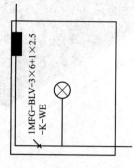

图 5-1 线路标注格式示例

h——导线敷设部位的符号。

如图 5-1 所示为线路标注格式的示例。图 5-1 中，线路标注"1MFG－BLV－3×6＋1×2.5－K－WE"的含义是：第一号照明分干线（1MFG）；铝芯塑料绝缘导线（BLV）；共有 4 根线，其中 3 根截面积为 6mm²，1 根截面积为 2.5mm²（3×6＋1×2.5）；配线方式为瓷瓶配线（K）；敷设部位为沿墙明敷（WE）。

3. 灯具的类型及文字符号

灯具的类型及文字符号的表示法见表 5-2。

表 5-2   灯具的类型及文字符号

灯具类型	文字符号	灯具类型	文字符号
普通吊灯	P	壁灯	B
花灯	H	吸顶灯	D
柱灯	Z	卤钨探照灯	L
投光灯	T	防水、防尘灯	F
工厂灯	G	陶瓷伞罩灯	S

4. 灯具的标注法

在电气图中，照明灯具标注的一般方法如下

$$a-b\frac{c\times d\times L}{e}f$$

式中　a——灯具数；

b——型号或编号；

c——每盏灯的灯泡数或灯管数；

d——灯泡容量，W；

L——光源种类；

e——安装高度，m；

f——安装方式。

5. 照明电器安装方式及代号

照明电器安装方式及代号表示法见表 5-3。

表 5-3   照明电器安装方式及代号表示法

安装方式	拼音代号	英文代号
线吊式	X	CP
管吊式	G	P
链吊式	L	CH
壁吊式	B	W
吸顶式	D	C
吸顶嵌入式	DR	CR
嵌入式	BR	WR

6. 照明开关的图形符号

照明开关在电气平面图上的图形符号见表5-4。

表 5-4　　　　　　　　　　　照明开关在电气平面图上的图形符号

序号	名称		图形符号	备注
1	开关，一般符号			—
2	带指示灯的开关			—
3	单极开关	明装		除图上注明外，选用250V 10A，面板底距地面1.3m
		暗装		
		密闭（防水）		
		防爆		
4	双极开关	明装		
		暗装		
		密闭（防水）		
		防爆		
5	三极开关	明装		
		暗装		
		密闭（防水）		
		防爆		
6	单极拉线开关			(1) 暗装时，圆内涂黑。 (2) 除图上注明外，选用250V 10A；室内净高低于3m时，面板底距顶0.3m；高于3m时，距地面3m
7	双极拉线开关（单极三线）			
8	单极限时开关			
9	双控开关（单极三线）			(1) 暗装时，圆内涂黑。 (2) 除图上注明外，选用250V 10A，面板底距地面1.3m
10	多拉开关（如用于不同照度）			
11	中间开关		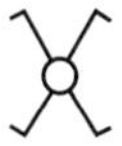	中间开关等效电路图 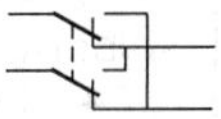

续表

序号	名称	图形符号	备注
12	调光器		
13	钥匙开关		
14	"请勿打扰"门铃开关		
15	风扇调速开关		
16	风机盘管控制开关		(1) 暗装时,圆下半部分涂黑。 (2) 除图上注明外,面板底距地面 1~3m
17	按钮		
18	带有指示灯的按钮		
19	防止无意操作的按钮(例如防止打碎玻璃罩等)		
20	限时设备定时器		
21	定时开关		

7. 插座的图形符号

插座在电气平面图上的图形符号见表 5-5。

表 5-5 插座在电气平面图上的图形符号

序号	名称		图形符号	备注
1	单相插座	明装		(1) 除图上注明外,选用 250V 10A。 (2) 明装时,面板底距地面 1.8m;暗装时,面板底距地面 0.3m。 (3) 除具有保护板的插座外,儿童活动场所的明暗装插座距地面均为 1.8m。 (4) 插座在平面图上的画法为
		暗装		
		密闭(防水)		
		防爆		
2	带接地插孔的单相插座	明装		
		暗装		
		密闭(防水)		
		防爆		
3	带接地插孔的三相插座	明装		(1) 除图上注明外,选用 380V 15A。 (2) 明装时,面板底距地面 1.8m;暗装时,面板底距地面 0.3m
		暗装		
		密闭(防水)		
		防爆		
4	带中性线和接地插孔的三相插座	明装		
		暗装		
		密闭(防水)		
		防爆		

续表

序号	名称	图形符号	备注
5	多个插座（示出三个）		（1）除图上注明外，选用250V 10A （2）明装时，面板底距地面1.8m；暗装时，面板底距地面0.3m
6	具有保护板的插座		（3）除具有保护板的插座外，儿童活动场所的明暗装插座距地面均为1.8m
7	具有单极开关的插座		（1）除图上注明外，选用250V 10A （2）明装时，面板底距地面1.8m；暗装时，面板底距地面0.3m
8	具有联锁开关的插座		（3）除具有保护板的插座外，儿童活动场所的明暗装插座距地面均为1.8m
9	具有隔离变压器的插座 （如电动剃须刀插座）		除图上注明外，选用220/110V 20A，面板底距地面1.8m或距台面0.3m
10	带熔断器的单相插座		（1）除图上注明外，选用250V 10A （2）明装时，面板底距地面1.8m；暗装时，面板底距地面0.3m

📝 友情提示

不同用途及规格的开关、插座的图形符号，有的差异比较小，识图时要注意仔细分辨清楚，否则在施工时容易张冠李戴，影响工程进度。

5.1.2 照明电路及控制

1. 照明灯具控制方式的标注法

（1）用一个开关控制灯具。

1）一个开关控制一盏灯的表示法，如图5-2所示。

2）一个开关控制多盏灯的表示法，如图5-3所示。

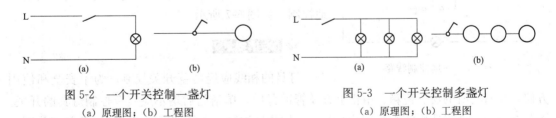

图5-2 一个开关控制一盏灯　　　　图5-3 一个开关控制多盏灯

　　(a) 原理图；(b) 工程图　　　　　　(a) 原理图；(b) 工程图

（2）多个开关控制灯具。

1）多个开关控制多盏灯方式。多个开关控制多盏灯方式如图5-4所示，从原理图中可以看出从开关发出的导线数为灯数加1，以后逐级减少最末端的灯剩2根导线。

多个开关控制多盏灯方式，一般零线可以公用，但开关则需要分开控制，进线用一根相线分开后，则有几个开关再加几根线，因此开关回路是开关数加1。如图5-5所示为多个开关控制多盏灯的工程实例，图中虚线为描述的导线根数。

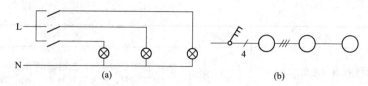

图 5-4　多个开关控制多盏灯

(a) 原理图；(b) 工程图

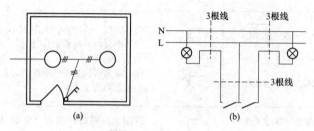

图 5-5　多个开关控制多盏灯工程实例

(a) 工程图；(b) 原理图

2）两个双控开关控制一盏灯。电路中要使用双控开关，开关应接在相线上，当开关同时接在上或下即接通电路，只要开关位置不同即使电路断开。两个双控开关控制一盏灯如图 5-6 所示。

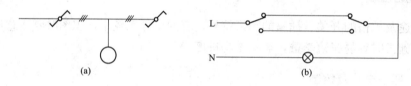

图 5-6　两个双控开关控制一盏灯

(a) 工程图；(b) 原理图

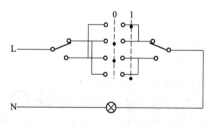

图 5-7　三地控制线路

3）三个双控开关控制一盏灯。三地控制线路与两地控制的区别是比两地控制又增加了一个双控开关，通过位置 0 和 1 的转换（相当于使两线交换）实现三地控制，如图 5-7 所示。

📝 友情提示

灯具的相线应经墙壁开关控制。为了安全和使用方便，任何场所的窗、镜箱、吊柜上方及管道背后，单扇门后均不应装有控制灯具的开关。潮湿场所和户外应选用防水瓷质拉线开关或加装保护箱；在特别潮湿的场所，开关应分别采用密闭型或安装在其他场所控制。

2. 照明电路接线表示法

在一个建筑物内，灯具、开关、插座等很多，它们通常采用直接接线法或共头接线法两种方法连接。

（1）直接接线法。直接接线法就是各设备从线路上直接引接，导线中间允许有接头的接线方法，如图 5-8（a）所示。

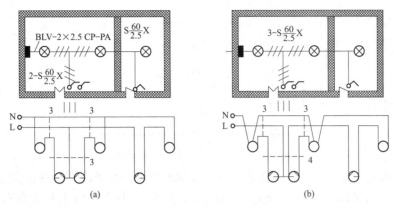

图 5-8　直接接线法和共头接线法

(a) 直接接线法；(b) 共头接线法

（2）共头接线法。共头接线法就是导线的连接只能通过设备接线端子引接，导线中间不允许有接头的接线方法。采用不同的方法，在平面图上，导线的根数是不同的，如图 5-8（b）所示。

📝 友情提示

为了保证安全和使用功能，在实际施工时，配电回路中的各种导线连接，均不得在开关、插座的端子处以套接压线方式连接其他支路。

5.1.3　房间电路识图

1. 房间照明平面图识读

如图 5-9 所示为两个房间的照明平面图，有 3 盏灯、1 个单极开关、1 个双极开关，采用共头接线法。图 5-9（a）为平面图，在平面图上可以看出灯具、开关和电路的布置。1 根相线和 1 根中性线进入房间后，中性线全部接于 3 盏灯的灯座上，相线经过灯座盒 2 进入左面房间墙上的开关盒，此开关为双极开关，可以控制 2 盏灯，从开关盒出来 2 根相线，接于灯座盒 2 和灯座盒 1。相线经过灯座盒 2 同时进入右面房间，通过灯座盒 3 进入开关盒，再由开关盒出来进入灯座盒 3。因此，在 2 盏灯之间出现 3 根线，在灯座 2 与开关之间也是 3 根线，其余是 2 根线。由灯的图形符号和文字代号可以知道，这 3 盏灯为一般灯具，灯泡功率为 60W，吸顶安装，开关为翘板开关，暗装。

图 5-9（b）为电路图，图 5-9（c）为透视图。从图中可以看出，接线头放在灯座盒内或开关盒内，因为采用共头接线，因此导线中间不允许有接头。

由于电气照明平面图上导线较多，在图面上不可能逐一表示清楚。为了读懂电气照明平面图，作为一个读图过程，可以画出灯具、开关、插座的电路图或透视图。弄懂平面图、电路图、透视图的共同点和区别，再看复杂的照明电气平面图就容易多了。

2. 家庭配电平面图识读

如图 5-10（a）所示为某家庭照明及部分插座电气平面图。

从图中可看出，照明光源除卫生间外都采用直管型荧光灯，卫生间采用防水防尘灯具。此外还设置了应急照明灯，应急照明电源在停电时提供应急电源使应急灯照明。左面房间电

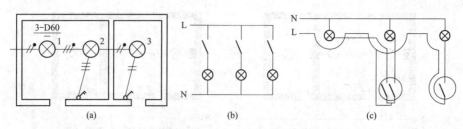

图 5-9　两个房间的照明平面图

(a) 平面图；(b) 电路图；(c) 透视图

气照明控制线路说明如下：上下两个四极开关分别控制上面和下面四列直管型荧光灯。

电源由配电箱 AL2-9 引出，配电箱 AL2-9、AL2-10 中有一路主开关和六路分开关构成，系统图如图 5-10 (b) 所示。

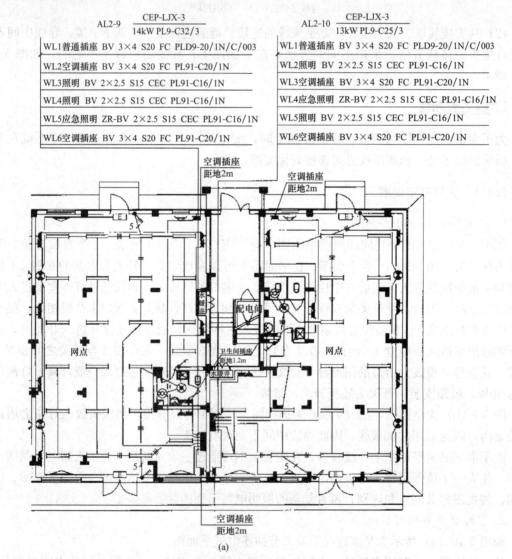

图 5-10　某家庭照明及部分插座电气平面图和系统图（一）

(a) 平面图

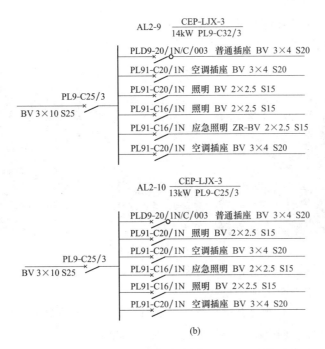

图 5-10　某家庭照明及部分插座电气平面图和系统图（二）

（b）系统图

左面房间上下的照明控制开关均为四极，因此开关的线路为 5 根线（相线进 1 出 4），其他各路控制导线根数与前面基本知识中所述判断方法一致。卫生间有一盏照明灯和一个排风扇，因此采用一个两极开关，其电源仍是与前面照明公用一路电源。各路开关所采用的开关分别有 PL91-C16、PL91-C20 具有短路过载保护的普通断路器还有 PLD9-20/1N/C/003 带有漏电保护的断路器，保护漏电电流为 30mA。各线路的敷设方式为 AL2-9 照明配电箱线路，分别为 3 根 4mm^2 聚氯乙烯绝缘铜线穿直径 20mm 钢管敷设（BV 3×4 S20）、2 根 2.5mm^2 聚氯乙烯绝缘铜线穿直径 15mm 钢管敷设（BV 2×2.5 S15），以及 2 根 2.5mm^2 阻燃型聚氯乙烯绝缘铜线穿直径 15mm 钢管敷设（ZR-BV 2×2.5 S15）。

右侧房间的控制线路与左侧相似，只是上面的开关只控制两路照明光源，为两极开关，卫生间的照明控制仍是采用两极开关控制照明灯和排风扇。一般照明和空调回路不加漏电保护开关，但如果是浴室或十分潮湿易发生漏电的场所，照明回路也应加漏电保护开关。

5.2　画线定位与开槽

5.2.1　画线定位布线

1. 画线定位的依据

画线定位属于工程的前期基础准备工作，在装修中占有极为重要的地位。正确合理的画线定位不但可以节省装修材料，还可以减少布线的工作量。画线定位的依据是：根据室内电气布线平面图纸，同时结合各种家俱、家用电器摆放布置示意图，经综合考虑确定合理管路敷设部位和走向，用铅笔、直尺或墨斗将线路走向和暗盒位置标注出来，如图 5-11 所示。

墨线

图 5-11　依据电气图进行画线定位

目前，国标 GB 与装修规范中没有明确规定线管如何铺设。但以下几点是必须做到的。

（1）线管在铺设中不能出现死角弯。

（2）地面弯点 3 个以上就要有过线盒，15m 有 2 个弯点也需要过线盒。

（3）尽量缩短线路，弱电减少信号衰减，强电降低电流损失。

（4）一定要保证活线，为后期维护更换提供方便。

（5）要尽量减少耗材，节省成本。

经验表明，按照图上规划好的施工，才能确保电路安全，当然发现设计上有问题要及时纠正。在进行画线定位时，一定要请业主到现场，对定位点予以确认，以免产生不必要的麻烦。

2. 定位与布线技巧

画线定位与布线是家装电工必须掌握的技能，也是考察操作者技能水平高低的核心技能之一。

定位布线四字诀

能弧不角，能压不绕；

能斜不直，能开不靠；

能拧不缠，能直不弯；

能细不粗，能穿不单；

能深不浅，能标不记；

能并不分，能顶不地；

能硬不软，能明不暗；

能旧不新，能整不断；

能单不双，能少不多；

能角不槽，能防不露。

下面简要说明定位布线四字诀的含义。

（1）能弧不角。穿线布线时，如果碰到需要转弯的地方，弧度尽量大于 90°，保证活线，避免死角或者直角，便于后期维护，如图 5-12 所示。

（2）能压不绕。布线时候出现交叉时，可以让其中一根线向下压线，不要因为交叉而导致绕线，如图 5-13 所示。

图 5-12　能弧不角

（3）能斜不直。能斜不直指线路上墙的时候不要走直角。同样也是出于省钱的目的考虑，可以根据情况适当的弧形斜向开槽，如图 5-14 所示。

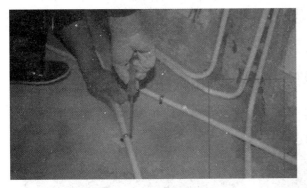

图 5-13　能压不绕

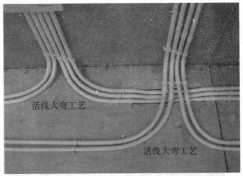

图 5-14　能斜不直

（4）能开不靠。强电与弱电的走线尽量分开一定距离，间距不要低于 30cm。最好是同一平面相距 50cm，如果出现特殊情况需要交叉重叠，最好使用铝箔线把交叉部位缠好，防止干扰，如图 5-15 所示。

（5）能拧不缠。当几股电线需要做接头时，所采用的缠绕必须不少于 5 圈，然后使用防水胶带至少缠绕 3 层，用绝缘胶带至少缠绕 3 层，如图 5-16 所示。过线盒里的接头，也必须这样操作。

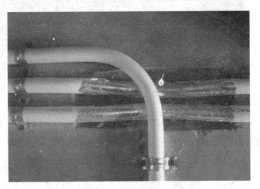

图 5-15　能开不靠

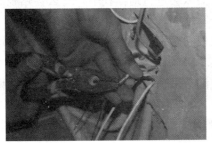
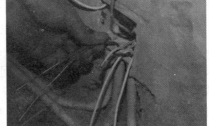

图 5-16　能拧不缠

图 5-17　能直不弯

（6）能直不弯。两点直线距离最近，只要这条线能直着接通的，就尽量不要出现弯头，如图 5-17 所示。所谓"直线"，并不是数学教科书上的"横平竖直"，而是这条线通过的目的，如果是从 A 点为了给 B 点供电，那么 A、B 两点之间，非特殊情况绝不允许有任何的弯头出现。

（7）能细不粗。电路改造时只要电线的额定电流容量够用就可以了，盲目的追求粗电线并不一定是好事。

（8）能穿不单。能穿墙而过的线，就不要再单走一条线路，避免绕线。比如客厅与卧室，线路可以从客厅直接穿墙过去，然后再分配到卧室的每一个插座位置，如图 5-18 所示。

（9）能深不浅。开槽时，可以适当深一点，否则在后期处理墙面的时候这里涂抹的砂灰就会比较少，会有开裂的风险，如图 5-19 所示。

图 5-18　能穿不单

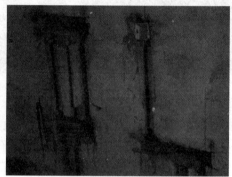

图 5-19　能深不浅

（10）能标不记。施工过程中，线路位置如果能用画图、或者拍照、或者录像、或者用透明胶带标注的方式，就不要靠记忆。某家庭电气布线图如图 5-20 所示。

（11）能并不分。施工时，能在一起排过去的线路，尽量使用一根穿管降低成本。

（12）能顶不地。现在大家公认的走线方式都是水从天，电走地。这么设计的初衷是因为水路相对于电路比较容易出现问题，并且如果水路走房顶出现问题以后相对维修容易，并且会很及时发现。而电路走地面是因为装修时要么会进行地面找平，要么会贴瓷砖，这些工程都会适当的增加地面的厚度，而增加的这个厚度刚好可以盖住线管的厚度，为了美观所以可以采用了电路走地的方式。并且电路即使出现问题了还可以换线来处理，而且电路只要最初设计好了，后面出现问题的几率很低。

对于厨房与卫生间来说，因为这两个空间都有吊顶，所以一般情况下都在这两个空间把水电同时改造到吊顶之上，如图 5-21 所示。

（13）能硬不软。施工时，如果能用硬套管的，就不用软管。一般在线路汇聚的地方还有穿墙的时候会使用到软管，如图 5-22 所示。

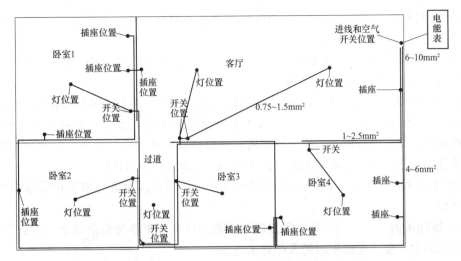

图 5-20 某家庭电气布线图

图 5-21 能顶不地

图 5-22 能硬不软

（14）能明不暗。在不影响美观的前提下，能走明线的就不要走暗线，也就是不要开槽，又省钱又便于后期维护，如图 5-23 所示。只要没有开槽的线都算作明线，比如地面上平铺的电线，哪怕后期会用水泥盖住找平，这个也是要算作明线的。

图 5-23 能明不暗

（15）能旧不新。旧房如果原有的电线线管还能使用的，就不用开新槽，而采用换线的方式即可。

（16）能整不断。一线槽内不允许出现接头，并且最多只能有3根电线（火地零），而且线管最好也是一根整管，不要有接头。

（17）能单不双。能单控的灯，就不要双控，除非必须。这个依据个人情况而定。

（18）能少不多。设计插座的时候，能少的位置就不要设计太多，以够用为原则，一些不显眼的地方，比如电视机的后面，电脑后面可以在以后使用排插的方式来解决用电需求，排插无论插座规格以及插口数量都远远优于墙插。这也是一种省钱的方式。

（19）能角不槽。能走石膏线或者踢脚线这种阴角的线，如果后期能在装修中被盖住，就不要开槽。

（20）能防不露。卫生间等场所需要防水处理的插座一定要加装防溅盒，并且尽量选择半透明的防溅盒，便于观察里面是否存有水汽等。

3. 画线定位的四种方案

目前家装电路施工单位主要有以下四种电路改造方案，其工艺各有千秋。

（1）横平竖直铺设线管。采用横平竖直铺设线管，注意防止出现死角现象。但其美观程度远超成本，如图5-24所示。

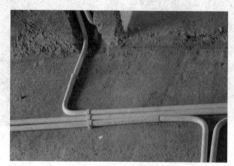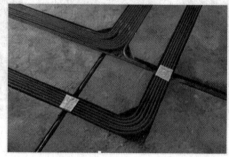

图 5-24　横平竖直铺设线

图 5-25　单管单线铺设线管

（2）单管单线铺设线管。采用单管单线铺设线管，虽然没有出现死角弯，但满屋像是挂满了彩虹，成本很高，如图5-25所示。

（3）两点一线铺设线管。点对点，两点一线铺设线管，可减少弯点、缩短线路、降低成本，如图5-26、图5-27所示。

（4）大弧弯铺设线管。采用大弧弯铺设线管，可确保线管在铺设中不能出现死角弯，如图5-28所示。

4. 画线定位方法及主要内容

（1）确定标准基线。进行室内1000mm定位，每个房间都以此定位线为准，后续的装修施工过程中所使用标高及尺寸控制线均已此线为标准基线，如图5-29所示。

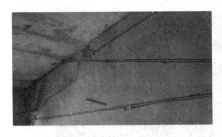 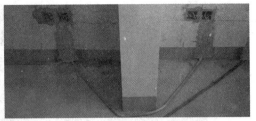

图 5-26　墙面点对点铺设线管　　　　图 5-27　地面点对点铺设线管

图 5-28　大弧弯铺设线管

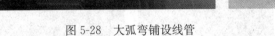

 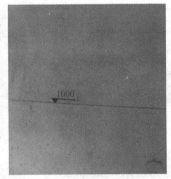

图 5-29　标准基线定位

（2）确定开关、插座、灯具的位置。施工前，水电工要结合设计师施工图纸，与业主充分沟通，了解业主需求，了解墙体格局改造情况，明确床的尺寸，开关插座的型号等信息，局部区域配以实物模型摆放，或在墙地面标注出来，确定沙发电视背景墙的方向及餐桌餐厅背景墙的位置等物品摆放位置。最终确定开关、插座、灯具在各个居室的具体安装位置，将水电路改造线路一次性安排到位，与此同时把预埋暗盒位置做好标记，如图 5-30 所示。

（3）确定预埋电线管路的具体走向，并做好走线标记，如图 5-31 所示。

电线管路走向应把握"两端间最近距离走线"原则，禁止无故绕线，保持相对程度上的"活线"。无故绕线，不但增大线路改造的开支（因为是按米数算钱），且易造成人为的"死线"情况发生，如图 5-32 所示。

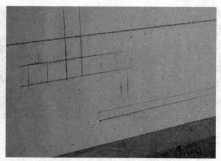

图 5-30　开关、插座安装位置定位标记

图 5-31　预埋管路的标记

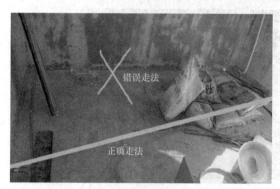

图 5-32　严重绕线示例

5.2.2　开槽

1. 管路开槽原则

在做家居装修时，安装电线管、水管前一定要先进行水管管路开槽设计。水电管走向有吊顶排列、墙槽排列、地面排列及明管安装等几种情形。如图 5-33 所示，管路开槽必须遵循以下三个原则。

（1）一般来说，水电管最好是"走顶不走地，走竖不走横"，开槽应路线最短原则。

（2）不破坏原有强电原则（主要指旧房线路改造时）。

（3）不破坏建筑物防水原则。

2. 开槽宽度、深度和高度

（1）开槽宽度的确定。根据电气平面图规定的电线规格及数量，确定使用 PVC 管的数量及管径大小，进而确定槽的宽度，如图 5-34 所示。一般来说，开槽宽度比管道直径大 20mm；如果是多根管道，则每个管道之间考虑 10mm。

（2）开槽深度的确定。一般来说，开槽深度比管道直径大 10~15mm，保证两边补槽时砂浆能补满管缝隙，防止管道位置空鼓。

一般水电管的管径为 DN15~DN25，只有少部分才会大于 DN25。水电管开槽宽度和深度可以参考表 5-6 予以确定。

图 5-33　管路开槽三原则　　　　　图 5-34　开槽宽度及深度

表 5-6　　　　　　　　　　　　水电管开槽宽度和深度　　　　　　　　　　　　（mm）

数量 管径	单管		双管	
	开槽宽度	开槽深度	开槽宽度	开槽深度
DN15	35	30	60	30
DN20	40	35	70	35
DN25	45	40	80	40
DN32	52	47	94	47

（3）暗盒的开槽。常用的暗盒（底盒）有开关插座暗盒、灯头盒，其尺寸规格如图 5-35 所示。开关插座暗盒有单盒和双盒之分。

型号规格	86型暗盒			灯头盒	
	单盒	拼装型	双盒	接线柱式	铁扣式
外型尺寸	79mm×79mm×47mm		156mm×70mm×50mm	72mm×68mm×47mm	

图 5-35　常用暗盒的规格

开孔时，应根据暗盒的尺寸在墙面开出稍大一点的空洞。一般来说，86 型暗盒的开槽深度为 55～60mm，长宽在 75mm 左右即可。

（4）开关插座安装高度。

1）电源开关离地面一般在 120～135cm 高（一般开关高度是和成人的肩膀一样高）。

2）视听设备、台灯、接线板等的墙上插座一般距地面 30～40cm 高（客厅插座根据电视柜和沙发而定）。

3）洗衣机的插座距地面 120～150cm 高，电冰箱的插座为 150～180cm 高。

4）挂式空调、排气扇等的插座距地面为 180～200cm 高。

5）厨房功能插座离地 110cm 高。

一般情况下，开关插座的一般安装位置及高度如图 4-15 所示。

（5）用水设备的定位高度。家庭的用水设施较多，常用用水设备的定位高度见表5-7。

表5-7 常用水设备常规定位高度 （cm）

用水设备出口	常规高度	用水设备出口	常规高度
台盘冷热水高度	55	墙面出水台盘高度	95
标准浴缸高度 冷热水中心距	75 15	冲淋高度 冷热水中心距	100～110 15
热水器高度（燃气） 热水器高度（电加热）	130～140 170～190	小洗衣机高度 标准洗衣机高度	85 105～110
拖把池高度	60～75	按摩式浴缸高度	30
坐便器高度 蹲便器高度	15 100～110		

注 表中为常规尺寸，以室内地面铺设完毕后地坪计算，如有特殊情况，按实际设备为准。

3. 开槽工时费的计算

水电路改造分不开槽、开槽两个价格。其计算方式没有统一的标准。目前比较流行的开槽工时费计算有以下几种方式：有的公司把开槽价格细分为"非承重墙开槽、承重墙开槽"两种价格；有的公司是按开槽米数来计算；有的公司则是采取费用包干制，即按照室内面积来计算工时费。

一般来说，线槽长度的计算方法是：所有线槽按开槽起点到线槽终点测量，若线槽宽度超过80mm按双线槽长度计算。

暗盒和配线箱槽独立计算。

4. 如何进行开槽

传统的墙面开槽，要先割出线缝后再用电锤凿出线槽，这种方法不但操作复杂，效率低下，费工费时，对墙体损坏也较大。近年来采用水电安装自动开槽机，一次操作就能开出施工所需要的线槽，速度快、不需再用其他辅助工具，一次成型，是旧房明线改暗线、新房装修、电话线、网线、有线电视、水电线路等理想的开槽工具。

图5-36 水电开槽机开槽

如图5-36所示，水电开槽机平均每分钟可开槽3～5m。开槽深度为20～55mm。可调节开槽宽度，直线段为16～55mm，曲线段的尺寸可任意调节。

使用时，根据开槽的深度和宽度，先调节好水电开槽机的设置，接通电源，在墙面上沿着画好布线图推动开槽机。注意不要压得太厉害，阻力太大容易烧掉电机。

当然，如果装修公司没有水电开槽机，也可以使用电锤、云石切割机等电动工具来开槽。常用的操作方法是先用用云石机开槽，再用电锤剔槽，有时候也可以用錾子或者钢凿来剔槽，如图5-37所示。

注意： 开槽时，冷热水管之间一定要留出间距。因为热水经过热水器加热后循环过程同时热量也流失。如果冷热水管紧靠一起，冷水也在循环，热水管的热损失也很厉害。

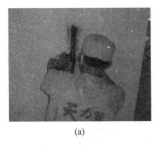 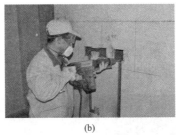 

(a)　　　　　　　　　　(b)　　　　　　　　　　(c)

图 5-37　几种常用开槽方法

(a) 用云石机开槽；(b) 用电锤剔槽；(c) 用錾子剔槽

5. 开槽禁忌

在承重墙上横向开槽是极其危险的做法。开了横槽的承重墙，就像被金刚石划过的玻璃，遇到强地震很容易断裂，如图 5-38 所示。原则上，轻体墙横向开槽不超过 50cm；承重墙上不允许横向开槽。

除了承重墙不允许横向开槽外，还严禁在梁、柱及阳台的半截墙上开槽。室内不能开槽的地方如图 5-39 所示。

 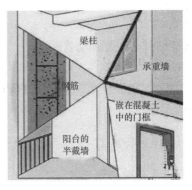

图 5-38　承重墙上不允许横向开槽　　　　图 5-39　室内不能开槽的地方

📝 **特别提醒**

PVC 电线管走地面是否要开槽，需要根据地面装饰材料和方式来进行选择。

（1）地面直接铺强化复合地板。此种铺设方式地面已经找平，铺上防潮布后，直接铺强化地板。因此，这种情况下的地面线管敷设必须开地槽，并且用水泥抹平，在 2m 范围内高度误差不得超过 3mm。

（2）搭骨架强化复合地板和实木地板。因骨架有 3cm 高度，如木质骨架多采用 3cm×3cm 见方的木条，这种情况下就不用开地槽，走 $\phi20$ 的 PVC 线管很方便。只是会增加少许搭骨架的工作难度。

（3）地板砖铺设。因地板砖铺设先要打一层 3～5cm 的泥沙层，线管可直接埋在里面，所以这种情况下也不必开线槽。

开线槽后要防止漏水，因此要在水泥砂浆抹平以后，在表面涂抹一层防水涂料把水泥接缝遮盖。

6. 穿墙洞

水电施工时，除梁、柱、剪力墙（即混凝土墙），砖砌的墙均可用冲击钻开孔洞，如图 5-40 所示。注意，要选较长的冲击钻头，孔径要比穿的管子稍微大一点。

图 5-40　线管穿墙洞

穿墙洞尺寸要求：如果单根水管的墙洞直径为 6cm，如果走两根水管墙洞直径在 10cm 或打 2 个直径为 6cm 的墙洞分开走。

特别提醒

电线穿墙时必须要套套管。

5.3 PVC 电 线 管 敷 设

5.3.1　电线管加工

1. PVC 电线管的切断

配管前应根据管子每段所需的长度进行切断。切断可使用钢锯条锯断、专用剪管刀剪断，在预制时还可使用砂轮切割机成捆切断。不论是用哪种方法，都应该一切到底，禁止用手来回折断。切口应垂直，切口的毛刺应随手清理干净。

用专用剪刀剪断 PVC 电线管如图 5-41 所示，操作时先打开 PVC 电线管专用剪刀的手柄，把 PVC 电线管放入刀口内，握紧手柄，边转动管子边进行裁剪，刀口切入管壁后，应停止转动，继续裁剪，直至管子被剪断。截断后，可用截管器的刀背将切口倒角，使切断口平整。

图 5-41　用专用剪刀剪断 PVC 电线管

管径 32mm 及以下的小管径电线管，一般使用专用截管器（或 PVC 电线管剪刀）截断管材。截断 PVC 管前，应计算好长度。

📑 **特别提醒**

使用钢锯锯管，适用于所有管径的管材，管材锯断后，应将管口修理平齐、使其光滑。

2. PVC 电线管的弯曲

管径 32 mm 以下的电线管可采用冷弯，采用的工具是弯管弹簧。

其方法是：将弹簧插入管内需要弯曲处，两手握紧管子两头（距管子弯曲中心 200～300mm），用膝盖顶住，两手用力慢慢弯曲管子，考虑到管材的回弹，在实际弯时应比所需弯度小 15°左右，待管子回弹后，检查管子弯曲度符合实际要求否，若符合可抽出弹簧，若不符合，可再进行弯曲至符合实际要求弯度，再抽出弹簧，如图 5-42 所示。

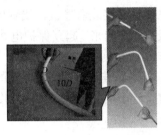

冷弯电管拐弯

图 5-42 弹簧弯管

当弹簧不易取出时，可一边逆时针转动弹簧，一边外拉，当管材较长时，可在弹簧两端系上绳子或细铁丝，弯曲管子后取弹簧时，可两边拉绳子，一边拉，一边慢慢放松，可将弹簧取出。

管径在 32 mm 以上的 PVC 管宜用热弯曲法，但在家庭装修中一般不会遇到这种情况。

📑 **特别提醒**

PVC 管明敷设时应大于 4 倍管的外径。PVC 管暗敷设时，应大于 6～10 倍管的外径。弯管角度应大于 90°，不能出现 90°的直角弯头。

5.3.2 电线管连接

1. 电线管与电线管的连接

室内装修时，PVC 电线管一般采用管接头（或套管）连接。其方法是：将管接头或套管（可用比连接管管径大一级的同类管料做套管）及管子清理干净，在管子接头表面均匀刷一层 PVC 胶水后，立即将刷好胶水的管头插入接头内，不要扭转，保持约 15s 秒不动，即可贴牢，如图 5-43 所示。

📑 **特别提醒**

连接前，注意保持粘接面清洁。

预埋电线管连接时，禁止采用三通，否则后期无法维护，如图 5-44 所示。

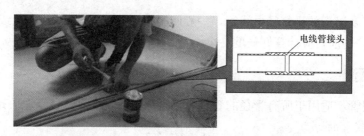

图 5-43 PVC 电线管的连接

图 5-44 电线管连接禁止采用三通

2. PVC 电线管与接线盒的连接

因为装修用的电线是穿过电线管的，而在电线的接头部位（比如线路比较长，或者电线管要转角）就采用接线盒作为过渡用，电线管与接线盒连接，线管里面的电线在接线盒中连起来，起到保护电线和连接电线的作用，这个就是接线盒。

PVC 电线管与接线盒的连接方法是：先将入盒接头和入盒锁扣紧固在盒（箱）壁，用力将管子插入接头（插入深度宜为管外径的 1.1~1.8 倍），拧紧锁紧螺母，如图 5-45 所示。

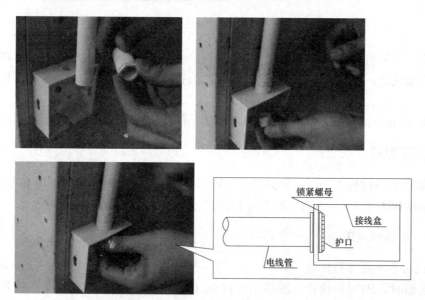

图 5-45 PVC 电线管与接线盒的连接方法

5.3.3 PVC 电线管暗敷设

1. 在地面敷设 PVC 电线管

电线管在地面上敷设时，如果地面比较平整，垫层厚度足够，电线管可直接放在地面上。为了防止地面上的线管在其他工种施工过程中被损坏，在垫层内的线管可用水泥沙浆进行保护，如图 5-46 所示。

为了防止线管移位，也可以在地面上用订管卡的方法来固定PVC电线管。

📋 特别提醒

在敷设电线管时，电工一定要充分理解设计意图，按图施工，合理优化组合线路，关键部位必须预留备用管线，出现堵塞情况时可以"曲线救急"。

2. 在墙面敷设PVC电线管

在墙面上暗敷设PVC电线管时，需要先在墙面上开槽。开槽完成后，将PVC电线管敷设在线槽中。PVC电线管可用管卡固定，也可用木榫进行固定，再封上水泥使线管固定，如图5-47所示。

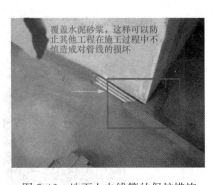

图5-46　地面上电线管的保护措施

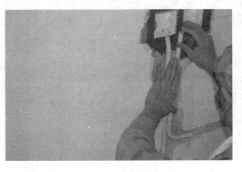

图5-47　墙面上敷设PVC电线管

图5-48　不能有死弯头

📋 特别提醒

敷设PVC电线管时，操作要细心，不能出现如图5-48所示的"弯头"。

3. 在吊顶内敷设PVC电线管

根据JGJ 16—2008民用电气设计规范的要求，建筑物顶棚内可采用难燃型刚性塑料导管或线槽布线。

吊顶内的电线管一般采用明管敷设方式，但不得将电线管固定在平顶的吊架或龙骨上，接线盒的位置正好和龙骨错开，这样便于日后检修，如图5-49所示。

吊顶内的接头有预留，要用软管保护，软管的长度不能超过1m，如图5-50所示。

固定电线管时，如为木龙骨可在管的两侧钉钉，用铅丝绑扎后再用钉钉牢。如为轻钢龙骨，可采用配套管卡和螺丝固定，或用拉铆固定。

在卫生间、厨房的吊顶敷设电线管时，要遵循"电路在上，水路在其下"的原则，如图5-51所示。这样做可确保如果日后有漏水事件发生，不会殃及电路，出现更大的损失。安全性得到了保障。

图 5-49　在吊顶内敷设 PVC 电线管

图 5-50　预留接头要用软管保护　　　图 5-51　水路与电路的处理

受力的灯头盒要用吊杆固定，应在导线管进盒处及弯曲部位两端 150～300mm 处加固定卡固定。

> **特别提醒**

固定 PVC 管的要求如下：

（1）地面 PVC 管要求每间隔 1m 必须固定。

（2）地槽 PVC 管要求每间隔 2m 必须固定。

（3）墙槽 PVC 管要求每间隔 1m 必须固定。

5.3.4　底盒预埋

1. 开关插座底盒预埋

底盒（暗盒）是用来固定开关面板和插座面板的，是装在墙里面的暗工程。常用底盒（暗盒）的型号有 86 型、118 型和 120 型，同时有单盒、多联盒（由二个及二个以上单盒组合）之分。常用的是 86 型暗盒，如图 5-52 所示。

（1）底盒预埋的步骤及方法。为了达到优良的观感，暗线底盒预埋位置必须准确整齐。开关插座和必须按照测定的位置进行安装固定。开关插座底盒的平面位置必须以轴线为基准来测定。

1）先将水泥、细砂以 1∶2 比例混合，放水，再一次混合，不能太稀，也不能太干。把水泥砂浆铲到灰桶里，备用。

图 5-52　86 型底盒

2）用灰刀把水泥砂浆放到槽内后，将暗盒进电线管方向的敲落孔敲下，再把暗盒按到槽内，按平，目视暗盒水平放正后，等待半个小时左右（时间长短与天气温度有关），水泥砂浆处于半干的状态时，就可以用木批把浆磨平，底盒预埋的方法如图 5-53 所示。

(a)　　　　　　　　　　　(b)

要点：端正，平整划一，与墙面保持平整，不得凸出墙面，相邻底盒的间距一致

(c)

图 5-53　开关插座底盒的预埋

（a）将底盒装在墙上；（b）位置矫正；（c）用水泥固定

（2）预埋暗盒注意事项。

1）安装暗盒时，一般让螺丝孔左右排列，以便于面板开关插座的安装。

2）如果两个或者多个 86 型暗盒并排装在一起时，底盒之间要求有一定的间距。

3）安装暗盒施工中尽量不宜破坏暗盒的结构，结构的破坏容易导致预埋时盒体变型，对面板的安装造成不良影响。

4）要安装平整稳固，盒子安装完整不变形。

5）开关插座暗盒并列安装时，要求高度相等，允许的最大高度差不超过 0.5mm。允许偏差 0.5mm（可通过吊坠线检测暗盒的垂直度）。

2. 电箱底盒预埋

室内电箱有强电箱和弱电箱两种。下面介绍弱电箱底盒的安装步骤及方法，强电箱和弱电箱底盒的预埋步骤及方法相同。

（1）考虑到入户线缆的位置和管理上的方便，弱电箱一般安装在住宅入口或门厅等处。

按照施工规范，箱体底部离地面高应为 30~50cm（强电箱底部离地面高应不少于 180cm）。

（2）在确定箱体的安装位置后，在墙体上按箱体的长宽深留出预埋洞口。

图 5-54　弱电箱的安装

（3）在装饰开始的第一道水电安装工序时，预埋箱体和管线，将箱体的敲落孔敲开（若没有敲落孔的位置，可使用开孔器开孔），尽可能从箱体上下两侧进出线，将进出箱体的各种穿线管与箱体连接牢固，并建议将箱体接地。

（4）把箱体放入墙体预留的洞口内用木楔、碎砖卡牢，用水平尺找平，使箱体的正端面与墙壁平齐，然后用水泥填充缝隙后与墙壁抹平，如图 5-54 所示。

（5）墙面粉刷完成后，即可将门和门框安装到箱体上，将门框和门与箱体用螺钉固定，并注意门框的安装保持水平。

5.4　穿线与线路检测

5.4.1　电线管管内穿线

1. 电线管内穿线的技术要求

把绝缘导线穿入电线管内敷设，称为管内穿线。这种配线方式比较安全可靠，家装电路一般都采用这种配线方式。下面介绍管内穿线的技术要求。

（1）穿入电线管内的导线不得有接头和扭结，不得有因导线绝缘性损坏而新增加的绝缘层。如果导线接头不可避免，只允许在分线盒中有线路接头，如图 5-55 所示。

图 5-55　分线盒中的线路接头

（2）用于不同回路的导线，不得穿入同一根电线管子内。但以下几种情况例外：

1）同一交流回路的导线，必须穿于同一线管内。因为交流回路有干扰，导线就像天线一样，会接受其他交流回路的干扰。如果穿于同一管内，接收的干扰是相同的，通过共模滤波就可以抑制干扰。

2）同类照明灯的几个回路，可穿入同一根管内。

3）电压为 65 V 以下的回路。

（3）电线管内导线的总面积（包括外护层）不应超过管子内截面积的 40％。如果将截面积之和超过标准的多根导线穿入同一根管，很容易造成管内没有足够的空隙，使导线在线管中通过较大电流时产生的热量不能散发掉，从而存在容易老化、发生火灾的隐患，如图 5-56 所示。

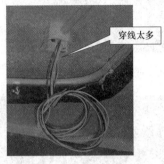

图 5-56　管内电线截面积的规定

（4）穿于垂直管路中的导线每超过一定长度时，应在管口处或接线盒中将导线固定，以防下坠。

（5）管内穿线必须分色。一般的配线时相线宜用红线，零线宜用蓝线（或者黄色），接地保护线应用黄绿双色线，如图 5-57 所示。

（6）严禁裸线"埋墙"，如图 5-58 所示。有一些施工人员，利用业主的信任或不了解，将电线不套穿线管直接埋入墙内，这是非常典型也是比较容

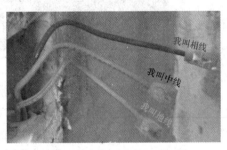

图 5-57　电线管穿线必须分色

易发现的偷工减料行为，这样做的后果是使得电线容易老化和破损，且无法换线，造成维修的难度加大 N 倍。

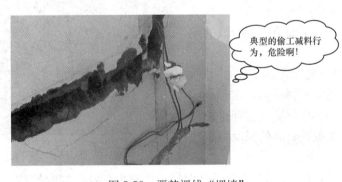

图 5-58　严禁裸线"埋墙"

（7）严禁强弱电共管穿线，如图 5-59 所示。有些特殊的弱电电线，也不能共用一个线盒。比如，网络线和电视线穿在一起，也会产生一定的电磁干扰。

（8）导线预留长度足够，不宜太长或者太短，如图 5-60 所示。一般来说，开关盒、插座盒、接线盒、灯头盒每根电线预留长度为 12～15cm；配电箱内导线的预留长度应为配电箱箱体周长的 1/2。

图 5-59 严禁强弱电共管穿线

2. 穿线工艺流程

管内穿线安装施工工艺流程为：

选择导线 → 扫管 → 穿带线 → 放线及断线 → 导线与带线的绑扎 → 带护口 → 穿线 → 导线接头 → 接头包扎 → 绝缘测试。

（1）选择导线。

1）应根据设计图纸要求，正确选择导线规格、型号及数量。

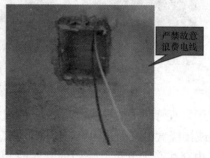

图 5-60 导线预留长度足够

2）相线、中线及保护地线的颜色应加以区分。要求在同一套住宅内不得改变导线的颜色。

3）穿在管内绝缘导线的额定电压不低于 450V。

（2）扫管和穿带线。清扫管路的目的是清除管路中的灰尘、泥水。

清扫管路的方法：将布条两端牢固地绑扎在带线上，两人来回拉动带线，将管内杂物清净。

所谓带线，其实就是用于检查管路是否通畅和作为电线的牵引线的钢丝线。带线采用 φ2mm 的钢丝制成。下面介绍穿带线的使用方法。

1）先将钢丝的一端弯成不封口的圆圈，再利用穿线器将带线穿入管路内，在管路的两端应留有 10～15cm 的余量（在管路较长或转弯多时，可以在敷设管路的同时将带线一并穿好），如图 5-61 所示。

图 5-61 穿带线

2）当穿带线受阻时，可用两根钢丝分别穿入管路的两端，同时搅动，使两根钢丝的端头互相钩绞在一起，然后将带线拉出。

📋 特别提醒

在管路较长或转弯较多时，可以在敷设管路的同时将带线穿好。

（3）放线及断线。

1）放线前应根据施工图对导线的规格、型号颜色进行再一次确认。

2）放线时，导线应置于放线架上进行放线，如图 5-62（a）所示。如果没有放线架，也可以将成盘导线打开后从外圈开始放线，如图 5-62（b）所示。

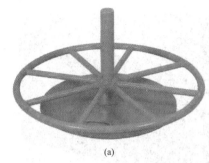

(a)　　　　　　　　　　　　　(b)

图 5-62　放线

（a）放线架；（b）成盘导线放线

3）放线时，应边放边整理，不应出现挤压背扣、扭结、损伤绝缘等现象，并将导线按回路绑扎成束，绑扎时要采用尼龙绑扎带，不允许使用导线绑扎，如图 5-63 所示。

4）剪断导线时，导线的预留长度应按以下四种情况考虑：

a）接线盒、开关盒、插销盒及灯头盒内导线的预留长度应为 12～15cm。

b）强电箱和弱电箱内导线的预留长度应为配电箱体周长的 1/2。

c）出户导线的预留长度应为 150cm。

d）公用导线在分支处，不可剪断导线而直接穿过。

（4）导线与带线的绑扎。

1）导线根数较少，例如 2～3 根，可将导线前端绝缘层削去，然后将线芯直接插入带线的盘圈内并折回压实，绑扎牢固，使绑扎处形成一个平滑的锥形过渡部位，如图 5-64 所示。

图 5-63　边放线边整理　　　　　图 5-64　导线与带线的绑扎

2）导线根数较多或导线截面较大时，可将导线端部的绝缘层削去，然后将线芯斜错排列在带线上，用绑线缠绕绑扎牢固，使绑扎接头处形成一个平滑的锥形过渡部位，便于穿线。

（5）带护口和穿线。

1）电线管（特别是钢管）在穿线前，应首先检查各个管口的护口是否齐全，如有遗漏或破损，应补齐和更换。

2）管路较长或转弯较多时，要在穿线的同时往管内吹入适量的滑石粉。

3）两人穿线时，应配合协调，在管子两端口各有一人，一人负责将导线束慢慢送入管内，另一人负责慢慢抽出引线钢丝，要求步调一致，如图 5-65 所示。PVC 电线管线线路一般使用单股硬导线，单股硬导线有一定的硬度，距离较短时可直接穿入管内。

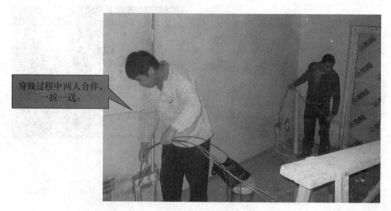

穿线过程中两人合作，一拉一送。

图 5-65　两人配合穿线

多根导线在穿线过程中不能有绞合，不能有死弯。

📇 **特别提醒**

以上介绍的穿线方法是比较常用的传统的方法，近年来许多家装电工采用如图 5-66（a）所示穿线器来穿线，操作简便。先将穿线器穿入电线管中，把电线头卡在穿线头上，如图 5-66（b）所示，在另一端向外拉穿线器，如图 5-66（c）所示，即可将电线穿入电线管中，省时省力，一个人就可以进行穿线操作。

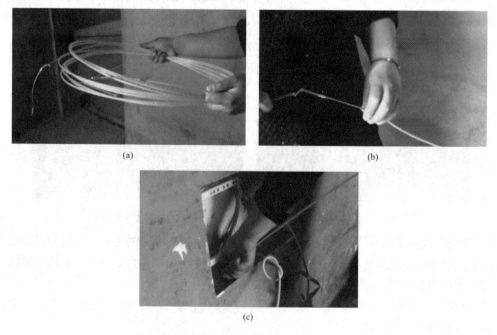

(a)

(b)

(c)

图 5-66　穿线器穿线
（a）穿线器；（b）电线头卡在穿线头上；（c）拉出穿线器

还有的家装公司购买了全自动穿线机,电工用全自动穿线机穿线,可大大提高工作效率,如图 5-67 所示。

图 5-67 全自动穿线机

(6) 导线接头。单芯铜导线的连接有一字形连接、T 形分支连接、十字形连接、终端连接,操作方法见表 5-8。

表 5-8 单 芯 铜 导 线 的 连 接

序号	方法	图示	操作说明
1	一字形连接		把绝缘层剥去 5~10mm,并将两根芯线呈 X 形相交
			把两芯线互相绞合 3 圈后,将两个芯线板直
			分别将线端紧贴另一根(对方)芯线缠绕 5~6 圈后,将多余的线头剪去,去掉切口毛刺,使端头紧贴导线
2	T 形分支连接		把支线线芯与干线线芯十字相交,使支线根部留出约 3~5mm
		(a) (b)	较大截面积的芯线,可按图(a)所示方法打结后,顺时针方向缠绕 对于较小截面积的芯线,可以不打结,按顺时针方向缠绕支线线芯,如图(b)所示
		(a) (b)	缠绕 5~8 圈后,将多余的线头剪去,去掉切口毛刺,使端头紧贴导线,图(a)、(b)分别为大截面芯线和小截面芯线绕后的情况

续表

序号	方法	图示	操作说明
3	十字连接		用分支出去的一根线芯与水平导线并紧，另一分支线芯往导线段的线芯上缠绕约6圈
4	终端连接		当为两根导线时，将两线芯互绕5～6圈后，再向后弯曲；当为三、四根导线时，用其中一根线芯往其余线芯上缠绕5～6圈，然后把其余导线向后弯曲
5	铜线芯直线连接	6mm²以上	在两股线头重叠处填入一根直径相同的铜线芯，以增大接头处的接触面； 用一根截面积在1.5mm²左右的裸铜线（绑扎线）在接头上面紧密缠绕，缠绕长度为线芯直径的10倍左右； 用钢丝钳将线芯线头分别折回，将绑扎线继续缠绕5～6圈后剪去多余部分并修剪毛刺
		不等径	先将细导线的线芯在粗导线上紧密缠绕5～6圈，再用钢丝钳将粗导线折回，使其紧贴在较小截面积的线芯上； 再将细导线继续缠绕4～5圈，剪去多余部分并修整毛刺

特别提醒

铜导线连接后，为了使导线的连接更可靠，有的家装公司要求要对接头进行锡焊处理。如果连接处不进行锡焊处理，不但导线的导电性能和机械强度将受到影响，而且容易锈蚀、松动，导致接触不良，出现发热，严重时可能会烧坏接头或发生火灾。

图5-68 导线接头烫锡

烫锡要求用锡锅，保证烫锡饱满。烫完后必须用布将烫锡处的污物或多余的焊剂擦净，利于绝缘的恢复，如图5-68所示。

（7）接头包扎。导线的接头恢复绝缘通常采用包缠法，即采用不低于原绝缘层绝缘效果的绝缘胶带包缠连接处。包缠时，绝缘带与导线应保持约45°的倾斜角，每圈包缠压叠带的一半。一般情况下，需包缠两层绝缘带，必要时再用纱布带封一层。绝缘带包缠完毕后的末端，应用纱布绑扎牢固或用绝缘带自身套结扎紧，确保导线的安全运行。

导线绝缘的恢复步骤及操作方法见表5-9。

表 5-9　　　　　　　　　　　　　　导线绝缘的恢复步骤及操作方法

方法	步骤	图示	操作说明
导线直线连接点绝缘层恢复	1	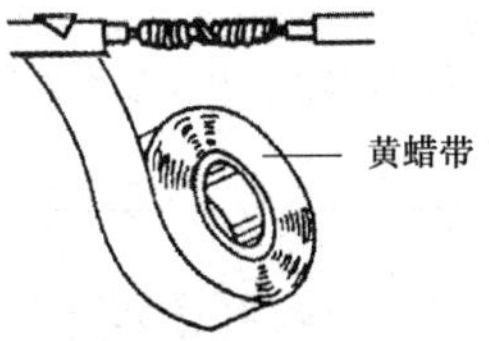 黄蜡带	用黄蜡带或涤纶薄膜带从导线左侧的完好绝缘层上开始顺时针包缠
	2	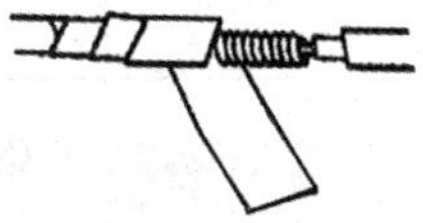	进行包扎时，采用斜叠法，即绝缘带与导线保持 45° 的倾斜角并用力拉紧，每圈压叠带宽的 1/2（半幅相叠）
	3	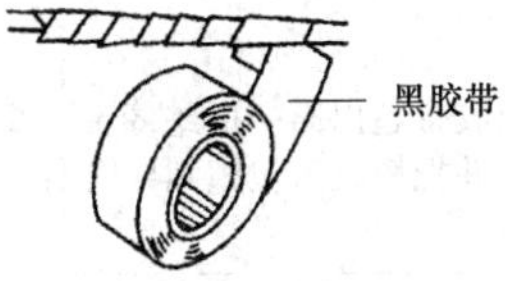 黑胶带	包至另一端时也必须包入与始端同样长度的绝缘层，然后接上黑胶带
	4	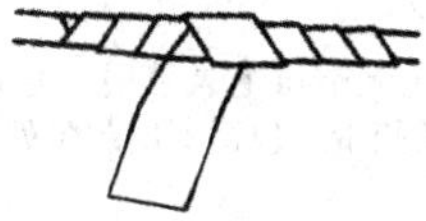	应使黑胶带包出绝缘带至少半根带宽，即必须使黑胶带完全包没绝缘带
	5	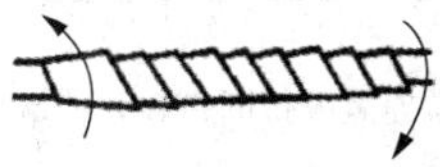	黑胶带的包缠不得过疏过密，包到另一端时也必须完全包没绝缘带，收尾后应用手的拇指和食指紧捏黑胶带两端口，进行一正一反方向的拧紧，并利用黑胶带的黏性将两端充分密封起来
导线分支接点绝缘层恢复	1	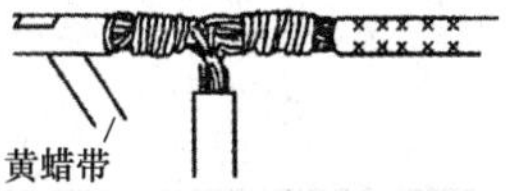 黄蜡带	用黄蜡带或涤纶薄膜带从左侧完好的绝缘层上开始顺时针包缠
	2	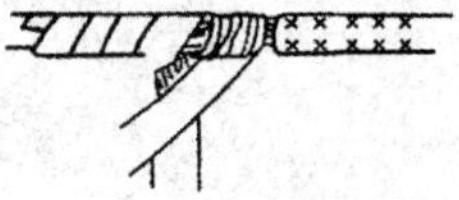	包缠到分支线时，用左手拇指顶住左侧直角处包上的带面，使它紧贴转角处线芯，并应使处于线顶部的带面尽量向右侧斜压
	3	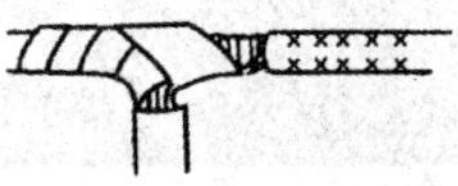	绕至右侧转角处，用左手食指顶住右侧直角处带面并使带面在干线顶部向左侧斜压，与被压在下边的带面呈"×"状交叉，然后把带再回绕到右侧转角
	4	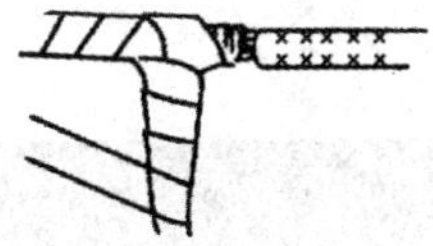	黄蜡带或涤纶薄膜带沿紧贴住支线连接处的根端，开始在支线上包缠，包上完好绝缘层上约两根带宽时，原带折回再包至支线连接处的根端，并把带向干线左侧斜压
	5	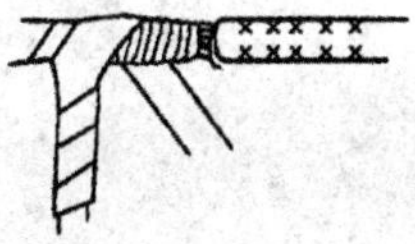	当黄蜡带或涤纶薄膜带绕过干线顶部后，紧贴干线右侧的支线连接处开始在于线右侧线芯上进行包缠
	6	 黑胶带	包缠至干线另一端的绝缘层完好处为止，接上黑胶带，再用黑胶带按上述步骤，继续包缠一次

续表

方法	步骤	图示	操作说明
导线并接点绝缘层恢复	1		用黄蜡带或涤纶薄膜带从左侧绝缘层完好处开始顺时针包缠，由于并接点较短，所以绝缘带的叠压宽度可紧些，间隔可小于1/2带宽
	2		包缠到导线端口后，应使带面超出导线端口1/2~3/4带宽，然后折回伸出部分的带宽
	3		把折回的带面揪平压紧，接着包缠第二层绝缘带，包至下层起包处为止
	4		接上黑胶带，让黑胶带超出第一层绝缘带至少半根带宽，使其完全压没住绝缘带，并把黑胶带包缠到导线端口
	5		按第4步用黑胶带包缠端口绝缘带层，要完全压没住绝缘带；然后折回包缠第二层黑胶带，包至下层起包处止
	6		用右手拇指和食指紧捏黑胶带断带口，使端口密封

开关插座暗盒中导线接头与包扎效果如图 5-69 所示。

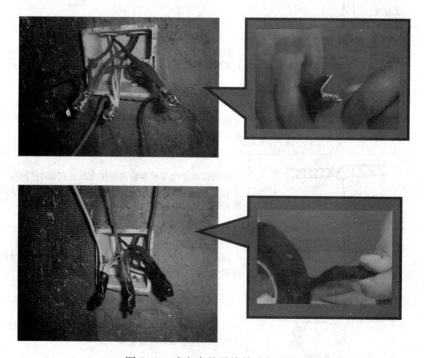

图 5-69　暗盒内的导线接头与包扎

5.4.2　线路检测

线路接、焊、包全部完成后，必须进行自检和互检。检查导线接、焊、包是否符合施工验收规范及质量评标准的规定，如图 5-70 所示。不符合规定时应立即纠正，检查无误后再进行绝缘摇测。

布线时要确保电线的通畅，务必在隐蔽工程封闭前，检查电线是否有断路或短路。

图 5-70　线路检测

1. 施工质量直观检查

（1）管路连接紧密，明配电线管排列整齐；电线管弯曲处无明显折皱。

（2）盒、箱设置正确，固定可靠，电线管进入盒、箱处顺直。用锁紧螺母固定的管口，管子露出锁紧螺母的螺纹为 2～3 扣。

（3）导线的规格、型号必须符合设计要求和国家标准规定，接地（接零）线截面选用正确，线路走向合理，色标准确。

（4）盒、箱内清洁无杂物，导线排列整齐，并留有适当余量。导线在电线管内无接头，包扎严密，绝缘良好，线芯无损伤。

2. 线路通断的检测

方法是：一人在一端将两根线短路，另一人用万用表的电阻挡（R×1）在另一端测量线路是否导通，如不通，即为断路。

线路导通的电阻，根据线径粗细应小于 1～2Ω。如电阻过大，说明电线铜芯杂质偏高，电线易发热，用久了，电线老化发生短路，很多火灾因此而起。

3. 线路短路的检测

线路的通断测量合格后，再测线路是否短路及绝缘电阻。方法是：用万用表 R×10kΩ 挡测量同一电线管内任意两线间的电阻，正常时应为无穷大。如果在潮湿气候时，有 0.5MΩ 以上的电阻值也属正常；如果电阻值为几十至几百欧姆，甚至为 0，说明这两根导线有短路，应查明原因后重新穿线。

4. 线路绝缘性能的检测

电线绝缘摇测应选用 500V 绝缘电阻表（俗称兆欧表）。一般线路绝缘摇测有以下两种情况。

（1）电气器具未安装前进行线路绝缘摇测时，首先将灯头盒内导线分开，开关盒内导线连通。

如图 5-71 所示，绝缘电阻表上有三个分别标有"接地（E）"、"线路（L）"和"保护环

（C）"的端钮。可将被测两端分别接于"E"和"L"两个端钮上。摇测应将干线和支线分开，一人摇测，一人应及时读数并记录。摇动速度应保持在 120r/min 左右，读数应采用 1min 后的读数为宜。

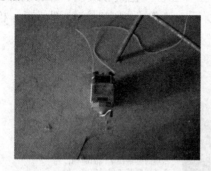

图 5-71　线路绝缘摇测

（2）电气器具全部安装完在送电前进行摇测，应先将线路上的开关、断路器、仪表、设备等用电开关全部置于断开位置，摇测方法同上所述，确认绝缘摇测无误后，再送电试运行。测试结果要做好记录，以便竣工归档。

特别提醒

一般各回路的绝缘电阻值不小于 0.5MΩ 为正常。

5.5　弱电线路敷设

5.5.1　弱电线路施工的技术要求

1. 家庭弱电施工的总体要求

（1）各弱电子系统布线均用星型结构。

（2）进线穿线管 2～3 根将有线电视线、电话线、网线的入户线都接入综合弱电箱中，出线穿线管从信息箱到各个房间内的信息插座。

（3）所敷设暗管（穿线管）应一般采用阻燃型 PVC 电线管。所敷设线路上存在局部干扰源，且不能满足最小净距离要求时，应采用钢管。

（4）电源线与各种弱电线不得穿入同一根管内。

（5）强弱电布线严禁共管共盒，强弱电线管应尽量保持间距（国家标准要求间距 50cm 以上，特殊情况下至少达到 30cm 以上），且不能交叉，以避免干扰，如图 5-72 所示。

强弱电不得已交叉时，要做好屏蔽处理措施。如图 5-73 所示。

为避免干扰，强弱电间距30cm以上

图 5-72　强弱电布线有间距要求

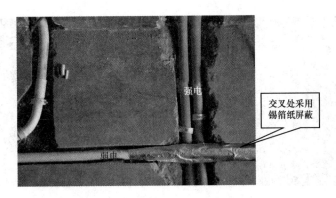

图 5-73 强弱电的屏蔽措施

（6）不同系统、不同电压、不同电流类别的线路不应穿在同一根电线管内或电线线槽的同一槽孔内。

（7）确保线缆通畅。

1）网线、电话线的测试：分别做水晶头，用网络测试仪测试通断。

2）有线电视线、音视频线、音响线的测试：分别用万用表测试通断。

3）其他线缆：用相应专业仪表测试通断。

2. 弱电布线施工要点

（1）根据弱电设备的安装位置，确定管线走向、标高及插座的位置。所有插座距地高度至少在 30cm 以上。

（2）暗盒接线头预留长度 30cm。

（3）弱电施工中暗线敷设必须配电线管。

（4）弱电施工时，电源线与通信线不得穿入同一根电线管内。

（5）弱电敷设一般采取地面直接布管方式。如有特殊情况需要绕墙或走顶，必须事先在协议上注明不规范施工或填写《客户认可单》方可施工。

3. 弱电配线箱安装的技术要求

弱电配线箱的箱体分为明装型和暗装型。家庭一般采用暗装型弱电配线箱。

（1）考虑到网络入户线缆的位置和管理上的方便，弱电配线箱一般安装在住宅入口或门厅等处。

（2）弱电配线箱至各个信息点（电话、宽带、ITV、有线电视等）需预埋相应规格及数量的 PVC 塑料管做保护，根据线缆数量选用 $\phi15\sim\phi25$ 等不同规格的型材。塑料管在预埋时应减少 S 弯和直角弯，施工时应防止异物进入管内，及时穿好铁丝牵引线，注意管口的防潮封堵。

（3）居家布线应以星型方式组网，信息箱至信息点之间单根直放线缆，中间不得有接头，线缆敷设时避免打圈、避免浸水和异物损坏。线缆规格应与模块型号相匹配。

（4）为便于安装维护，箱体底部离地面高应为 30～50cm，线穿入信息箱的箱体内，需预留 300mm 的冗余，在信息盒内需预留 150mm 的冗余，如图 5-74 所示。

（5）每一根线缆建议在 ONU 箱一端标识所对应的房间和位置的标识牌，以利于以后的安装和维护。

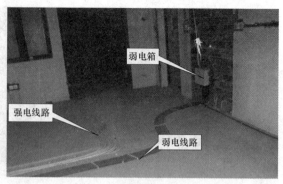

图 5-74　家庭弱电配线箱安装位置示例

5.5.2　有线电视线路敷设

1. 家庭有线电视布线注意事项

有线电视系统预埋施工的技术要求与强电部分有关内容相同，具体施工时须注意以下问题。

（1）家装有线电视线系统要用符合要求的 75Ω 或 50Ω 同轴屏蔽电缆线。

（2）电视信号线不能与电话线或网络线同穿一根 PVC 电线管。

（3）根据国家标准，电源线及插座与电视线及插座的水平间距不应小于 50cm。如果有线电视插座与 220V 电插座在同一面板上，不仅维修操作困难，还有可能产生电干扰。

图 5-75　有线电视的分配器安装示例

（4）若信号线要分支，必须采用分配器，不能采用分支器，如图 5-75 所示。安装分配器的位置不能封死，以方便将来维修。

（5）电视信号线的中间不允许有接头。为解决分配器的路数少于室内有线电视终端数量的矛盾，将实际使用的终端接在分配器输出端口上，其余的终端接头暂时不接，在需要使用时切换。

电视信号分支器一般用在用户接入口，分配器一般用在户内分配网络。分支器和分配器的接线方法不同，如图 5-76 所示。

2. 有线电视布线方法

家庭有线电视布线一般采取星形布线法（集中分配），多台电视机收看有线电视节目时，应使用专业布线箱或采用视频信号分配盒，把进户信号线分配成相应的分支到各个房间，如图 5-77 所示。

现代家居装修，一般要求电视电缆暗敷设。其电缆一般采用 SKY75-5 或 RG-8、RG-58 同轴电缆，单独穿一根 PVC20 电线管敷设。如果使用分配器，分配器应放在弱电箱中，同轴电缆应穿电线管敷设，以便检修。

近年来，随着有线电视信号数字化的飞速发展，数字机顶盒成为家庭多媒体信号源的中心。人们不可能在每间房间的有线电视端口都配置一台价格较贵的数字机顶盒。所以，除了常规布设的同轴电缆外，有条件的话，还要增设音、视频线缆及双绞线，并配置相应的接线端口，以充分地利用有线电视网络的附加使用功能。

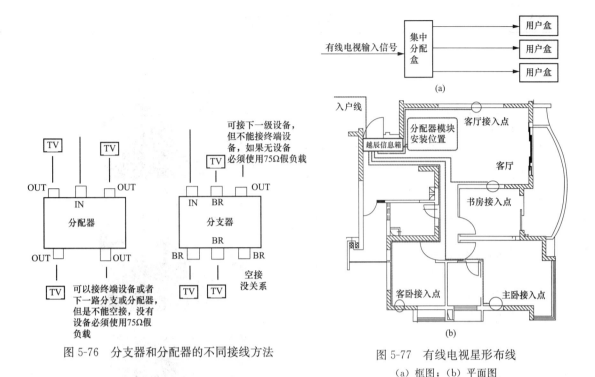

图 5-76　分支器和分配器的不同接线方法

图 5-77　有线电视星形布线
（a）框图；（b）平面图

3. 安装分配器

安装电视信号分配器时，应注意输入（IN）和输出端（OUT），进线应接在输入端（IN），到其他房间的电缆应接在输出端（OUT），如图 5-78 所示。

图 5-78　分配器的连接

FL10-5 型插头的连接方法如图 5-79 所示，其操作方法及步骤见表 5-10。

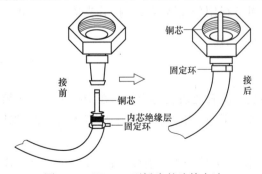

图 5-79　FL10-5 型插头的连接方法

表 5-10   **FL10-5 型插头的连接步骤及方法**

步骤	操作方法	图示
1	将电视信号同轴电缆的铜芯剥出 10～15mm，并套上固定环	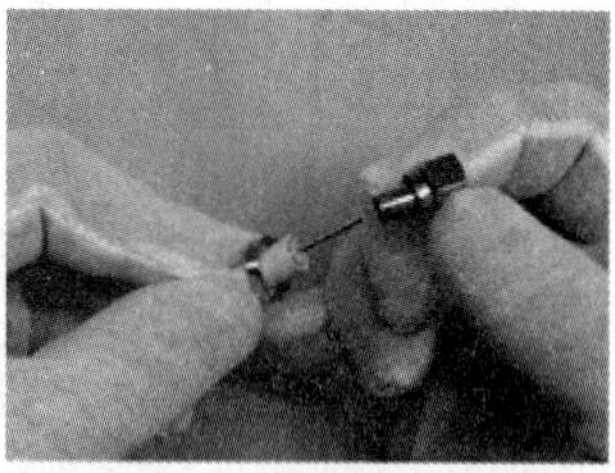
2	将 F 头插入电缆中	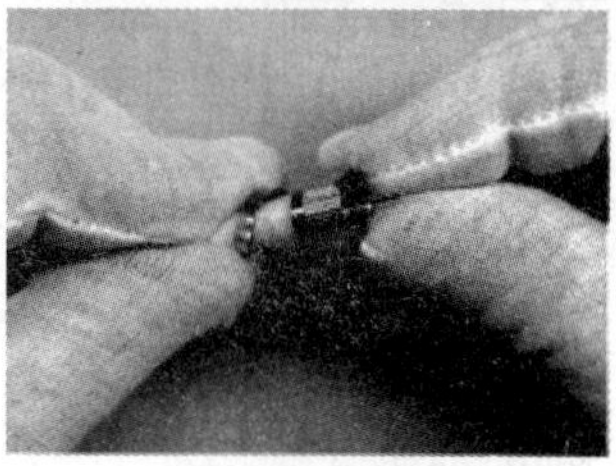
3	将固定环固定在 F 头尾头处，并用钳子压紧固定环	
4	剪掉多余的铜芯	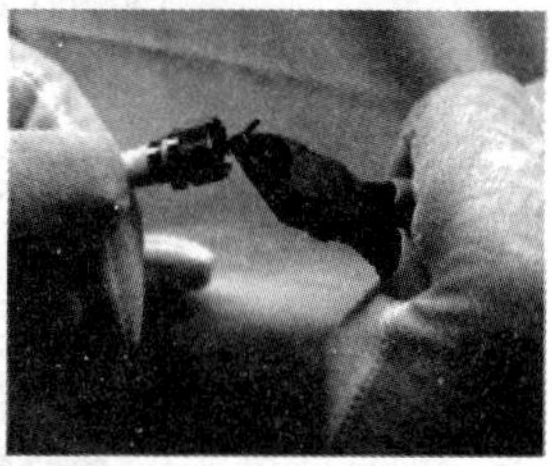

如果有两台电视机，可选二分配器，其损耗一般按 4dB（分贝）计算解决。当有三台电视时，尽量不要选择使用三分配器或四分配器（其损耗一般按 8dB 计算），原因是三、四分配器损耗太大。这种情况可选择用分支器（或串接分支器）的方式去解决。

5.5.3 电话及网络线路布线

1. 电话线布线

电话线采用星形布线法，所有通话点的线材均在交换机或布线箱里实施信号交换，如果使用交换机，交换机应布置在干燥易散热且不影响居室美观的偏僻处，但应注意检查维护是否方便。

如果要使用 ADSL 上网，最好将户外电话线拉到 ADSL 调制解调器所在的位置，然后通过分离器再拉线到其他各处，这样可以很方便的使电话线路接在 ADSL 调制解调器的后面。

所谓分离器，就是将电话入户线中混合的话音语音信号与数据信号分离开来的一个设备。目前市场上主要有三口分离器和二口分离器（也称为鞭状语音数据分离器），如图 5-80 所示。电话线与分离器连接时，要注意连接到正确的端口。分离器使用不当，会造成电话机（窄带应用）或 ADSL 上网（宽带应用）不能正常使用，出现电话杂音大、接电话时上网掉线等故障。布线系统的不合理，通常造成 IPTV 机顶盒与 ADSL MODEM 之间缺少网线连接，或者在电视机附近没有设置网线及连接插座而无法使用 IPTV，只能通过敷设明线或用无线方式来解决，既影响了家庭布局的美观，又可能对 IPTV 的收视效果产生不良影响。

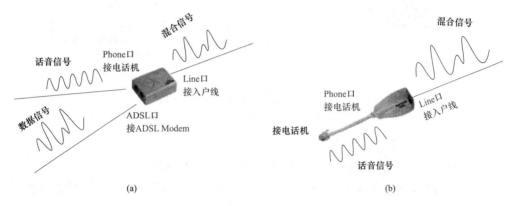

图 5-80　分离器

（a）三口分离器；（b）二口分离器

兼顾电话和 ADSL 上网的典型安装线路如图 5-81 所示。使用三口分离器时，进户电话线通过分离器分别接电话机和 ADSL Modem，多个电话机可以并接在分离器的 Phone 口上，如图 5-81（a）所示；使用二口分离器时，入户电话线直接与 ADSL Modem 连接，分离器安装在每个电话机上，如图 5-81（b）所示。

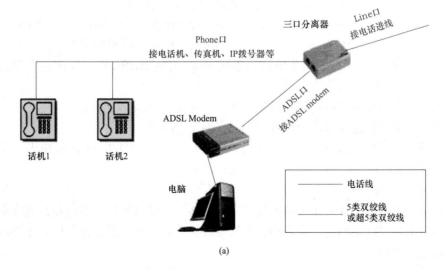

图 5-81　兼顾电话和 ADSL 上网的典型安装线路（一）

（a）使用三口分离器的典型安装方式

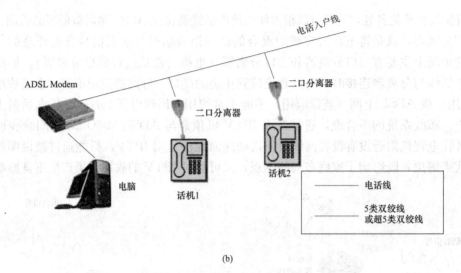

(b)

图 5-81 兼顾电话和 ADSL 上网的典型安装线路 (二)

(b) 使用二口分离器的典型安装方式

2. ADSL 用户端设备之间的连接

ADSL 用户端设备之间的连接示意图如图 5-82 所示，其连接步骤如下。

（1）将计算机的网卡和 ADSL Modem 的 "Ethernet" 接口通过五类双绞线相连接。

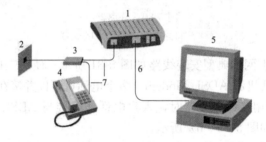

图 5-82 ADSL 用户端设备之间的连接示意图

1—ADSL Modem；2—电话插孔（电话进户线）；3—语音/数据分离器；4—电话机；5—计算机；

6—10/100M 五类以太网线；7—电话连线（两头有 RJ11 电话插头的连线）

（2）使用 ADSL Modem 自带的电话线连接 Modem 的 ADSL 端口与语音数据分离器标记 "Modem" 的接口。

（3）使用电话线将电话机连接到低阻分离器的标记 "Phone" 的接口。

（4）将电话进户线连到低阻分离器标记 "Line" 的接口。

值得注意的是，进行 ADSL 用户端设备连接时，应断开 ADSL Modem 电源，不要带电进行线路连接操作。

3. 家庭网络布线

家庭中的网络传输同样采用星形布线法，宽带入户后经信息箱（弱电箱）或家用交换机向居室中所有的信息终端辐射。合理确定网络布线的走向，既满足就近原则，还要避免强电电路对其的电磁干扰。

理想的家居网络布线结构如图 5-83 所示。如果信息箱较大且布线较完善的情况，可把 ADSL Modem（带路由器）放入信息箱，使得整个家庭网络结构简单清晰。

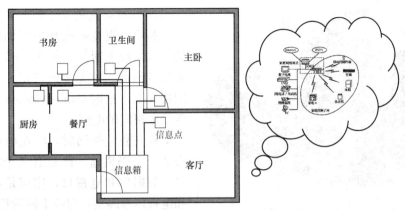

图 5-83　理想的家居网络布线结构

（1）客厅。一般情况下，只需部署电话线与有线电视线。若要开通 IPTV（交互式网络电视），通常首选客厅，所以需要部署网络节点。

（2）书房。一定要部署电话线与网络线，可以考虑部署 IPTV 节点，若把该房间作为客卧，需要部署有线电视线。

（3）主卧。一定要保证有电话线与有线电视线。若要看 IPTV，则需要部署网络节点。

典型 ADSL 和 IPTV 布线结构如图 5-84 所示。

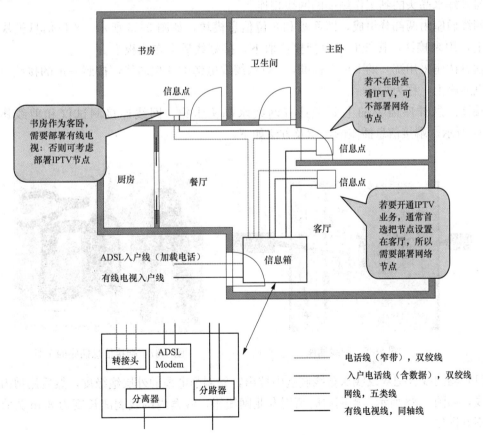

图 5-84　典型 ADSL 和 IPTV 布线结构

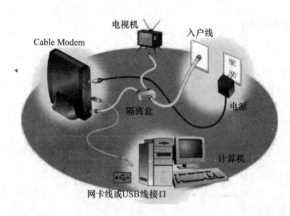

图 5-85 有线宽带网的安装

4. 有线电视宽带网的连接

有线电视宽带网是采用同轴电缆接入的方式实现上网的，如图 5-85 所示。在安装宽带网前，首先要须确定 Cable Modem 的接入点，根据 Cable Modem 的安装位置敷设电视同轴电缆。

新安装宽带网时，应在电视入户线后安装一个隔离盒，此盒有三个端口：输入口、数据口和电视口，作用是将上网信号和电视信号隔离，保证上网的稳定性。

5.5.4 弱电插座的端接

所谓端接即终端连接，就是将拉好的信号线直接连接到墙壁上的终端暗盒中，在暗盒外面用信号线直接连接设备即可。

1. 网线插座的端接

网线插座又称为信息插座，是用来插接电脑的专用插座，通过它可以把从交换机出来的网线与接好水晶头的到工作站端的网线相连。

网线插座由两部分组成，即面板和 8 位信息模块，如图 5-86 所示。8 位信息模块嵌在面板上，用来接线，接线时可以把模块取下，接好线后卡在面板上。

信息插座采用统一的 RJ-45 标准，4 对双绞线电缆的 8 根芯线，按照一定的接线方式接在信息插座上，称为端接。

端接信息插座需要的主要工具有网线水晶头卡钳、网线连接测试议和剪线钳，如图 5-87 所示。端接信息插座的步骤及方法如下。

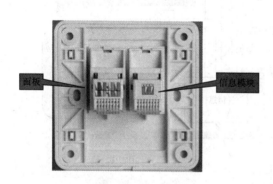

图 5-86 网线插座

图 5-87 端接信息插座的工具

（1）剥网线。把双绞线从布线底盒中拉出，先剥削电缆的外层绝缘皮，然后用剪刀剪掉抗拉线，如图 5-88 所示。剥网线时请用专业网线钳，线盒内网线剥离长度为 3cm 为宜，太短时不好操作。

（2）取出模块。将信息模块的 RJ-45 接口取下来，向下置于桌面、墙面等较硬的平面上。通常情况下，模块上同时标记有 568A 和 568B 两种线序，电工应当根据布线设计时的规定，与其他连接设备采用相同的线序，如图 5-89 所示。

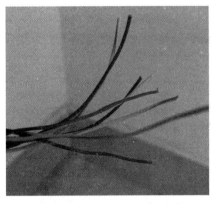

图 5-88　剥网线　　　　　　　　图 5-89　信息模块

（3）配线。分开网线中的 4 对线对，但线对之间不要拆开。按照模块上所指示的线序，稍稍用力将导线一一置入相应的线槽内。按照模块上所指示的线序，逐一将线色相同的网线，一一卡在独立的卡槽内，然后合上压紧即可，剪去余线，最后将模块安装到座子上，如图 5-90 所示。

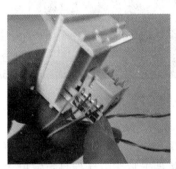
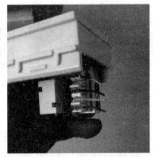

图 5-90　配线与安装

📠 重要提醒

配线时，双绞线的色标和排列方法应按照统一的国际标准进行连接。

T568A 的排线顺序从左到右是：白绿、绿、白橙、蓝、白蓝、橙、白棕、棕。

T568B 的排线顺序从左到右是：白橙、橙、白绿、蓝、白蓝、绿、白棕、棕。

T568A 和 T568B 的线对排列不同之处其实就是 1 和 3、2 和 6 号线的位置互换一下。线对颜色编码见表 5-11。

表 5-11 线对颜色编码

线对	T568A 线号	颜色	缩写	T568B 线号
1	4/5	蓝/白蓝	BL/W-BL	4/5
2	3/6	白橙/橙	W-O/O	1/2
3	1/2	白绿/绿	W-G/G	3/6
4	7/8	白棕/棕	W-BR/BR	7/8

2. 路由器水晶头的端接

（1）线序：橙白、橙、绿白、蓝、蓝白、绿、棕白、棕，如图 5-91 所示。

（2）连接测试仪：查看灯线序是否正常，如图 5-92 所示。

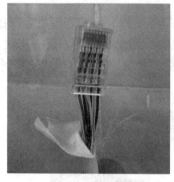

图 5-91　路由器水晶头接线　　　　　图 5-92　测试

3. 电话插座的端接

电话线只需要 2 线就可以通信。电话插座有 2 芯和 4 芯两种，如图 5-93 所示。2 芯是走模拟电话信号（即是现在市话使用模式），4 芯是走数字电话信号；家里装潢布线一般是排 2 条网线，一条网络一条电话（费用相差的不多）。通电话传输只需要中间 2 芯，按标准接线顺序，通常是红色和绿色两根线。

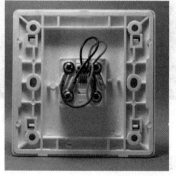

图 5-93　电话插座

二芯电话插座接线时，直接将两根电话线不分极性接到插座的接线柱上即可。如果水晶头是四芯的，可以将 2 条线接到中间 2 芯就可以了。

4. 有线电视插座的端接

（1）电缆线的裁剪与剥削。外皮护套裁的长度：16.5mm；屏蔽金属网层到外皮护套的长度：8.5mm；内绝缘层到屏蔽金属网的长度：2mm；铜芯到内绝缘层的长度：6mm，如图 5-94 所示。

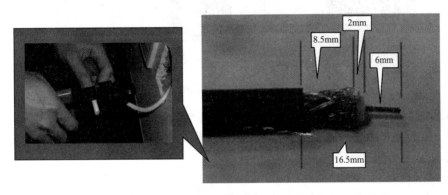

图 5-94 线裁剪与剥削

（2）电缆线连接到插座上，拧紧螺钉，如图 5-95 所示。

5.5.5 背景音乐系统的布线

1. 家庭背景音乐系统简介

家庭背景音乐系统属于家庭智能装修的一部分，为保证居室美观，一般应走暗线。因此，需要在基础装修前就作好设计和布线，即将背景音乐线按客户需要达到的音响范围在地板下或是墙壁内走线，等

网状细线压于铁片下后紧固螺丝

旋松螺丝处于不掉落状态

主芯置于接线柱内后紧固螺丝

图 5-95 电缆线连接到插座上

到基础装修结束后，再进行设备安装并进行调试。此时的安装就是将吸顶喇叭或者壁挂音箱置于每个房间的四角或两角，并分别在各房间装上背景音乐控制器。

家庭背景音乐系统主要由前端设备、后端设备、调音开关等组成，如图 5-96 所示。

家庭背景音乐系统的前端设备主要是扬声器（高保真喇叭）。可根据声场设计及现场情况确定广播扬声器的高度及其水平指向和垂直指向，注意应避免由于广播扬声器的安装不当而产生回声。

家庭背景音乐系统的后端设备主要是背景音乐主机（音频功率放大器）。

2. 施工设计

家庭背景音乐系统施工分为三个阶段：第一是入户设计，与客户沟通设计方案并了解客户有无特殊需求；第二是在基础装修开始前，进行房间布线；第三是安装和调试。

家庭背景音乐一般采用的是单声道听音系统，立体声系统的听音范围比较小，只在两个音箱中间的位置才能感受到立体声效果，由于背景音响一般都是在做着其他什么事的时候为

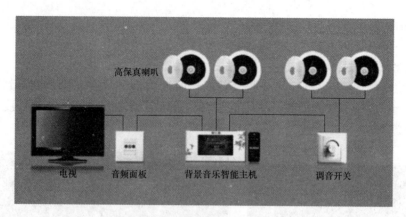

图 5-96 家庭背景音乐系统的组成

了营造氛围调节心情听的，不大可能坐在一个地方不动，所以背景音响都只做单声道设计。用于背景音响控制的音量开关就是 86 型的面板。背景音响的喇叭是并联的，布线的实际做法跟强电的布线方式是一样的。

3. 房间布线

装修开始时，根据设计图纸进行现场布置位置确定及画线，先开槽，然后再预埋 PVC 电线管和穿线。扬声器音频线路采用 RVV（或 RVVP）线敷设。某家庭背景音乐布线如图 5-97 所示，某家庭客厅背景音乐布线施工如图 5-98 所示。

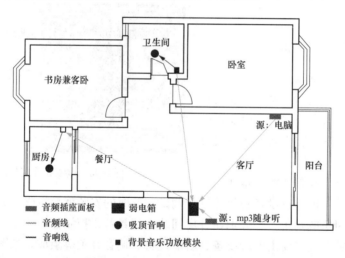

图 5-97 某家庭背景音乐布线示意图

图 5-98 某家庭背景音乐布线施工（一）

图 5-98　某家庭背景音乐布线施工（二）

线路宜短直，安全稳定，施工、维修方便。

线缆的选用一定要按照图纸上设计的线缆进行敷设。

5.5.6　家庭 AV 共享的布线

家庭 AV 影视交换系统是一个独立的 AV 共享中心，可以把家里所有的影视设备、摄像监控画面等，共享或分享到全家所有的电视机上。可以在不同的房间分别观看不同的节目，又可以同时共享同一节目，轻松方便。

家庭 AV 共享有两种布线方案（以机顶盒为例）。

1. 家庭 AV 共享布线方案一

布一根有线电视电缆到放机顶盒的地方，再从该处布 AV 线缆（音视频线）到弱电箱，通过弱电箱分配到各个房间。

优点：可以共享一个机顶盒。

缺点：在没有机顶盒的房间观看时控制困难（比如换台）。

2. 家庭 AV 共享布线方案二

布一根有线电视电缆到弱电箱，使用一个有线电视分配模块（或有线电视分配器）分出若干根有线电视电缆布到每个房间，如图 5-99 所示。

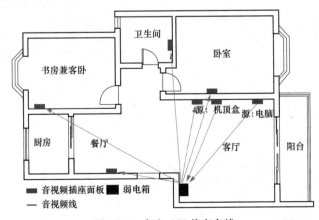

图 5-99　家庭 AV 共享布线

优点：控制比较方便

缺点：要在每个想看卫星节目的地方放置一个机顶盒，当然也可以把机顶盒搬来搬去，麻烦了一点。

5.5.7 家庭影音系统的布线

1. 家庭影音系统布线简介

目前，家庭影音系统最关键的设备是投影仪。通常情况下，家庭影院线材大体分为视频线、音频线与音箱线三类。

（1）视频线：是用来传输视频信号的，连接电视、投影机、电脑等。视频线又包括HDMI 线、VGA 线、DVI 线、RGB（色差）、S 端子，综合视频线等。

（2）音频线：负责传输音频信号，主要连接音源设备和功放。

（3）音箱线：用来连接功放与音箱。

2. 布线

在装修的时候，家庭影音系统应预埋投影仪所需的电源线和音、视频信号线等线材，如图 5-100 所示。

(a)

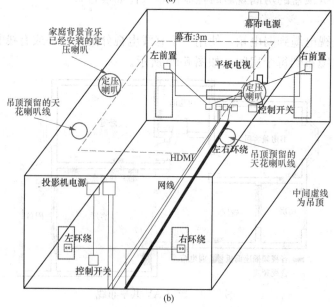

(b)

图 5-100 家庭影音系统

(a) 效果图；(b) 布线示意图

随着科技的发展，尤其是近几年高清电视机的逐步普及与技术的日益进步，HDMI 高清线可以同时传输视频与音频信号，由于连接方便、信号好，正在成为影音设备的主流连接方式，近几年上市的影音设备如 4K 蓝光播放机、智能投影仪等都将 HDMI 接口作为标配接口，如图 5-100 所示。采用 HDMI2.0 版本高清线全面支持 720、1080i、1080P、2K×4K 等数字信号格式，支持 5.1/7.1 声道输出。一般来说，宽度在 4m 左右的普通客厅大致需要 10～12m 的 HDMI 高清线，如图 5-101 所示。

图 5-101　2.0 版本的 HDMI 高清线

特别提醒

前置主音箱不需要提前预埋布线。

5.5.8 智能开关的布线

1. 智能开关简介

智能开关是指利用控制板和电子元器件的组合及编程，以实现电路智能化通断的器件。它和机械式墙壁开关相比，功能特色多、使用安全，而且式样美观。打破了传统墙壁开关的开与关的单一作用，除了在功能上的创新还赋予了开关装饰点缀的效果，如图 5-102 所示。家庭智能照明开关的种类繁多，已有上百种，而且其品牌还在不断地增加，其中市场所使用的智能开关不外乎几种技术：电力载波、无线、有线。

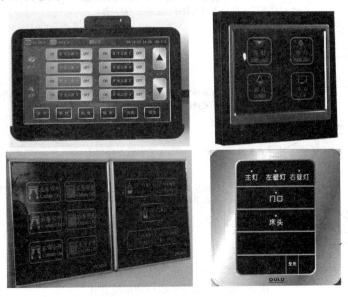

图 5-102　不同外形的智能开关

智能开关本身就是弱电控制，现在大部分都是触屏面板的。使用很方便，安装也不复杂，而且智能开关正在普及，是非常不错的选择。智能开关的主要功能见表 5-12。

表 5-12 　　　　　　　　　　　　　智能开关的主要功能

序号	功能	功能说明
1	相互控制	房间里所有的灯都可以在每个开关上控制
2	照明显示	房间里所有电灯的状态会在每一个开关上显示出来
3	多种操作	可本位手动、红外遥控、异地操作（可以在其他房间控制本房间的灯）
4	本位控制	可直接打开本位开关所连接的灯
5	本位锁定	可禁止所有的开关对本房间的灯进行操作
6	全关功能	可一键关闭房间里所有的电灯或关闭任何一个房间的灯

智能开关的"智能"主要体现在开关与开关之间的互控上，开关与开关之间组成一个网络，通过网络内信号命令的传递，来达到智能控制的目的。比如说多控，就是通过信号线把命令传递到实际接线的开关上，命令这个开关来对灯进行打开或关闭。为了让开关与开关间组成一个网络，就需要用信号线把所有的开关连接起来。

2. 智能开关布线方法

现在的智能开关布线都很简单，将相线、零线、信号线（两芯）对应接入智能开关的相应接口即可。开关底座分为强电接口和弱点接口，强电接口接相线和零线，强电部分每一个开关只需要接所在房间的线路；弱电接口接信号线，弱电部分把每个开关串联起来就可以（信号线的两个芯不能接反）。

信号线属于弱电线，同样需要开槽布管等操作，需遵守弱电布线原则。以最流行的 485 通信协议的智能开关布线来说，其实布线非常简单，只要用信号线把各个开关底盒串接起来即可，连接方式非常灵活，如图 5-103 所示为几种布线方式。

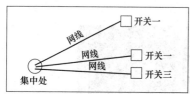
这种方式很简单，单独一个开关对应一根网线，最后只需把集中处的网线按颜对应连接在一起即可。

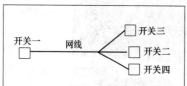
这种分叉接线，主要是注意线分叉处是否接好，不要有断线，最好不要接在隐蔽处，以方便下次检查。

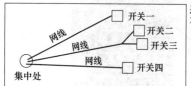
这种分叉接线，主要是注意线分叉处是否接好，不要有断线，最好不要接在隐蔽处，以方便下次检查。

图 5-103　智能开关的三种布线方式

（1）布信号线时，通常以家庭信息箱为起点，用单根双绞线（或网线），把所有的开关联起来，如图 5-104 所示。从信号稳定的角度，信号线中间不能有接头现象。

（2）信号线的联接方式为总线（并联）连接。

（3）布线时，在每个开关盒上信号线预留长度 15cm 左右，以方便安装开关时接线，如图 5-105 所示。

（4）紧挨着的两个开关盒可以作为一个开关来布线。

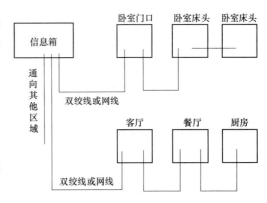

图 5-104　智能开关的信号线布线示例

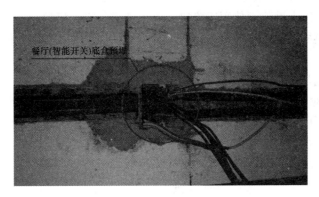

图 5-105　餐厅智能开关布线

5.5.9　弱电线路测试与常见故障处理

1. 弱电线路测试

弱电线路安装完毕，应用相应的仪表进行测试。

（1）网线和电话线测试时，需要用到网络测试仪，根据仪器操作说明判断线路是否连接正确。

（2）有线电视线、音视频线、音响线的测试，可以用指针式或数字式万用表测试信号线通断。

（3）其他的弱电线路，则建议采用相应的专业仪表测试。

2. 弱电线路常见故障的处理

根据有关统计，家庭弱电线路故障大约 50％～70％与线缆有关系。所以线缆本身的质量以及安装质量都直接影响网络的正常运行。网络线缆故障有很多种，概括起来可以分为物理故障（也可称连接故障）和电气性能故障两大类，见表 5-13。

表 5-13　　　　　　　　　　　　　　网络线缆故障种类

故障种类	说明
物理故障	主要是指由于主观因素造成的可以直接观察的故障，多是由于施工的工艺或对网络线缆的意外损伤所造成的，如模块、接头的线序错误，链路的开路、短路、超长等

续表

故障种类	说　明
电气性能故障	主要是指链路的电气性能指标未达到测试标准的要求，即线缆在信号传输过程中达不到设计要求

影响电气性能因素除线缆材料本身的质量外，还包括施工过程中电缆的过度弯曲、线缆捆绑太紧、过力拉伸和过度靠近干扰源等，如近端串扰、衰减、回波损耗等。

打线的常见错误有开路、短路、反接（一对线中的两根交叉了，如1对应2，2对应1）。另外一个错误是跨接，如1、2对应3、6。造成这种错误的原因主要有两个。一是线缆的一端使用了T568A标准，而线缆的另一端使用了T568B标准。二是在网络的实际应用中，有时需要使用这种跨接线。当有的交换机与交换机进行级连时就需要使用跨接线。

另外，当把PC机和PC机进行对接时（不通过交换机），也需要使用跨接线。有的用户使用了跨接线时也可以上网，而使用正确接线时也能进行交换机的级连。这是因为他们使用的交换机是智能交换机。这种交换机可以自动将接线的绕对对调过来。但这不代表这种打线的方式是正确的。

还有一种错误就是串绕。通常造成这种结果的原因是1、2为一对，3、4为一对，5、6为一对，7、8为一对。而网络进行通信时使用1、2和3、6，而不是3、4。这种错误的接线是无法用眼睛或万用表来检查出来的，因为其端至端的连通性是正常的。而这种错误接线的最大危害是会产生很大的近端串扰。它不会造成网络不通，而是使网络运行速度很慢，时通时断。它属于软故障，当网络运行后检查起来很麻烦。

第6章
水和燃气管及洁具的安装

6.1 家装水路识图

家装水管主要涉及厨房、卫生间、阳台等场所。家装水管有给水管和排水管两大类，给水管图包括单冷水管图、热水管图和混水管图。看给水管图主要是看各种水龙头的数量、具体位置、高度，以及各种水设施的数量与位置。

6.1.1 给水排水识图基础

1. 给水排水工程图中的常用图例

给水排水工程图中的常用图例见表 6-1。

表 6-1 　　　　　　　　　　　给水排水工程图中的常用图例

名称	图例	说明	名称	图例	说明
管道		用字母表示管道类型	自动水箱		
		用线型表示管道类型	截止阀		
流向		箭头表示管内介质流向	放水龙头		
坡向		箭头指向下坡	消防栓		
固定支架		支架按实际位置画	洗涤盆		水龙头数量按实际绘制
多孔管			洗脸盆		
排水明沟		箭头指向下坡	浴盆		
存水弯		S 型	污水池		
检查口					
清扫口		左为平面	大便器		左为蹲式
		右为立面			右为坐式
通气帽		左为伞罩	化粪池		左为圆形
		右为网罩			右为矩形
圆形地漏		左为平面	水表井		
		右为立面	检查井		左为圆形 右为矩形

2. 标注

（1）标高的标注。标高-平面图的标注方式如图 6-1（a）所示，标高-剖面图的标注方式如图 6-1（b）所示，标高-轴测图标的注方式如图 6-1（c）所示。

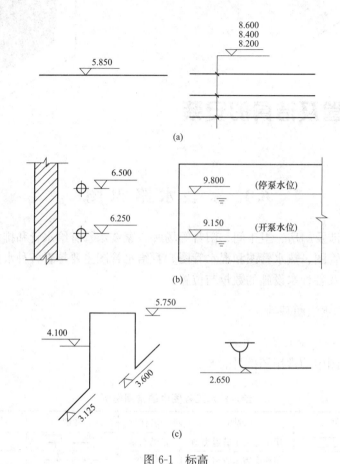

图 6-1　标高

（a）标高-平面图的标注；（b）标高-剖面图的标注；（c）标高-剖面图的标注

1）室内标高一般标注的是相对标高，即相对正负零的标高。

2）标高一般情况下是以"m"为计量单位的，写小数点后面第三位。

3）标高按标注位置分为：顶标高、中心标高、底标高。

4）若图纸没有特别说明，一般情况下，给水管标注的是管道中心标高，排水管标注的是管道底标高。

（2）管径的标注。管道的管径以 mm 为单位。

如图 6-2 所示，水煤气输送钢管（镀锌或非镀锌）、铸铁管等管材，管径以公称直径 DN 表示（如 DN15、DN50）；无缝钢管、螺旋、铜管、不锈钢管等管材，管径以外径 D×壁厚表示（如 D108×4、D159×4.5 等）；钢筋混凝土（或混凝土）管、陶土管、耐酸陶瓷管、缸瓦管等管材，管径以内径 d 表示（如 d230、d380 等）；塑料管材，管径按产品标准的方法表示。

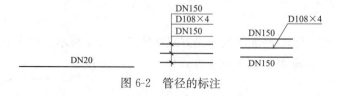

图 6-2　管径的标注

当设计均用公称直径 DN 表示管径时，应用公称直径 DN 与相应产品规格相对照。

3. 图纸比例

（1）平面图选用比例，常用的有 1：200、1：100、1：50 等。

（2）系统图常选用的比例 1：100、1：50，但一般不按比例绘制。

6.1.2 给排水施工图的主要内容

室内给水管道系统是从水表处引出来的作为进水主管，冷水通过冷水管与各种用水设施接通，有的冷水需要通过闸阀控制再引出冷水管；热水管是与主水管连通的一个分支管，经过热水器加热成为热水，再分配到需要用热水的用水设施，有的热水需要通过闸控制再引出热水管，如图 6-3 所示。

1. 平面布置图

给水、排水平面图主要表达给水、排水管线和设备的平面布置情况。

根据建筑规划，在设计图纸中，用水设备的种类、数量、位置，均要作出给水和排水平面布置；各种功能管道、管道附件、卫生器具、用水设备，均应用各种图例表示；各种横干管、立管、支管的管径、坡度等，均应标出。

平面图上管道都用单线绘出，沿墙敷设时不注管道距墙面的距离。

室内给排水管道平面图是施工图纸中最基本和最重要的图纸，常用的比例是 1：100 和 1：50 两种。它主要表明建筑物内给排水管道及卫生器具和用水设备的平面布置。图上的线条都是示意性的，同时管材配件如活

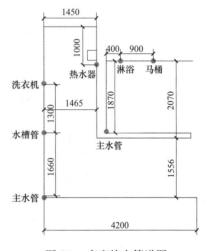

图 6-3 家庭给水管道图

接头、补心、管箍等也不画出来，因此在识读图纸时还必须熟悉给排水管道的施工工艺。

下面介绍排水管网平面布置图的识读方法。

生活污水一般分为粪便污水和生活废水，室内排水应根据污水类别、污染程度、综合利用与污水处理条件等因素，综合考虑、选择适当的污水排放体制，污水排放体制有分流制和合流制两种。分流制是将污水和废水分别设置独立的管道系统来排泄，合流制是污水和废水合用一套管道系统来排泄。室内排水系统由排水横管和排水立管组成。

连接卫生器具和大便器的水平管段称为排水横管。其管径不应小于 100mm，并应向流出方向有一定的坡度，当大便器多于一个或卫生器多于三个时，排水横管应有清扫口。排水立管的管径不能小于 50mm 或所连接的横管直径，一般为 100mm。

室内排水管网平面图是室内排水施工图中的基本图样，用来表示排水管网、附件以及卫生设施的平面布置情况。如图 6-4 所示为某卫生间给排水网平面图。为了靠近室外排水管道，将排出管布置在东北角，与给水引入管成 90°。同时，为了便于粪便的处理，将粪便排出管与淋浴、盥洗排出管分开，把后者的排出管布置在房屋的西北角，直接排到室外排水管道。也可先排到室外雨水沟，再由雨水沟排入室外排水管道。排水管道均用粗虚线画出。

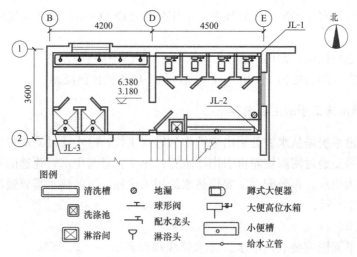

图例

▭ 清洗槽	⊘ 地漏	▭ 蹲式大便器
⊠ 洗涤池	⊥ 球形阀	▭ 大便高位水箱
⊠ 淋浴间	Y 配水龙头	▭ 小便槽
	Y 淋浴头	⊢ 给水立管

图 6-4　卫生间给排水平面图

在识读管道平面图时，应该掌握的主要内容和注意事项如下。

（1）查明卫生器具、用水设备和升压设备的类型、数量、安装位置、定位尺寸。

（2）弄清给水引入管和污水排出管的平面位置、走向、定位尺寸、与室外给排水管网的连接形式、管径及坡度等。

（3）查明给排水干管、立管、支管的平面位置与走向、管径尺寸及立管编号。从平面图上可清楚地查明是明装还是暗装，以确定施工方法。

（4）在给水管道上设置水表时，必须查明水表的型号、安装位置以及水表前后阀门的设置情况。

（5）对于室内排水管道，还要查明清通设备的布置情况，清扫口和检查口的型号和位置。

2. 系统图

系统图也称"轴测图"，其绘法取水平、轴测、垂直方向，完全与平面布置图比例相同。系统图上应标明管道的管径、坡度，标出支管与立管的连接处，以及管道各种附件的安装标高，标高的±0.00 应与建筑图一致。系统图上各种立管的编号应与平面布置图相一致。系统图均应按给水、排水、热水等各系统单独绘制，以便于施工安装和概预算应用。

给排水管道系统图主要表明管道系统的立体走向。

在给水系统图上，卫生器具不画出来，只须画出水龙头、淋浴器莲蓬头、冲洗水箱等符号；用水设备如锅炉、热交换器、水箱等则画出示意性的立体图，并在旁边注以文字说明。

在排水系统图上只画出相应的卫生器具的存水弯或器具排水管。

管道轴测图按正等轴测投影法绘制，一般按各条给水引入管分组，引入管和立管的编号均应与其管网平面图的引入管、立管编号对应。轴测图中横向管道的长度直接从其平面图中量取，立管高度一般根据建筑物层高、门窗高度、梁的位置以及卫生器具、配水龙头、阀门的安装高度等来决定。当空间交叉的管道在图中相交时，应判别其可见性。在交叉处，可见管道连续画出，不可见管道应断开画出，如图 6-5 所示。

管径标注时，可将管径直接注写在管道旁边，或用引出线标注。当连续多段管径相同时，可只注出始末段管径，中间管段管径可省略不标。凡有坡度的横管都应注出坡度，坡度符号的箭头指向下坡方向。

轴测图中应标注相对标高，并应与建筑图一致。图中的建筑物，应标注室内地面、各层楼面及建筑屋面等处的标高。对于给水管道，一般应标注横管中心、阀门和放水龙头等处的标高。轴测图中标高符号的画法与建筑图的标高画法一致，但应注意横线要平行于所标注的管线。

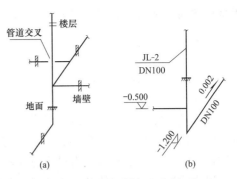

图 6-5 给水管道轴测图及标注
(a) 轴测图；(b) 轴测图的标注

在识读系统图时，应掌握的主要内容和注意事项如下。

（1）查明给水管道系统的具体走向，干管的布置方式，管径尺寸及其变化情况，阀门的设置，引入管、干管及各支管的标高。

（2）查明排水管道的具体走向，管路分支情况，管径尺寸与横管坡度，管道各部分标高，存水弯的形式，清通设备的设置情况，弯头及三通的选用等。

识读排水管道系统图时，一般按卫生器具或排水设备的存水弯、器具排水管、横支管、立管、排出管的顺序进行。

（3）系统图上对各楼层标高都有注明，识读时可据此分清管路是属于哪一层的。

3. 施工详图

凡平面布置图、系统图中局部构造因受图面比例限制而表达不完善或无法表达的，为使施工概预算及施工不出现失误，必须绘出施工详图。通用施工详图系列，如卫生器具安装、阀门井、水表井、局部污水处理构筑物等，均有各种施工标准图，施工详图宜首先采用标准图。

室内给排水工程的详图包括节点图、大样图、标准图，主要是管道节点、水表、卫生器具、套管、排水设备、管道支架等的安装图及卫生间大样图等。如图6-6所示为感应式冲水器安装详图。

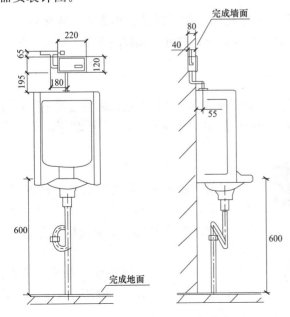

图 6-6 感应式冲水器安装详图

这些图都是根据实物用正投影法画出来的，图上都有详细尺寸，可供安装时直接使用。

绘制施工详图的比例以能清楚绘出构造为根据选用。施工详图应尽量详细注明尺寸，不应以比例代替尺寸。

4. 设计施工说明和主要材料设备表

用工程绘图无法表达清楚的给水、排水、热水供应、雨水系统等管材、防腐、防冻、防露的做法；或难以表达的诸如管道连接、固定、竣工验收要求、施工中特殊情况技术处理措施，或施工方法要求严格必须遵守的技术规程、规定等，可在图纸中用文字写出设计施工说明。

工程选用的主要材料及设备表，应列

明材料类别、规格、数量，设备品种、规格和主要尺寸。

📋 **特别提醒**

阅读主要图纸之前，应当先看说明和设备材料表，然后以系统图为线索深入阅读平面图、系统图及详图。

阅读时，应三种图相互对照来看。先看系统图，对各系统做到大致了解。看给水系统图时，可由建筑的给水引入管开始，沿水流方向经干管、立管、支管到用水设备；看排水系统图时，可由排水设备开始，沿排水方向经支管、横管、立管、干管到排出管。

识读给排水施工图的基本方法是：先粗后细，平面、系统多对照。

6.2 给水管安装

水质好不好，关键看管道。传统的镀锌管易生锈、易腐蚀、易结垢，容易滋生微生物，产生二次污染，威胁人体健康。目前住宅装修的给水管主要分为：UPVC管、PPR管、衬PVC镀锌钢管、铝塑管等几类；排水管主要是聚乙烯管、PVC塑料管等，但由于塑料管子的材料容易掺杂使假，且二次污染严重。所以，有条件的话，尽量选择不锈钢水管或者铜管。

6.2.1 准备工作

1. 确定管路走向

根据装修设计图纸及房型结构来确定走向，家装水管走向分为吊顶排列、墙槽排列、地面排列、明管安装，目前施工从安全规范出发，一般家庭安装不推荐使用埋地暗敷方式，而是采用嵌墙或嵌埋天花板的暗敷方式。

2. 用水设备定位

例如，在管道系统中的前置过滤器，全房净化软化系统，锅炉、热水器、洗漱台、马桶、浴缸、暗装淋浴、增压泵等，在安装家装水管前，上述这些应到现场并确定摆放位置和尺寸。

3. 产品及规格检查

对每根管材的两端在施工前应检查是否损坏或是否清洁。产品防止在运输过程中对管材产生的损害，如有损害或不确定管材安全时，两边端口应剪去4～5cm，并严禁用锤子或重物敲击家装水管，以免留下隐患。

图6-7 PPR水管安装施工工具

4. 工具准备与检查

目前多数家庭装修的给水管是PPR管，安装之前需要准备热熔机、剪刀、记号笔、直尺、钢卷尺等工具，以及胶粘剂等物品，如图6-7所示。

施工前，应检查拖线板、电线、插头、插座是否完好，热熔机、模具否老化、松动或损坏，专用管剪是否完好。

📖 **重要提醒**

模具更换：连续作业 30 天左右更换。

热熔机更换：连续作业半年至一年左右。

6.2.2 给水管敷设

1. 断管工艺

按预水管安装位置，测量尺寸，量好管道尺寸，再进行断管，如图 6-8 所示，做好管道敷设准备。

图 6-8 量好管道尺寸再进行断管

📋 **特别提醒**

用剪刀剪断 PPR 管时，要保持断口平整不倾斜，无毛刺。

2. 管道连接工艺

配管后，PPR 管道连接的步骤及方法见表 6-2。

表 6-2　　　　　　　　　　　　　PPR 管道连接的步骤及方法

步骤	操作方法	图例
1	在管材插入端做好承插深度标记（管材端口在一般情况下应切除 2～3cm，如有细微裂纹则必须剪除 4～5cm）	①

续表

步骤	操作方法	图例
2	用毛巾清洁管材与管件连接端面，将管材穿入管接盖	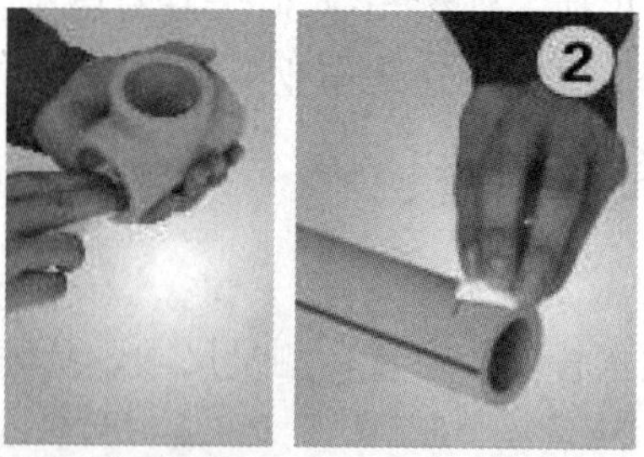
3	用热熔机对所要连接的管材与管件进行加热。加热参数应符合相关热熔机技术要求	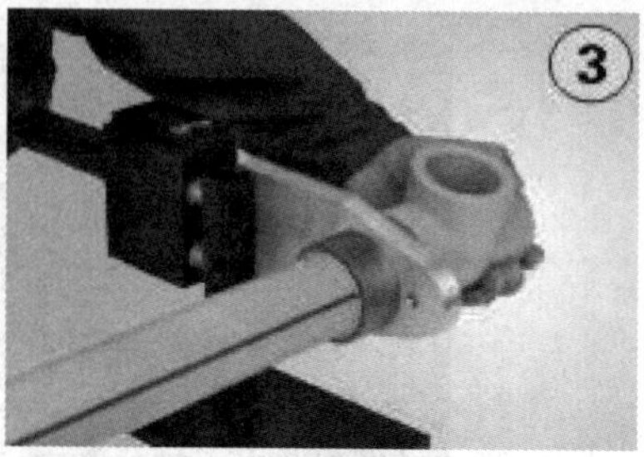
4	达到加热时间后，立即把管材与管件同时取下，迅速无旋转地直线均匀插入到所标记的深度，使接头处形成均匀凸缘（对接插入时允许有不大于5°的角度调整，但是必须在规定的调整时间内完成）	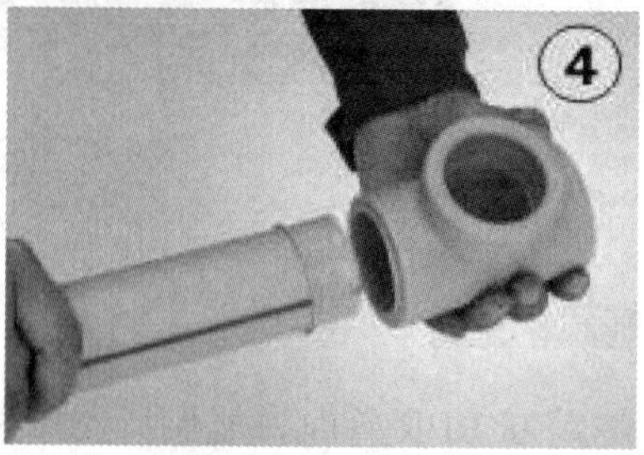
5	定型及冷却（在允许的调整时间过后，管材和管件之间应保持相对静止，不允许再有任何相对移位；冷却应采用自然方式较合理，禁止使用水、冰等冷却物强行冷却）	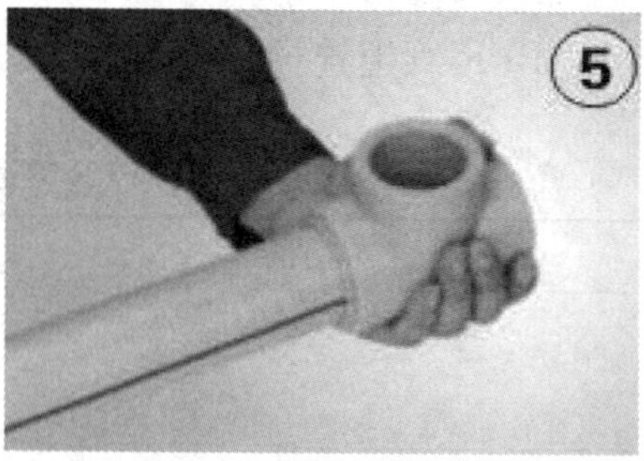

下面主要介绍熔接机的使用方法。

3. 固定热熔机，安装加热模头

把热熔机放置于支架上，根据所需管材规格安装对应尺寸的加热模头，并用内六角螺丝扳手扳紧，如图 6-9 所示。一般小尺寸的在前端，大尺寸的在后端。

（1）通电开机。接通电源（注意电源必须带有漏电保护器），按照熔接不同材料管材，设定所需要的温度。红色指示灯亮，为加热状态。绿色指示灯亮，为保温状态。等到温度达到设定温度后，即可进行操作。

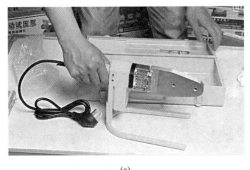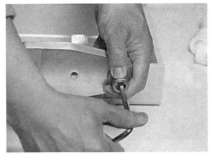

(a) (b)

图 6-9　固定热熔机并安装加热模头

（a）置于支架上；（b）装加热模头，用扳手扳紧

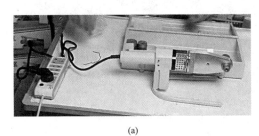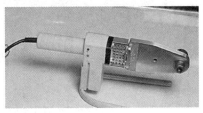

(a) (b)

图 6-10　接通电源加热

（a）接通电源；（b）加热

调温型热熔机可以设定温度，使用更方便，如图 6-11 所示。

图 6-11　调温型热熔机

（2）熔接管材。用脚踩住支架，使支架固定。参见表 6-2，将管材和管件同时无旋转推进热熔机模头内，达到加热时间后（一般为 3～10s，不同型号的热熔机的加热时间不完全相同，不同管径的管材的加热时间也不同，具体以产品说明书为依据），立即把管材与管件模头上同时取下，迅速无旋转的直线均匀插入到所需深度，使接头处形成均匀凸缘，如图 6-12 所示。

热熔连接是一个物理过程，管材加热到一定时间后，将原来紧密排列的分子链熔化，然后在稳定的压力作用下将两个部件连接并固定，在熔合区建立接缝压力。由于接缝压力的作用，熔化的分子链随材料冷却，温度下降并重新连接，使两个部件闭合成一个整体。

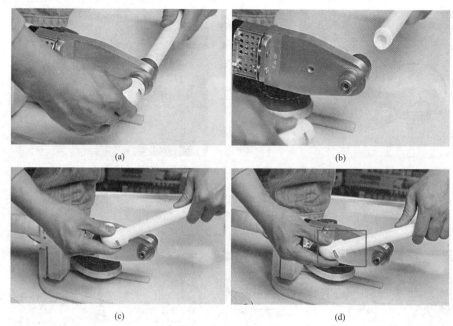

图 6-12　熔接管材

（a）管材和管件同时推进模头内加热；（b）同时取下管材和管件；

（c）插入到所需深度；（d）接头处形成均匀凸缘

📋 特别提醒

　　温度、加热时间和接缝压力是热熔连接的三个重要因素。管件加热的时间与环境温度有关。一般来说，冬季加热时间要长一些。

　　4. 管道敷设工艺

　　水路管道的敷设，厨卫绝对是重中之重，家居的用水几乎都是这两个区域里，如图 6-13 所示。厨房与卫生间里顶部电线管与水管相互交叉施工。注意水管、电线管分层敷设，电线管吸顶，水管利用吊杆在电线管下方分层敷设。

图 6-13　水管敷设

水管敷设的注意事项如下。

（1）卫生间花洒冷热水管的间距为 15cm，其误差要保证在 0.1 cm 以内，以满足花洒混合器的要求，如图 6-14 所示。且要求水管口高度保持一致，管口垂直墙面。埋深度应考虑贴砖厚度。

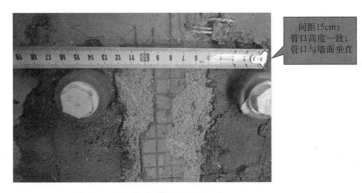

图 6-14 冷热水管间距 15cm

（2）热水管包保温层，防止热水管的热量流失，节约能源，冷水管容易形成冷凝水，保温层能防止其对天花板造成损害。同时，水管要用管卡固定好，以避免在后续工序中出现移位的情况。冷水管管卡间距常规为 50 ± 5cm，热水管管卡间距为 35 ± 5cm。如管卡不到位，会导致水管抖动，产生噪声，如图 6-15 所示。

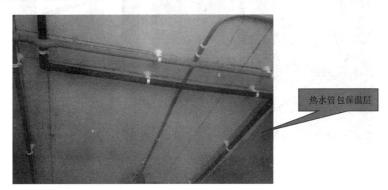

图 6-15 水管要固定牢固

（3）长距离敷设水管时，要主干粗，分枝细。同一根水管管径越长，末端水压会减弱。

（4）水管埋入地或墙里，覆盖的水泥砂浆要有一定的厚度。

（5）切记不可水上电下，否则如果水管漏水可能会对线管内电线造成影响，容易导致漏电，如图 6-16 所示。

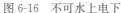
图 6-16 不可水上电下

（6）水电线管分槽，不可同放一线槽内。

（7）水管与燃气管不可交叉，确保水管与燃气管道间距 10cm 以上。

（8）管道安装结束后，要注意成品保护，在地上走的水管要用水泥、黄沙敷平，避免直接脚踩或重压。

重要提醒

水管有接头的地方要与电线线管和线盒接口处错位施工，防止滴、溅水影响用电。

6.2.3 水路试压

当水管安装完毕之后要做水管打压试验，其目的就是为了确保安装的水管已经成功连接，这种方法是检验水管安装完善与否的非常可靠的方法。

1. 试压工具

进行水管打压试验时，有一种专业的试压工具——手动试压泵。手动试压泵主要由千斤顶、压力表、水箱和连接软管等组成，如图 6-17 所示。

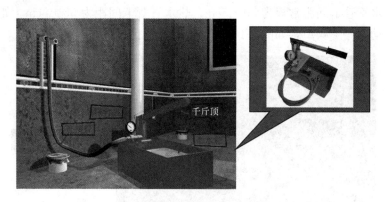

图 6-17　手动试压泵

2. 水管打压试验测试标准

家装水路改造验收是参照建筑给水验收标准演化而来的，目前行业内没有对家装水路验收进行具体明文规定，一般普通住宅通行的测试标准如下。

（1）必须在水路施工完成 24h 后进行。

（2）做试验之前保证管路完全固定，接头明露不得隐蔽，而且内丝端头必须有严密的封堵。

（3）采用手动试压泵，打压时间不能够少于 10min。测试压力为最大可能工作压力的 1.5 倍（平常所讲的 8～10kg 水压）。

（4）当压力达到规定的试压值后，稳压 1h，观察管道的接头有无渗透的现象，1h 后再补压，15min 内压力为降不超过 0.05MPa 则为合格。

3. 水管打压试验测压方法

（1）把任意一处的冷热水管用软管连接在一起，这样冷热水就形成一个管道了，如图 6-18 所示。

图 6-18　冷热水管用软管连接起来

（2）封堵所有的堵头，关闭进水总管的阀门。
将试压泵与出水口连接起来（接在任何一个出水口
都可以），如图 6-19 所示，此时压力表指针在 0 处。

（3）缓慢注水，充满水后进行水密性检查；
同时将管道内气体排除；然后，关闭水表总阀，
试验就可以开始了。

（4）摇动千斤顶的摇杆，缓慢加压，注意观
察压力表的指针位置。测试压力应为最大可能工
作压力的 1.5 倍（平常所讲的 8～10kg 水压），如
图 6-20 所示。升压时间不得小于 10min。

图 6-19　试压泵与出水口连接

图 6-20　试压

（5）升至试验压力，停止加压，稳压 1h，观察接头部位是否有漏水现象。

（6）补压至试验压力值，15min 内压力下降不超过 0.05MPa 为合格。

🗐 特别提醒

试压前，应详细检查各部件连接处是否能够拧紧，压力表是否正常，进出水管是否安
装好。

4. 试验结果的判断

在试压的整个过程中要注意到对每个接头、内丝接头的检查，不能够有渗水的现象。若

是有渗水，会引起压力表表针跳动。

在试压过程中，若是表针没有任何抖动，压力下降的幅度小于 0.05MPa，则证明水管管路是安装得非常不错的。

📋 **特别提醒**

试压的时间一定要在规定时间内，这样才能够确保试验结果的有效性。

水路试压时，严禁使用电动泵增压。

6.3　排水管安装

排水系统要求迅速通畅地排除建筑内部的污废水，保证排水系统在气压波动下不致使水封破坏。其组成包括以下几部分。

（1）卫生器具或生产设备受水器，是排水系统的起点。

（2）存水弯，是连接在卫生器具与排水支管之间的管件，防止排水管内腐臭、有害气体、虫类等通过排水管进入室内。如果卫生器具本身有存水弯，则不再安装。

（3）排水管道系统，由排水横支管、排水立管、埋地干管和排出管组成。

（4）通气管系，是使室内排水管与大气相通，减少排水管内空气的压力波动，保护存水弯的水封不被破坏。常用的形式有专用通气管、结合通气管等。

（5）清通设备，是疏通排水管道、保障排水畅通的设备。包括检查口、清扫口和室内检查井。

6.3.1　准备工作

1. 水管及配件准备

现在一般的建材市场上的厨房下排水管大多是 PVC 材质的，这种材质的排水管道质量好，管道厚实，比较耐用，管道壁也十分光滑，能够保持下水的顺畅，如图 6-21 所示。

一般来说，排水管件包括下排水管、三通、90°弯头、45°弯头以及返水弯等，如图 6-22 所示。一般面盆、水池的下水管的规格有 50、40 、32 的，这些数字代表管子的是口径，即 5、4、3.2cm，管件也是这样的规格。

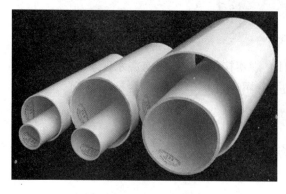

图 6-21　PVC 排水管道

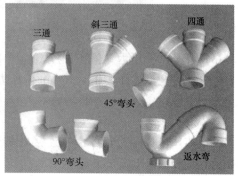

图 6-22　常用排水管配件

此外，还有连接各种管件的变径，这种变径能够很好地连接其各种不同规格的管件，如图 6-23 所示。

从图 6-22 和图 6-23 可以看出，返水弯有两种规格，一种是 P 型的，一种是 S 型的。P 型的返水弯，安装回旋余地更大一些。

2. 工具和辅助材料准备

安装排水管，应准备好 PVC 胶粘剂、手锯、毛刷、铣口器、棉布等工具和辅助材料，如图 6-24 所示。

图 6-23　各种管件的变径　　　　图 6-24　工具和辅助材料

3. 施工条件准备

（1）检查管材和管件应清洁、光滑、无毛刺，规格尺寸应符合规定要求。

（2）操作场地清理干净无障碍物，应通风良好，远离明火。

（3）参看有关专业设备图和装修建筑图，核对各种管道的坐标、标高是否有交叉，管道排列所用空间是否合理。

4. 预制加工

按设计图纸画出管道分路、管径、变径、预留管口，阀门位置等施工草图，在实际安装的结构位置做上标记，按标记分段量出实际安装的准确尺寸，记录在施工草图上，然后按草图测得的尺寸预制加工（断管、热熔粘管件、校对，按管段分组编号）。

6.3.2　厨房排水管道安装

厨房水路之所以难做，主要是因为地方较小，厨房里甚至橱柜中还装着别的电器。管路安排需要综合考虑厨房中其他电器、家具的布置、排水管和电管线路之间的合理安排等因素，才能够使下排水管道顺畅。

厨房的下排水管道主要有下排水和侧排水两种。

1. 下排水的安装

下排水安装时，需要使用返水弯，将穿过楼板的下排水管串联起来。一般来说，可以将返水弯装在最底下，如图 6-25 所示。

水槽的下水一般用 50 的返水弯。如果还有别的下水，就加装一个斜三通，两个用水设备共用一个下水如图 6-26 所示。

图 6-25　厨房下排水管道

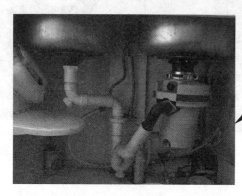
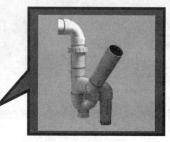

图 6-26　两个用水设备共用一个下水

图 6-27　下水直接进入地面的下水口

如果下水特别简单，也可以不用返水弯。比如只有一个厨房水槽的下水，没别的下水，因水槽有配套的防臭装置，而且水槽下水管质量挺好，就用变径直接接到地面 50 的下水口中，如图 6-27 所示。

2. 侧排水的安装

侧排水的下水口在厨房主管道上，在地面以上，下水管有一部分横着通向主管道。下排水在楼下面有返水弯，要是楼板上面再装返水弯，就是双重防味了，而侧排水是下水管横着连接在主下水管中，一般只能装一个返水弯。

排水系统中对横管的坡度要求应保证 2.6% 左右，施工安装管道时必须横平竖直，确保优质美观，所有的弯头和三通都应用 45°大小头方向应朝上，如图 6-28 所示。每道工序施工完后要及时对管道系统施工质量进行检查，及时调整偏差项目，水平管道的水平度和立管的垂直度应调整至符合设计要求，管卡要有效，外观应整洁美观。

安装时应按设计坐标、标高，现场拉线确定排水方向坡度做好托、吊架。全部粘连后，管道要直，坡度均匀，各预留口位置准确。

侧排水安装时，返水弯只能安装一个。

图 6-28　厨房排水安装

3. PVC 排水管的连接

PVC 排水管连接步骤及方法见表 6-3。

表 6-3　　　　　　　　　　　　PVC 排水管连接步骤及方法

步骤	方　法	图　示
1	准备好专用 PVC 胶	
2	准备好需要连接的管件（直管锯成相应的尺寸，注意加上插入管件的部分尺寸）	
3	在管子的连接口均匀抹胶一周	

续表

步骤	方 法	图 示
4	插入管件并粘牢	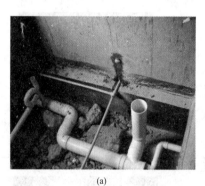

6.3.3 卫生间二次排水管安装

卫生间没有了排水管，将很难发挥正常功能，卫生间的整个运作将会陷入瘫痪状态。卫生间的装修与其他房间大体一致，但由于其功能的特殊性，需要在某些方面进行强化。卫生间功能的特殊赋予了它防水、防异味、通风以及防滑方面的高要求。而这些要求是在安装卫生间的排水管时需要重点考虑的。

排水管一般选用PVC管，高层的排水管最好用双壁中空或是螺旋降噪的；而胶粘剂和水管隐蔽工程一定要用最好的材料。一定要做到无异味不漏水，有阻燃特性最好。

1. 下沉式卫生间与普通卫生间排水的比较

（1）下沉式卫生间，厕具、洗手盘等所需的管道放在卫生间地板下，在地板下与主排污管进行连接，便于卫生间的排水布置，在本层作业，不涉及楼下，如图6-29（a）所示。非下沉式卫生间里，这些管道则要安装在楼下卫生间的天花上，如图6-29（b）所示。

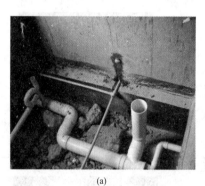

(a)

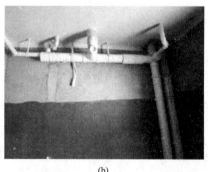

(b)

图 6-29　下沉式卫生间与普通卫生间的排水管
(a) 下沉式卫生间；(b) 普通卫生间

（2）在下沉式卫生间，管道位置可以变动，装修时业主可根据需要调整厕具、洗手盘的摆放位置，如图6-30所示。非下沉式卫生间里，管道位置已经固定，不能改变，导致厕具、洗手盘不能按业主要求调整位置。如要调整，则要把楼板打穿、到楼下的卫生间里去接管，甚至要把楼下卫生间的天花拆掉。

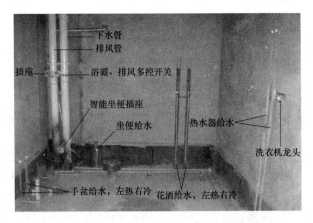

图 6-30　下沉式卫生间水电布置示例

（3）下沉式卫生间只有主排污管需要在楼板上穿孔。非下沉式卫生间除主排污管外，厕具、洗手盘的管道也要在楼板穿孔。

如今基本上新建住宅采用下沉式卫生间，主要是为了灵活利用卫生间设施，同时也满足人们日益增强的个性化需求。

2. 卫生间二次排水的施工流程

下沉式卫生间要做二次排水，其施工流程如下。

（1）底层先用水泥砂浆抹平。

（2）底层做防水。

（3）安装排水管管道，如图 6-31 所示。

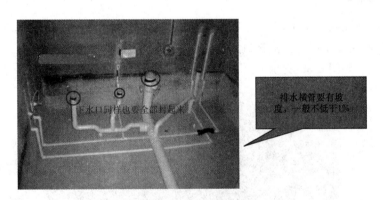

图 6-31　下沉式卫生间排水管安装

卫生间二次排水管的管径大小如图 6-32 所示。

经验表明，排水管的漏水主要发生在沉池内的存水弯管道接口。在安装 PVC 排水管时，要注意四个环节。

1）检查管件是否有厂家的合格证，要求同一厂家生产，管件要配套。

2）检查管件的粘结胶水是否适合管件使用。一般要求使用厂家配置的或指定的胶水。

3）在粘结管件时，必须把胶水涂满接口的内外壁，用力转动接入，使胶水均匀粘结，这样就有效地防止了接口管壁存在空隙或气泡孔的可能性。

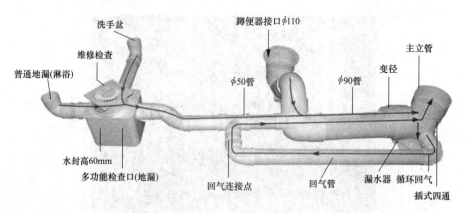

图 6-32　卫生间二次排水管的管径大小

4）在存水弯排污管接入主排水管前，要进行灌水试验，需要使用专用 PVC 管内封堵封闭管道出口，检查接口没有漏水现象才能使用。

沉箱内排水管安装时，由于沉箱内污、废水管占有一定的空间，尤其是污水管直径 110mm，加上管固定支墩，使水流向侧排地漏受阻。因此要根据现场合理布置排水管，应将 PVC 排水管垫高及浴缸处砌筑支墩时注意留疏水孔，不要阻挡排向侧排地漏的通道。防止沉箱回填打坏排水管。

排水管安装完毕试水，试压完毕，再进入回填程序。可以在沉箱内回填泡沫混凝土、陶粒等物料，不能填黏土或建筑垃圾。

📋 特别提醒

一根排水横管如果带 1 个以上的卫生器具，则需要增加清扫口（检查口）。检查口一般离地 1m，管中心 1.5m 左右。检查口用于检修及快速故障排查。

（4）填陶粒，如图 6-33 所示。

图 6-33　填陶粒

📋 特别提醒

回填时操作要细致，以防回填物压坏排水管道。回填后千万不要淋水，否则这些水分无处散发。

（5）再用水泥砂浆找平，如图 6-34 所示。

此层要做泻水坡

图 6-34　用水泥砂浆找平

（6）最后再做一次防水。两遍防水要连着墙体一起进行，墙体做的高度要高出沉箱上沿 40cm 以上。淋浴间、浴缸间垂直面至天花面（最低至吊顶高度以上 100mm）。保证上层渗的水不会往周边扩，只能往地漏排出。防水层干了之后，要刷一遍素水泥浆保护它，以免贴瓷片时刮伤防水层。

做好防水后，放水实验至少 48h，不漏水。这是国家室内装修检验要求的规定。

6.3.4　地漏安装

1. 地漏的种类

地漏从构造上可分为水封地漏和自封地漏两大类，如图 6-35 所示。自封比水封结构复杂但效果更好。

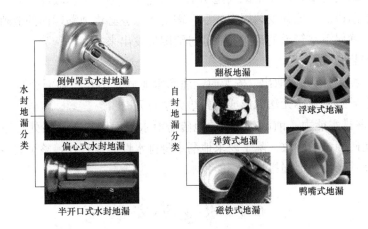

图 6-35　地漏

（1）水封地漏。水封地漏的原理是利用地漏存水弯中的水来达到密封的效果。目前比较常见的水封地漏有倒钟罩式水封地漏、偏心式水封地漏和半开口式水封地漏等。

（2）自封地漏。一般是通过弹簧、磁铁、轴承等机械装置或软质材料将地漏密封住。自封地漏近些年来开始受到市场的欢迎，不仅防臭效果好，而且在排水量、自清洁等方面表现良好。目前市场上常见的自封地漏款式有翻板地漏、弹簧式地漏、磁铁地漏、浮球式地漏和鸭嘴式地漏等。

目前市场上的地漏从材质分，主要有铸铜、不锈钢、PVC三种。

2. 地漏安装流程

（1）检查排水管。在安装前，排水管应该是被包扎保护起来的。在安装时，首先解下包扎保护，然后查看管道内部有无砂砾泥土，是否被堵住。如果管口有污渍的，需要先用干布将其清洁干净。若排水管距离地面过近，应将排水管适量裁短，使地漏安装后面板略低于地面。

（2）固定地漏。地漏安装一般与地面铺砖同时进行。地面在做好防水以后，就可以铺砖和安装地漏了。一般的地漏安装比较简单，在安装前，选好相应大小的地漏，将地漏抹上水泥，对准下水口，然后盖上地漏面板即可，如图6-36所示。

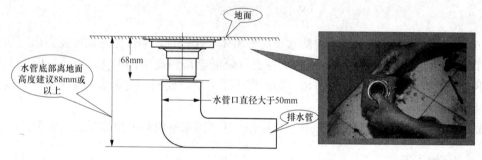

图 6-36　固定地漏

（3）厨卫地漏安装注意坡度处理。厨卫地漏安装时，需要特别注意做好流水坡度处理。一般的处理方法是，将地漏摆放在安装管道上，然后进行测量，以确定瓷砖切割尺寸。接着切割瓷砖，然后固定地漏，铺贴地漏周边切割好的瓷砖，形成下水坡度。

（4）封严地漏边缝。地漏安装固定好后，需要注意务必将地漏四面的缝隙用玻璃胶或其他粘合剂封严，确保下水管道的臭气无法通过缝隙散发出来。

（5）地漏安装验收。

1）地漏密封芯需能方便取出。安装时，注意水泥砂浆不要将地漏密封芯包住或将密封垫顶住，这样会导致密封芯无法取出或密封垫无法打开。

2）检查地漏排水能力。铺设在厨卫的地砖需沿水平面倾斜于地漏处，地漏安装验收同时也关乎到是地砖铺设的验收。除了要求地漏本身排水性能良好外，整个厨卫地砖区域要求平整，流水要能顺畅流至地漏排掉，不能积水。

6.4　水龙头安装

6.4.1　准备工作

1. 认知水龙头

（1）水龙头按用途来分，可分为面盆用、厨盆用、浴缸用、洗衣机用和拖把池用水龙头几种，如图6-37所示；从功能和结构来分，可分为单冷式普通水龙头、感应水龙头、冷暖式水龙头、带起泡器的节水水龙头等。

(a) (b) (c)

图 6-37　家庭常用水龙头

(a) 洗手盆龙头；(b) 厨盆龙头；(c) 洗衣机龙头

　　面盆、厨盆、浴缸水龙头一般用冷暖式和有起泡器的种类，洗衣机和拖把池龙头用单冷式就可以了，阳台等地方一般不建议买带起泡器的水龙头，这样既可加快冲洗地拖的速度，又可加大冲刷能力，反而起到了一定的节水功效。

　　(2) 水龙头按结构分，可分为单联式、双联式和三联式等几种水龙头，如图 6-38 所示。单联式水龙头只有一根进水管，只接一根水管，可以是热水管也可以是冷水管，一般厨房水龙头比较常用。双联式可同时接冷热两根管道，多用于浴室面盆以及有热水供应的厨房洗菜盆的水龙头；三联式除接冷热水两根管道外，还可以接淋浴喷头，主要用于浴缸的水龙头。

　　单手柄水龙头通过一个手柄即可调节冷热水的温度，双手柄则需分别调节冷水管和热水管来调节水温。

(a) (b) (c)

图 6-38　单联、双联和三联式水龙头

(a) 单联式；(b) 双联式；(c) 三联式

　　(3) 水龙头按开启方式分，可分为螺旋式、扳手式、抬启式、按压式、触摸式和感应式等。

　　感应水龙头是应用红外线感应原理制成的，主要优点就是可以智能节水，人手无需接触水龙头有效避免细菌交叉感染。

　　感应水龙头的驱动电源分交流电 A/C 直流电 D/C 两种。交流电是 220V/50Hz 或者 A/C110V/60Hz；直流电是用 4 节 5 号电池驱动，电压是 6V。交流供电的感应水龙头的结构及安装如图 6-39 所示。

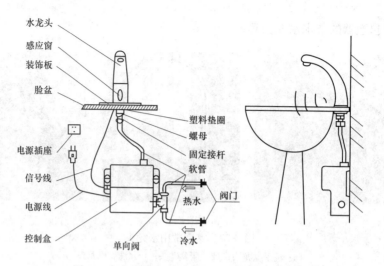

图 6-39 交流供电的感应水龙头的结构及安装

2. 安装前的准备工作

安装水龙头之前，要认真检查水龙头的所有零件与配件是否齐全。常见的水龙头泵配件有软管、胶垫圈、花洒、装饰帽、拐子等。

安装水龙头前，要对水管进行清洁，放水清洁管道中的泥沙杂质，安装孔中的杂质等，然后关掉自来水总阀门。

6.4.2 常用水龙头安装

1. 普通水龙头安装

单冷式普通水龙头的安装方法是：用一把 250～300mm 的活动扳手或管子钳把旧的水龙头朝逆时针方向旋转拆下，左手握住水龙头，右手用生料带在水龙头的螺纹上朝顺时针方向缠上几圈，把水龙头朝顺时针方向拧在自来水管的接口上，用扳手拧紧，如图 6-40 所示。

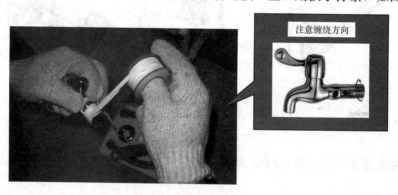

图 6-40　缠生料带

📋 特别提醒

拧紧龙头时要注意力度，感觉快拧不动了就不要用蛮力，然后调好龙头出水口的位置，就可以了。

2. 冷热水龙头安装

厨盆冷热水水龙头的安装步骤及方法见表 6-4。

表 6-4 厨盆冷热水水龙头的安装

步骤	安装方法	图示
1	把龙头整个配件（牙管、橡胶垫片、不锈钢垫片、固定螺母）卸下	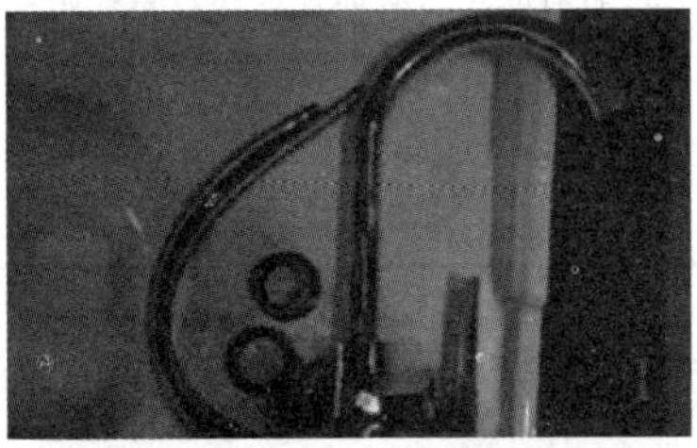
2	把其中进水管从龙头开口位穿过，并穿过台面	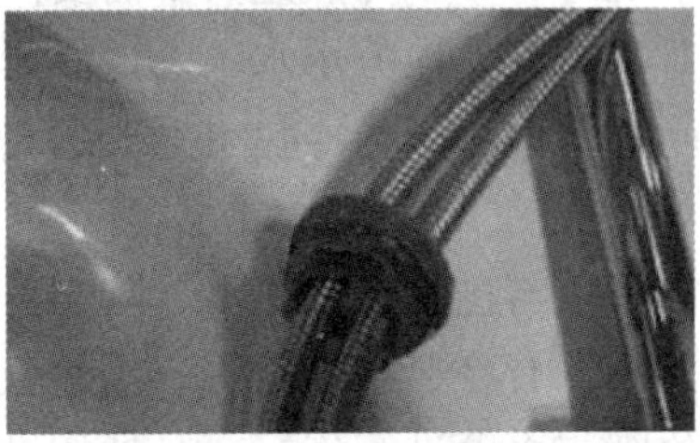
3	把已穿过的进水管拧入龙头下方的进水孔，并适当拧紧	
4	把卸下的整个牙管穿过已拧入龙头进水口的进水管	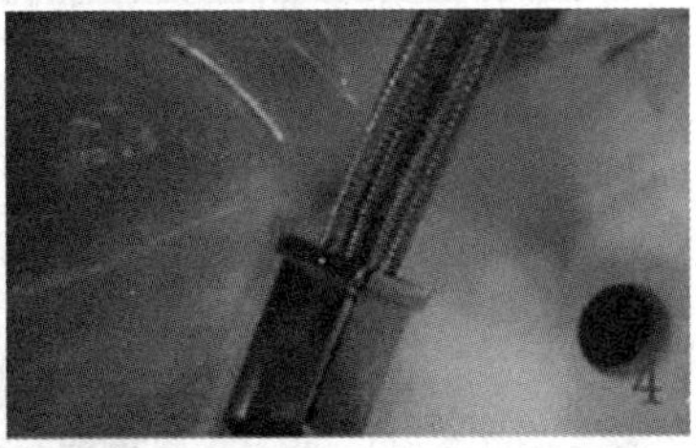
5	把第二根进水管穿过整个牙管并拧入龙头下方的另一个进水口，并适当拧紧	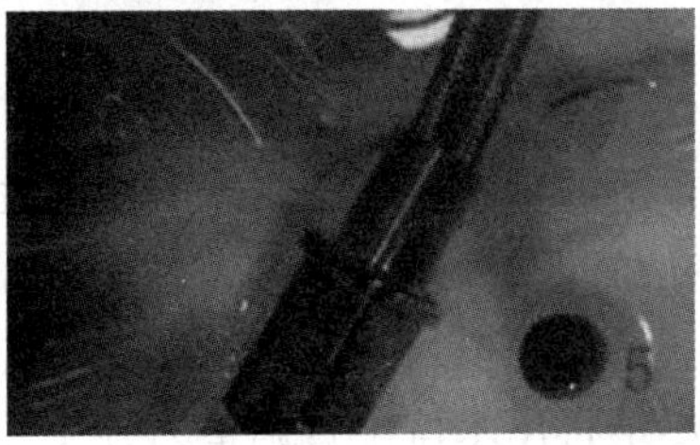

续表

步骤	安装方法	图示
6	把牙管对准龙头底部并适当拧紧，调好龙头的位置，再把配件固定并适当拧紧	

特别提醒

一般来说，每一个冷热龙头都需要两个角阀相互搭配，万一龙头出现漏水，只需关上角阀即可，对家中其他地方用水不会造成影响。

卫生间等其他场所的冷热水龙头的安装方法与此基本相同，读者可举一反三。

3. 角阀安装

角阀出水口与进水口成90°，能起到连接内墙水管与水龙头软管以及控制水流开关作用。凡是冷热龙头（有冷热进水软管）用水设施，例如面盆、厨盆、以及燃气热水器的进出时，都要利用角阀与水管进行连接，马桶的进水端也要安装角阀，如图6-41所示。

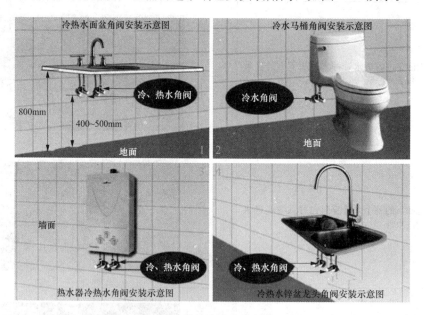

图6-41 角阀在家庭中的应用

选择合适的角阀。将角阀上的阀门关闭，认清角阀的两个接口要接在什么地方。安装角阀时，先在角阀上缠几圈生料带，将角阀顺着丝口的方向，旋转拧紧墙体的丝口中。注意往里拧的时候不要用蛮劲儿，可以先用手的力量拧紧，拧紧后，可借助扳手等工具，将角阀多拧半圈，尽量将出水口位置调整为方便连接水管的位置，最后将上水管接到角阀的另一个接口上，如图6-42所示。

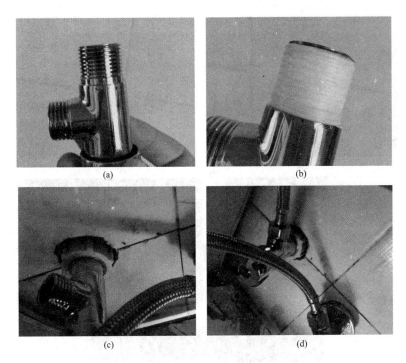

图 6-42　角阀的安装

（a）角阀的接口；（b）接口上缠生料带；（c）进水口安装在墙面上；（d）出水口接上水管

6.5　洁　具　安　装

家装时，洁具如果是品牌产品的话，会有包安装的。但是一般情况下，都是不包安装的，需要水电工安装。

6.5.1　浴缸安装

1. 认知浴缸

浴缸在安装前期，一定要先比对好浴缸的大小以及卫生间预留位置的空间。

浴缸一般包括"裙边浴缸"和"无裙浴缸"两大类，目前市场上"裙边浴缸"已经成为绝对的主流。

无裙浴缸一定要在水电先期安装结束后安装到位，再由瓦工贴瓷砖或大理石封边收口。有些带裙边的浴缸因不靠边安装也需要提前安装就位，再由瓦工收口。浴缸（特别是铸铁浴缸）的靠边处理很有讲究，往往需要瓦工的配合，在贴砖时就要实施。还有些大规格的浴缸（如按摩浴缸）进不了成品门，需要在先期破墙扩大门后搬入。

至于现在市面上常见的亚克力整体浴缸安装就简单得多，一般都是到最后阶段，漆工活结束后，连同别的洁具、灯具一起由水电工安装。

浴缸的配件与坐厕、面盆配件一样，不同的浴缸需要不同型号的配件装置。

2. 浴缸安装步骤及方法

（1）准备工作。浴缸安装时，要根据浴缸的实际尺寸，用砖砌裙边，靠墙边裙边上部贴瓷砖，底部用砖及水泥砌平台，高度以刚好顶到浴缸底部位置为佳，如图 6-43 所示。

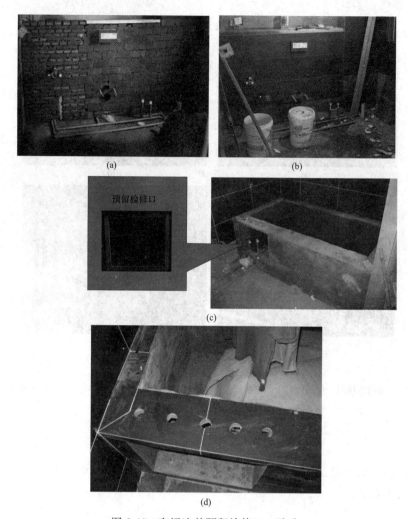

图 6-43　砌裙边并预留检修口，贴砖

（a）安装好给排水管；（b）贴瓷砖；（c）砌裙边，底部找平，预留检修口；（d）做防水涂料，贴砖

（2）安装下水。把浴缸放置在两根木条上，连接给下水装置；检测下水是否有渗漏，如无渗漏，就把木条取出来，如图 6-44 所示。

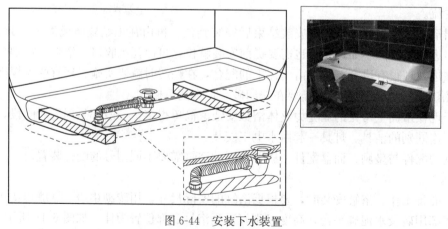

图 6-44　安装下水装置

📋 **特别提醒**

在安放浴缸时，注意下水口的另一端要略高于下水口的一端，以便将来排污通畅。浴缸在视觉上保持了水平的美观，又不影响排水的效果。

（3）加填充物。将浴缸四周与裙边内壁之间的空隙，用河沙或者泡沫颗粒填充饱满。

（4）浴缸上口侧边与墙面结合处用密封膏（玻璃胶）填嵌密实。

（5）安装水龙头、软管淋浴器。

3. 浴缸安装注意事项

（1）各种浴缸的冷、热水龙头或混合龙头其高度应高出浴缸上平面150mm，安装时应不损坏镀铬层，镀铬罩与墙面应紧贴。

（2）浴缸安装上平面必须用水平尺校验平整，不得侧斜。浴缸上口侧边与墙面结合处应用密封膏填嵌密实。

（3）浴缸排水与排水管连接应牢固密实，且便于拆卸，连接处不得敞口。

（4）不得破坏防水层。已经破坏或没有防水层的，要先做好防水，并经12h积水渗漏试验。

（5）水件安装完毕后，应实验各个出水口是否畅顺，并且关闭下水阀，给浴缸内蓄水，观察会不会漏水，最后再打开下水，观察排水速度是否正常，并且看看有没有水从浴缸底部溢出到外面。

（6）注意成品保护。浴缸安装完毕后，一般家中的施工还没有完全结束，这时应该注意浴缸的保护，用纸箱皮之类的把浴缸整体包裹起来，以免被杂物弄花表面。

6.5.2　坐便器安装

安装坐便器的工艺流程如下：检查地面下水口管→对准管口→放平找正→画好印记→打孔洞→抹上油灰→套好胶皮垫→拧上螺母→水箱背面两个边孔画印记→打孔→插入螺栓→捻牢→背水箱挂放平找正→拧上螺母→安装背水箱下水弯头→装好八字门→把灯叉弯好→插入漂子门和八字门→拧紧螺母。

下面重点介绍几个最重要的安装步骤及方法。

1. 坐便器检查

安装前，首先要打开包装对产品进行检查，确认一下产品看看有没有缺少配件，或损坏。坐便器的出水口有下排水（又叫底排）和横排水（又叫后排）之分，请核对其与水管安装预留的出水口是否一致。

2. 对准座便器后尾中心，画垂直线

取出地面下水口的管堵，检查管内确无杂物后，将管口周围清扫干净，将坐便器出水管口对准下水管口，放平找正，在坐便器螺栓孔眼处画好印记，移开坐便器。根据坐便的情况确定下水口留多高，其余切掉，如图6-45所示。目的是要管道和坐便器底部做到更吻合。

对准坐便器后尾中心，画垂直线，在距地面800mm高度画水平线，根据水箱背面两个边孔的位置，在水平线上画

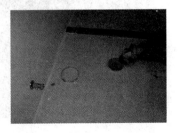

图6-45　切掉高出的下水管口

印记，在印孔处打直径 30mm、深 70mm 的孔洞。把直径 10mm、长 100mm 的螺栓插入洞内，用水泥捻牢。

图 6-46　套法兰套

3. 安装背水箱下水弯头

安装背水箱下水弯头时，先将背水箱下水口和坐便器进水口的螺母卸下，背靠背地套在下水弯头上，胶皮垫（又名法兰套）也分别套在下水管上，如图 6-46 所示。把下水弯头的上端插进背水箱的下水口内，下端插进坐便器进水口内，然后把胶垫推到水口处，将坐便器平稳放下，拧上螺母，把水弯头找正找直，用钳子拧至松紧适度。

4. 连接上水，安装水箱配件

连接上水时，应先量出水箱漂子门距上水管口尺寸，配好短节，装好八字门，上入上水管口内。然后将漂子门和八字门螺母背对背套在铜管或塑料管上，管两头缠油石棉绳或铅油麻线，分别插入漂子门和八字门进出口内，拧紧螺母，如图 6-47 所示。

图 6-47　安装水箱配件

5. 安装盖板

试水顺利完成后，就可以安装盖板，如图 6-48 所示。

6. 打胶

给坐便周围打胶，如图 6-49 所示。打胶不仅起到稳固坐便器的作用，还能进一步防止异味从坐便释放出来。所以这一步也非常重要，不仅要打，还要整个四周打满。

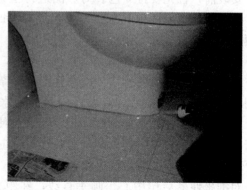

图 6-48　安装盖板　　　　　　　　　　　图 6-49　打胶

6.5.3 洗脸盆安装

1. 有托架架洗脸盆安装

膨胀螺栓插入→捻牢→盆托架挂好→把脸盆放在架上→找平整→下水连接→脸盆→调直→上水连接。

首先安装管架洗脸盆，应按照下水管口中位画出竖线，由地面向上量出规定的高度，在墙上画出横线，根据脸盆宽度在墙上画好印记，打直径为 120mm 深的孔洞，把膨胀螺栓插入洞内，将托架挂好，螺栓上套胶垫、眼圈，带上螺母，拧至松紧适度。把脸盆放在托架上找平整，将直径 4mm 的螺栓焊上一横铁棍，上端插入固定孔内，下端插入管托架内，带上螺母，拧至松紧适度，如图 6-50 所示。

2. 台盆的安装

安装台盆柜前，冷热进水管上的三角阀要尽早装好，保持齐平。如果柜体装好后再进行安装，则会因阻挡而妨碍整体效果。

（1）安装柜体。购买的台盆柜柜体一般为防水抗潮材料，需单独安装。安装时要保持其在同一水平。装好后要进行适当调整。柜装好后，将柜体放到指定位置，要检查开槽（孔）处是否能够顺利穿进出水管，如图 6-51 所示。如妨碍穿管，应做一定调整。

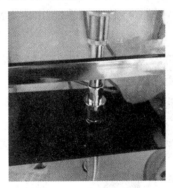

图 6-50　有托架架洗脸盆安装　　　图 6-51　要求能够顺利穿水管

（2）安装龙头和下水。浴室柜台盆的龙头最好配套购买，出水角度较为适合。用螺母固定龙头，一手固定一手安装，以免装好后位置偏离。

把装好龙头的台盆放在柜体上，连接台盆的进出水管及下水，如图 6-52 所示，选择软管时长短要适度，最好不要占用柜内多余的空间。

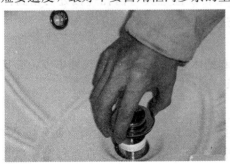

图 6-52　安装下水

（3）安装把手。不同位置的把手大小会有不同，安装时要仔细察看。还要选择合适工具，不要将把手安装太紧或划伤柜体表面。

（4）抹玻璃胶固定。在台盆与墙壁瓷砖相接的地方用玻璃胶固定，以达到稳固柜体、防止渗漏的目的。硅胶应均匀涂抹，连接后要及时清理多余的硅胶。

台盆安装效果如图6-53所示。

图 6-53 台盆安装后的效果

📋 **特别提醒**

台盆柜装好后要进行放水试验，看龙头安装的角度是否合适，并检查上下水是否顺畅，如发现问题需立刻做出调整。

6.5.4 洗菜盆安装

1. 安装龙头

安装洗菜盆之前，应该把角阀和进水管和下水管道都安装完毕。安装水龙头时，不仅要求安装牢固，而且连接处也不能出现渗水的现象。

2. 放置洗菜盆

洗菜盆的一些功能配件都安装结束后，就可以把洗菜盆放置到台面中的相应位置，准备下一步的安装程序。

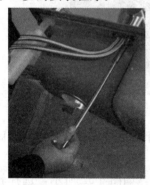

图 6-54 安装进水管

3. 安装龙头的进水管

把事先安装在龙头上的进水管的一端连接到进水开关处，安装时要注意衔接处的牢固，不可以太紧或是太松，如图6-54所示。

要注意一个细节：冷热水管的位置应该是左热右冷，如果没有按照规范去做，会导致用水时龙头手柄开关调温的方向正好相反。

4. 安装溢水孔的下水管

溢水孔是避免洗菜盆向外溢水的保护孔，因此在安装溢水孔下水管的时候，要特别注意其与槽孔连接处的密封性，要确保溢水孔的下水管自身不漏水，最好用玻璃胶进行密封。

5. 安装过滤篮的下水管

在安装过滤篮的下水管时，要注意下水管和槽体之间的衔接，不仅要牢固，而且还应该密封。因为这是洗菜盆经常出问题的关键部位，最好谨慎处理。

6. 安装整体的排水管

许多家庭会购买有两个过滤篮的洗菜盆，但是两个下水管之间的距离有近有远。在安装整体的排水管时，应该根据实际情况对配套的排水管进行切割，此时要注意每个接口之间的密封，如图6-55所示。

7. 安装收尾

等到基本安装结束后，把过滤篮也安装上，开始进行下一步的试验。在做排水试验的时候，需要将洗菜盆放满水，同时测试两个过滤篮下水和溢水孔下水的排水情况。排水的时候，如果发现哪里有渗水的现象，应该马上返工，再紧固固定螺帽或是打胶，确保日常使用时不会出现问题。

8. 槽体周围封边

做完排水试验后，在确认没有问题后，就可以对洗菜盆进行封边了。在使用玻璃胶封边时，要保证洗菜盆与台面连接缝隙均匀，不能有渗水的现象。

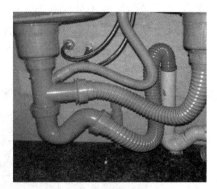

图6-55　安装整体的排水管

📑 **重要提醒**

通常情况下，45cm的台面，洗菜盆的外径尺寸应该在38cm以内；50cm的台面，洗菜盆的外径尺寸应该在43cm以内；55cm的台面，洗菜盆的外径尺寸应该在48cm以内。需要注意的是，洗菜盆在销售商那里所报的尺寸为外径尺寸，也就是洗菜盆最外沿的尺寸。厨具公司或施工队所需要的尺寸却是内径尺寸，也就是洗菜盆在台面的开孔尺寸。

6.6　家庭燃气管道安装

由于燃气危险性大，目前有关部门对燃气管线的改造和安装有强制性规定，各种改造和安装不得由业主私自进行，并且家装公司在各种情况下也不能随意改动，业主要在经物业和天然气公司等方的专业人员批准后，再进行改造安装。

6.6.1　家庭燃气管道安装的有关规定

燃气管道改造，应尽量遵循安全第一、线路简练必要的原则，在此基础上再考虑美观方便等因素。新房的燃气管道一般不必要改，而二手房燃气管线可能存在锈蚀、老化的情况，这就需要在装修前仔细检查，进行必要的更换改造，以减少危险性。

1. 燃气管道安装的强制性规定

管道燃气在使用过程中，因为燃烧不充分会产生部分一氧化碳气体，如果室内空气不流通，极有可能造成一氧化碳中毒，所以在对燃气管道进行室内安装时，严禁将燃气管道及设施安装在卫生间、书房、卧室等空气流通性不够好或临时休息的地方。另外，严禁使用国家明文规定已经淘汰了的直排式燃气热水器，因为直排式燃气热水器这种家用电器是将燃烧后的废气直接排在室内，会造成室内人员一氧化碳中毒。

2. 燃气管道安装的一般性规定

燃气管道铺设过程中，可能会出现与其他管道相遇的情况，这时管道与管道之间的净距离是有严格要求的。只有这样才能达到安全燃气管道安装的规范，如水平平行敷设时，净距不得小于150mm；竖向平行敷设时，净距不得小于100mm，并应位于其他管道的外侧；交叉敷设时，净距最好不要超过 50mm。

室内燃气管道一般不采用暗埋方式，如必需暗埋时必须使用燃气专用的不锈钢管、铜管、铝塑复合管等，暗埋的燃气管道必须采用焊接。燃气表及阀门不得暗埋，燃气管道宜暗埋于距天花板 20cm 范围内，距地面 50cm 以下的墙面，如图 6-56 所示。暗埋后应有明显的标志，以免用户装修施工时破坏暗埋的燃气管道。

图 6-56　燃气表及阀门不得暗埋
(a) 正确安装方式；(b) 错误安装方式

3. 对燃气用具的一般规定

除了燃气管道的安装关系到厨房用气安全，燃气用具的使用也需要注意。不管是整体厨具中的哪一种，燃具应设置在通风条件良好，有排气条件的厨房内，尽量不要设置在卧室等休息性场所。安装燃气灶的房间净高不宜低于 2.2m，而安装燃气热水器热水器的房间高度不小于 2.4m。

6.6.2　燃气表后的管道安装

按照规定，燃气表及表以前的管路由燃气公司负责安装和维护。家庭装修时，仅局限于燃气表之后的燃气管路的安装或改造，如图 6-57 所示。

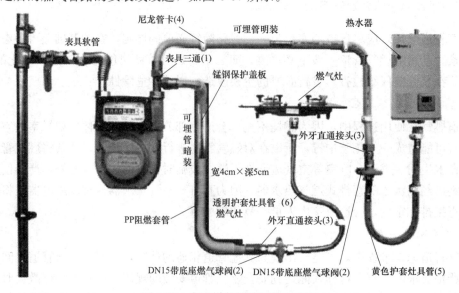

图 6-57　家庭燃气管路安装示意图

近年来，多数家庭室内燃气管道通常采用燃气铝塑管，目前也有部分家庭采用燃气 PE 管，如图 6-58 所示。燃气用 PE 管材是传统的钢铁管材、聚氯乙烯燃气的换代产品。PE 管较为柔软，可采用热熔对接连接或者钢塑连接，施工很方便。在额定温度、压力状况下，PE 管道可安全使用 50 年以上。

1. 燃气管路的安装方式

（1）燃气管道暗敷设。新房装修时，为了美观，燃气表之后的燃气管道通常为暗敷设，燃气管入墙入地面，如图 6-59 所示。其施工程序与电线管、水管一样，首先规划管道路线，再开槽，然后进行布管、接头。

图 6-58　燃气 PE 管安装实例　　　　　图 6-59　燃气管道暗敷设

（2）燃气管道明敷设。旧房管道改造，为较低施工成本，部分家庭采用燃气管道明敷设，即将管道沿墙、沿吊顶敷设，如图 6-60 所示。

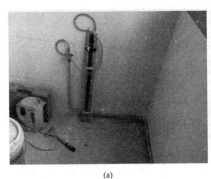
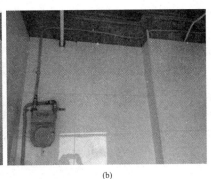

(a)　　　　　　　　　　　　　(b)

图 6-60　燃气管道明敷设

(a) 灶台燃气管道敷设；(b) 灶台和热水器管路敷设

2. 燃气表管道安装注意事项

（1）在装修中，安装工人要遵守国家有关规定，不得私自更换用气计量表，也不得擅自挪动它的位置。

（2）为了防止在装修中造成燃气管道和配件的损坏，装修结束后要及时进行安全检查，查看燃气管道是否有漏气现象发生。检查时如果发现漏气现象，及时通知供气部门专业人员进行维修。

（3）如果需要将燃气热水器安装于阳台上，除了遵照热水器生产厂家的相关安全规定外，所有燃气管道线路必须走"明管"，不允许任何形式的包裹、覆盖、隐藏等，否则一旦发生紧急情况，将影响及时采取措施。

（4）燃具与管道连接处不宜使用软管，因为软管易老化。

（5）尾阀的设置要考虑使用、检修、更换方便。例如，灶具的控制尾阀，一般设置在灶下的落地厨柜内的左面隔板距地面上方40cm处。

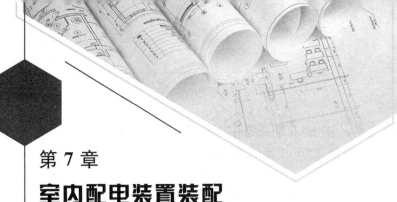
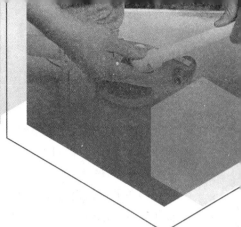

第 7 章
室内配电装置装配

7.1 户内配电箱装配

为了安全供电，每个家庭至少要安装一个配电箱。楼宇住宅家庭通常有两个强电配电节点，一个是统一安装在楼层配电间（配电井）的配电箱，另一个则是安装在户内的配电箱。

楼层配电间是特殊重要设备室，它的作用是接受变配电室送来的电，再将电分配给楼层各用户段，主要是能够控制楼层各用户段电源总闸及计量楼层各用户的用电量，家庭的电能表和总开关就安装在楼层配电间里，如图 7-1 所示。楼层配电间的配电电器是由供电公司安装的，家装电工是不能拆装或改动这里的电器，尤其是电能表的接线。

家庭户内配电箱担负着住宅内的供电与配电任务，并具有过载保护和漏电保护功能。户内配电箱内安装的电气设备可分为控制电器和保护电器两大

图 7-1 楼层配电箱

类。控制电器是各种配电开关；保护电器是在电路某一电器发生故障时，能够自动切断供电电路的电器，从而防止出现严重后果。

户内配电箱中的配电电器，如室内配电总开关，各回路的断路器、漏电保护器等电器是需要家装电工安装的。

7.1.1 户内配电箱的电气单元

家庭户内配电箱一般嵌装在墙体内，外面仅可见其面板。户内配电箱一般由电源总闸单元、漏电保护单元和回路控制单元等 3 个功能单元构成，如图 7-2 所示。

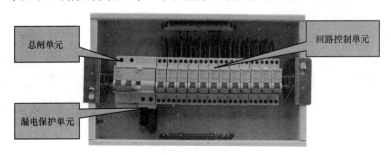

图 7-2 家庭户内配电箱的组成

1. 电源总闸单元

该单元一般位于配电箱的最左侧，采用低压断路器作为控制元件，控制着入户总电源。拉下电源总闸，即可同时切断入户的交流 220V 电源的相线和零线。

2. 漏电保护器单元

该单元一般设置在配电箱电源总闸的右侧，采用漏电断路器（漏电保护器）作为控制与保护元件。漏电断路器的开关扳手平时朝上处于"合"位置；在漏电断路器面板上有一试验按钮，供平时检验漏电断路器用。当户内线路或电器发生漏电，或万一有人触电时，漏电断路器会迅速动作切断电源（这时可见开关扳手已朝下处于"分"位置）。

3. 回路控制单元

该单元一般设置在配电箱的右侧，采用断路器作为控制元件，将电源分若干路向户内供电。对于小户型住宅（如一室一厅），可分为照明回路、插座回路和空调回路。各个回路单独设置各自的断路器。对于中等户型、大户型住宅（如两室一厅一厨一卫、三室一厅一厨一卫等），在小户型住宅回路的基础上可以考虑适当增设一些控制回路，如客厅回路、主卧室回路、次卧室回路、厨房回路、空调1回路、空调2回路等，一般可设置 8 个以上的回路，居室数量越多，设置的回路就越多，其目的是达到用电安全、方便。如图 7-3 所示为某普通两居室配电箱控制回路。

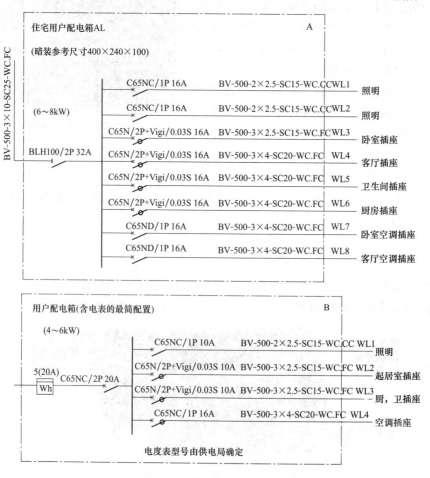

图 7-3 两居室配电箱控制回路

户内配电箱在电气上，电源总闸、漏电断路器、回路控制 3 个功能单元是顺序连接的，即交流 220V 电源首先接入电源总闸，通过电源总闸后进入漏电断路器，通过漏电断路器后分几个回路输出。

📋 **特别提醒**

漏电断路器和漏电保护器是两种不同的产品，作用也是不同。漏电断路器是防止线路短路或超负荷时使用，只要线路短路或超负荷就会跳闸，而漏电不会跳闸。漏电保护器在实际使用中只要有漏电发生就会自动跳闸，但在超负荷或者短路的时不会跳闸。

7.1.2　户内配电箱安装

1. 户内配电箱安装的技术要求

家用配电箱的安装既要美观更要安全，技术要求如下。

（1）箱体必须完好无损。进配电箱的电线管必须用锁紧螺帽固定，如图 7-4 所示。

（2）配电箱埋入墙体应垂直、水平。

（3）若配电箱需开孔，孔的边缘须平滑、光洁。

（4）箱体内应分别设零线（N）、保护接地线（PE）的接线汇流排，且要完好无损，具良好绝缘。零线和保护零线应在汇流排上连接，不得绞接，应有编号。

（5）配电箱内的接线应规则、整齐，端子螺钉必须紧固，如图 7-5 所示。

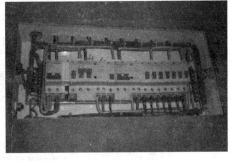

图 7-4　电线管用锁紧螺帽固定　　　　图 7-5　配电箱内接线要规范

（6）各回路进线必须足够长度，不得有接头。

（7）安装完成后必须清理配电箱内的残留物。

（8）配电箱安装后应标明各回路名称，如图 7-6 所示。

2. 户内配电箱的接线

配电箱线路的接线情况是最能说明电工水准的重要参照，它好比电工本身的思路，思路清晰了，线路也就清晰了。

（1）把配电箱的箱体在墙体内用水泥固定好，同时把从配电箱引出的管子预埋好，然后把导轨安装在配电箱底板上，将断路器按设计好的顺序卡在导轨上。如图 7-7 所示。

（2）各条支路的导线在管中穿好后，末端接在各个断路器的接线端，如图 7-8 所示。导线连接宜采用 U 形不间断接入法，如图 7-9 所示。

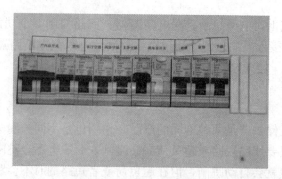

图 7-6 配电箱标注回路名称

 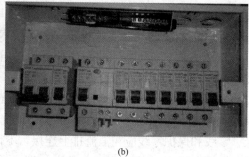

(a) (b)

图 7-7 安装导轨和断路器

(a) 安装导轨;(b) 安装断路器

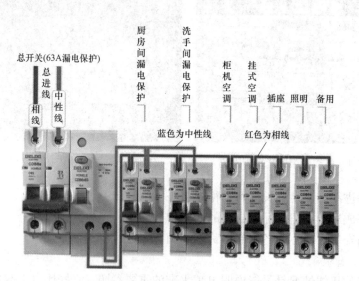

图 7-8 断路器接线

1) 如果用的是 1P 断路器,只把相线接入断路器,在配电箱底板的两边各有一个铜接线端子排,一个与底板绝缘是零线接线端子,进线的零线和各出线的零线都接在这个接线端子上。另一个与底板相连是地线接线端子,进线的地线和各出线的地线都接在这个接线端子上,单极断路器接线方法如图 7-10 所示。

图 7-9　U 形不间断接入法

2）如果用的是 2P 断路器，把相线和中性线都接入开关，在配电箱底板的边上只有一个铜接线端子排，是地线接线端子，如图 7-11 所示。

3）带漏电保护的 2P 断路器接线时，要分清楚进线端和出线端，一般都有箭头标志，上边的是进线端，下边的是出线端，如图 7-12 所示，不得接反，或者长时间通电会烧毁漏电保护器。

（3）接完线以后，装上前面板，再装上配电箱门，在前面板上贴上标签，写上每个断路器的功能。

3. 户内配电箱安装注意事项

（1）配电箱规格型号必须符合国家现行统一标准的规定；材质为铁质时，应有一定的机械强度，周边平整无损伤，涂膜无脱落，厚度不小于 1.0mm；进出线孔应为标准的机制孔，

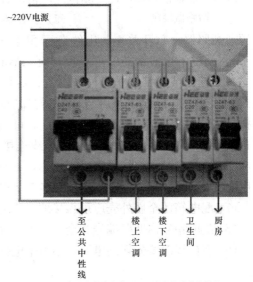

图 7-10　1P 断路器接线方法

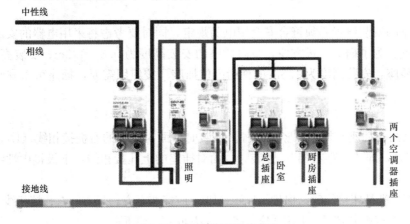

图 7-11　2P 断路器接线方法

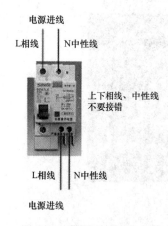

电源进线
L相线　N中性线

上下相线、中性线
不要接错

L相线　N中性线
电源进线

图 7-12　带漏电保护的 2P
断路器接线

大小相适配，通常将进线孔靠箱左边，出线孔安排在中间，管间距在 10～20mm，并根据不同的材质加设锁扣或护圈等，工作中性线汇流排与箱体绝缘，汇流排材质为铜质；箱底边距地面不小于 1.5m。

（2）箱内断路器和漏电断路器安装牢固；质量应合格，开关动作灵活可靠，漏电装置动作电流不大于 30mA，动作时间不大于 0.1s；其规格型号和回路数量应符合设计要求。

（3）箱内的导线截面积应符合设计要求，材质合格。

（4）箱内进户线应留有一定余量，一般为箱周边的一半。走线规矩、整齐、无绞接现象、相线、工作零线、保护地线的颜色应严格区分。

（5）工作零线、保护地线应经汇流排配出，户内配电箱电源总断路器（总开关）的出线截面不应小于进线截面，必要时应设相线汇流排。10 mm^2 及以下单股铜芯线可直接与设备器具的端子连接，小于等于 2.5mm^2 多股铜芯线应先拧紧搪锡或压接端子后再与设备、器具连接，大于 2.5mm^2 多股铜芯线除设备自带插接式端子外，应接续端子后与设备器具的端子连接，但不得采用开口端子，多股铜芯线与插接式端子连接前端部拧紧搪锡；对可同时断开相线、中性线的断路器的进出导线应左边端子孔接零线，右边端子孔接相线连接，箱体应有可靠的接地措施。

（6）导线与端子连接紧密，不伤芯，不断股，插接式端子线芯不应过长，应为插接端子深度的 1/2，同一端子上导线连接不多于 2 根，且截面积相同，防松垫圈等零件齐全。

（7）配电箱的金属外壳应可靠接地，接地螺栓必须加弹簧垫圈进行防松处理。

（8）配电箱箱内回路编号齐全，标识正确。

（9）在接线时要先切断电源，不可带电操作。

7.2　电源插座装配

7.2.1　电源插座装配须知

1. 插座安装位置的要求

电源插座的安装位置必须符合安全用电的规定，同时要考虑将来用电器的安放位置和家具的摆放位置。为了插头插拔方便，室内插座的安装高度为 0.3～1.8m。安装高度为 0.3m 的称为低位插座，安装高度为 1.8m 的称为高位插座。按使用需要，插座可以安装在设计要求的任何高度。

2. 电源插座接线规定

（1）单相两孔插座有横装和竖装两种。横装时，面对插座的右极接相线（L），左孔接零线（中性线 N），即"左零右相"；竖装时，面对插座的上孔接相线，下极接中性线，即"上相下零"。

（2）单相三孔插座接线时，保护接地线（PE）应接在上方，下方的右孔接相线，左孔接中性线，即"左零右相中 PE"。单相插座的接线方法如图 7-13 所示。

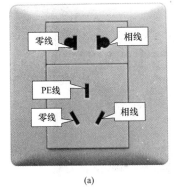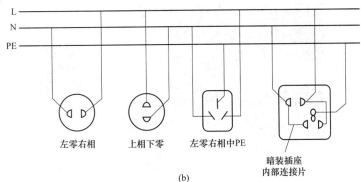

图 7-13　单相插座的接线方法

(a) 实物示意图；(b) 接线原理图

标准三插头取电规则：左零右火中间地。国际电工委规定，家用电器生产商所生产的用电器的三插头电源线，右边的那一根线必须串接用电器的电源开关，因此要求，这根线在取电的时候必须取相线，也因此要求，三插座右边的孔必须是相线。这么规定的目的是，当用户将用电器的开关关闭的时候，用电器就"无电"了。假如用电器电源开关断开的不是相线而是零线，那么家用电器的开关即使处在关闭状态，用电器仍然是带电的（即相线直接进入家用电器），只是零线断开了而无法工作而已。这么规定，也是因为家用电器生产商设计家用电器电源开关时只断开一根线，而不是两根线，假如家用电器的电源开关是同时断开两根线，那么"左零右火中间地"的规定就没有意义了。

🗒 重要提醒

单相电源插座接线规定

单相插座有多种，常分两孔和三孔。

两孔并排分左右，三孔组成品字形。

接线孔旁标字母，L 为火，N 为零。

三孔之中还有 E，表示接地在正中。

面对插座定方向，各孔接线有规定。

左接零线右接火，保护地线接正中。

（3）多个插座导线连接时，不允许拱头连接，应采用 LC 型压接帽压接总头后，再进行分支线连接，如图 7-14 所示。

（4）尽可能增加导线与插座接线端子的接触面积，即尽可能地用导线线头将插座的接线孔塞满塞实。

（5）尽可能地紧密相接，即拧紧固定螺钉（但不要拧过头了）。

7.2.2　电源插座安装

1. 电源插座的安装步骤及方法

暗装电源插座的步骤及方法见表 7-1。

LC型压接帽

图 7-14 多个插座导线连接

表 7-1 暗装电源插座安装步骤及方法

步骤	操作方法	图 示
1	用一字型螺丝刀插入插座边沿的缺口，撬开边框，分离面板和底座	
2	将盒内甩出的导线留足够的维修长度，剥削出线芯，注意不要碰伤线芯	
3	将导线按顺针方向盘绕在插座对应的接线柱上，然后旋紧压头。如果是单芯导线，可将线头直接插入接线孔内，再用螺钉将其压紧，注意线芯不得外露	

续表

步骤	操作方法	图 示
4	将插座面板推入暗盒内，对正盒眼，用螺丝固定牢固。固定时要使面板端正，并与墙面平齐	
5	把面板放在底座上，用力按下即可	

安装时，注意插座的面板应平整、紧贴墙壁的表面，插座面板不得倾斜，相邻插座的间距及高度应保持一致。为了达到上述要求，在固定螺钉时可用水平尺相对，如图 7-15 所示。

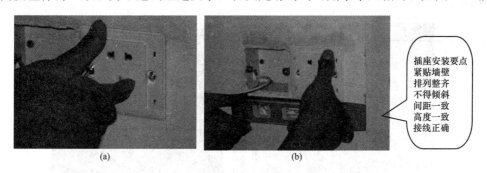

(a) (b)

插座安装要点
紧贴墙壁
排列整齐
不得倾斜
间距一致
高度一致
接线正确

图 7-15 暗装插座对位校正

(a) 固定螺钉；(b) 用水平尺对面板定位

明装插座安装步骤及方法见表 7-2。

表 7-2 明装插座安装步骤及方法

步骤	操作方法
1	将从盒内甩出的导线由塑料（木）台的出线孔中穿出
2	将塑料（木）台紧贴于墙面用螺丝固定在盒子或木砖上。如果是明配线，木台上的隐线槽应先顺对导线方向，再用螺钉固定牢固
3	塑料（木）台固定后，将甩出的相线、零线、保护地线按各自的位置从插座的线孔中穿出，按接线要求将导线压牢
4	将插座贴于塑料（木）台上，对中找正，用木螺钉固定牢
5	固定插座面板

2. 电源插座的接线

(1) 单相 3 孔插座的接线。单相 3 孔插座有 3 个接线柱,其中,电源接入线用 L 表示,也就是相线;零线用 N 表示;地线 ⏚ 表示。接线时遵循的原则是:左零右火中间地,如图 7-16 所示。

图 7-16 单相三孔插座接线

(2) 单相 5 孔插座的接线。单相 5 孔插座有 3 个接线柱,电源接入线用 L 表示,也就是相线;零线用 N 表示;地线用 ⏚ 表示。其中,3 孔插座的相线与 2 孔插座的相线内部是相通的,3 孔插座的零线与 2 孔插座的零线内部是相通的。接线时遵循的原则是:左零右火中间地,如图 7-17 所示。

图 7-17 单相 5 孔插座的接线

(3) 单开 5 孔插座的接线。单开 5 孔插座由开关部分和插座部分组成,只是这两个部分是合在一起的。市面上的单开 5 孔插座背板有如图 7-18 所示的两种,可以发现,图 7-18 (a) 的开关背板要比图 7-18 (b) 的背板多一个接线柱,这个接线柱可用于双控,让开关的用法更多样化。

有 5 个接线柱的单开 5 孔插座,其插座部分:电源接入线用 L 表示,也就是相线;零线用 N 表示;地线一般是用 ⏚ 或者 D 表示。其插座开关都是单独的,有二个接线桩。电源接入线 L;控制线 L1。

5 孔插座结构内部的 2 孔插座 L 与 3 孔插座的 L 相连,2 孔插座的 N 则与 3 孔插座的 N 相连,⏚ 或者 D 是 3 孔插座的接地保护线的接口,是必须要接上的。

 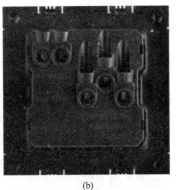

图7-18　两种单开5孔插座的背板

(a) 有6个接线柱；(b) 有5个接线柱

单开5孔插座接线一般有两种方式：一种是开关控制插座接法，另一种是插座即插即用开关另控负载（比如照明灯等）接法，如图7-19所示。

1) 确定连接固定部分。这一部接线，无论采用上面的哪种接法都是这样接线。电路相线插入"开关"区域的接线桩任L插孔，零线插入N孔，地线插入地线孔。

2) 根据需要选择上面两种接法的其中一种，确定跳线。

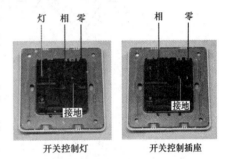

图7-19　单开5孔双控插座接线

开关控制插座接法：插座相线（L）通过跳线连接到"开关"的空余插孔上。

开关另控负载接法：将插座相线（L）与电路相线并接入同一开关接线桩插孔；其他负载（如灯）的相线接开关空余插孔，零线并入N孔。这样连接的目的是使开关与插座实现并联电路，开关不控制插座的电源。

有6个接线柱的单开5孔插座与有5个接线柱的单开5孔插座的区别在于开关部分，其开关部分有3个接线柱。

有6个接线柱的单开5孔插座除了可以用于开关控制插座、开关另控负载两种接法外，还可以用来作为双控照明灯开关，特别适合于作为床头开关插座，其接线方法如图7-20所示。开关与插座合二为一，省去了一个插座的位置。

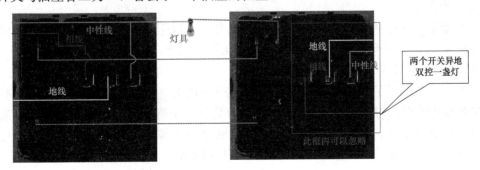

图7-20　6个接线柱的单开5孔插座接线

📋 **特别提醒**

1）开关必须控制相线，否则相线直接进入插座，即使当开关处于关闭状态时，插座内部依然有电源，容易发生触电危险。

2）插座部分，操作者面对插座面板时，应保证左零右火中间地，图7-16～图7-20中，是把插座的背板面对操作者，故而右侧接线柱接零线。

（4）并排插座的接线。厨房、客厅常常会有并排安装的插座，其接线方法是：先把插座里面的 L、N、地线分别串起来，然后再把最边缘的一组接线柱 L、N、地线与家里 L、N、地线分别接上即可，如图7-21所示。

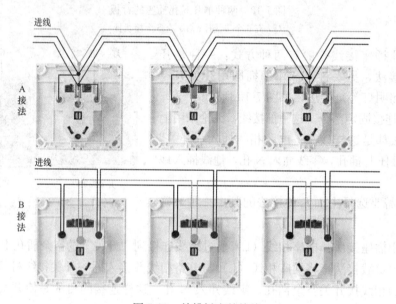

图7-21　并排插座的接线

3. 插座接线正误的检测

插座安装完毕，除了需要检查插座是否通电，还需要检查插座的接线是否错误。常用的检测方法有试电笔检测法和验电器检测法。

（1）试电笔检测插座接线正误。单相二孔插座或单相三孔插座接线正确与否是可以用试电笔进行测试。

1）对于单相二孔插座，用试电笔分别测试右边（或上边）桩头，氖泡亮，测试左边（或下边）桩头，氖泡不亮，则说明接线正确，如图7-22（a）所示；如果测试结果相反，则说明接线不妥，应改接过来。

2）对于单相三孔插座，用试电笔分别测试三个桩头，当测到右孔桩头时氖泡亮，则相线接线是正确的，如图7-22（b）所示，测得另外两个桩头时氖泡不亮，尚不能确定哪根是零线，哪根是保护接零（接地）线。若怀疑保护接零（接地）线是否接对，可以打开插座盒盖，查看接零（接地）专用线上引入的导线颜色（应与相线和零线不同），很容易判断。

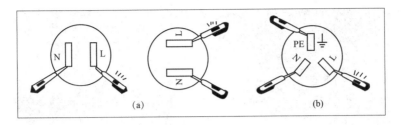

图 7-22 试电笔检测插座接线的正误

(a) 检测单相二孔插座；(b) 检测单相三孔插座

(2) 专用验电器检测插座接线正误。将专用验电器插入插座口，然后重复拨动开关，观察验电器上 N、PE、L 三盏灯的亮灯情况。如果指示灯全黑，则说明此插座通电有问题，需要修检。

除了需要检查插座是否通电，还需要检查插座的接线是否错误。因为有些插座可能零相线接反、缺零线、缺地线等，接线错误很有可能造成电路事故。而检验是否接线正确的方法是使用插座检测仪，通过观察验电器上 N、PE、L 三盏灯的亮灯情况，判断插座是否能正常通电。专用验电器检测插座的接线如图 7-23 所示。

观察指示灯亮灯情况，判定接线是否正确

图 7-23 专用验电器检测插座的接线

4. 安装电源插座的注意事项

(1) 插座必须按照规定接线，对照导线的颜色对号入座。

(2) 接线一定要牢靠，相邻接线柱上的电线要保持一定的距离，接头处不能有毛刺，以防短路。

导线与插座（开关）接线柱的连接方法主要有不断头插入法、断头绞接接法和断头焊接接法，如图 7-24 所示。为了保证接触牢靠，多芯铜芯软线最好是采用焊接接法。

断头插入法又可分为直接插入法、U 形插入法，如图 7-25 所示。为了增加导线与插座接线端子的接触面积，导线截面积较小时建议采用 U 形插入法；导线截面积较大时，可采用直接插入法，例如空调插座接线时通常采用直接插入法。

(3) 单相三孔插座不得倒装。必须是接地线孔装在上方，相线、零线孔在下方。

(4) 卫生间等潮湿场所，应安装防溅水插座盒，不宜安装普通型插座，如图 7-26 所示。

(5) 为了室内装饰美观，插座（包括开关）不能安装在瓷砖的花片和腰线上，安装插座（开关）的位置不能有两块瓷砖被破坏，并且尽可能使其安装在瓷砖的正中间。

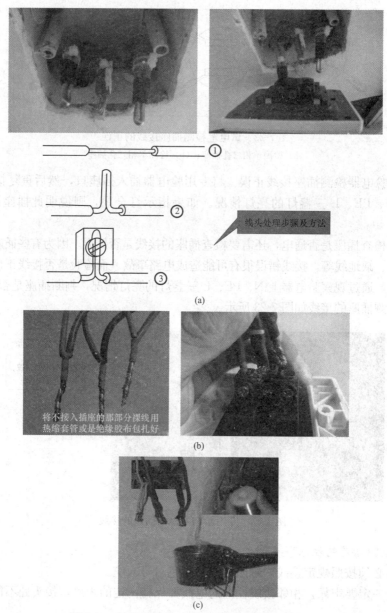

图 7-24　导线与插座（开关）接线柱的连接方法

（a）不断头插入法；（b）断头绞接法；（c）断头焊接法

图 7-25　导线与接线柱断头插入法

（a）直接插入法；（b）U形插入法

厨卫插座必须有保护盖

图 7-26　防溅水插座

7.3　普通照明开关装配

7.3.1　照明开关装配须知

1. 室内照明开关安装位置的要求

开关插座的位置有一定的规范可循，但还是需要具体情况具体决定。

（1）如无特殊要求，在同一套房内，开关离地 1200～1500mm，距门边150～200mm处，与插座同排相邻安装应在同一水平线上，并且不被推拉门、家具等物遮挡。

（2）进门开关位置的选择。一般人都习惯于用与开门方向相反的一只手操作开启关闭，而且用右手多于左手。所以，一般家里的开关多数是装在进门的左侧，这样方便进门后用右手开启，符合行为逻辑。采用这种设计时，与开关相邻的进房门的开启方向是右边。

（3）厨房、卫生间的开关宜安装在门外开门侧的墙上。若安装在卫生间内，镜前灯、浴霸宜选用防水开关。

（4）阳台照明开关应设在室内侧，不应安装在阳台内。

（5）餐厅照明开关一般应选在门内侧。

（6）开关安装的位置应便于操作，不要放在门背后等距离狭小的地方。

2. 照明开关安装的技术要求

（1）安装前应检查开关规格型号是否符合设计要求，并有产品合格证，同时检查开关操作是否灵活。

（2）用万用表 R×100 挡或 R×10 挡检查开关的通断情况。

（3）用绝缘电阻表摇测开关的绝缘电阻，要求不小于 2MΩ。摇测方法是一条测试线夹在接线端子上，另一条夹在塑料面板上。由于室内安装的开关、插座数量较多，电工可采用抽查的方式对产品绝缘性能进行检查。

（4）开关切断相线，即开关一定要串接在电源相线上。如果将照明开关装设在零线上，虽然断开时电灯也不亮，但灯头的相线仍然是接通的，而人们以为灯不亮，就会错误地认为是处于断电状态。而实际上灯具上各点的对地电压仍是 220V 的危险电压。如果灯灭时人们触及这些实际上带电的部位，就会造成触电事故。所以各种照明开关或单相小容量用电设备的开关，只有串接在相线上，才能确保安全。

（5）同一室内的开关高度误差不能超过 5mm。并排安装的开关高度误差不能超过 2mm。开关面板的垂直允许偏差不能超过 0.5mm。

（6）开关必须安装牢固。面板应平整，暗装开关的面板应紧贴墙壁，且不得倾斜，相邻开关的间距及高度应保持一致。

7.3.2 单控开关装配

1. 单控开关的接线

单控开关接线比较简单。每个单控开关上有两个针孔式接线柱，如图 7-27 所示，分别任意接相线和返回的相线即可。

图 7-27　单控开关

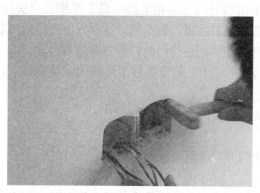

图 7-28　底盒清洁

（1）墙壁暗装开关在安装接线前，应清理接线盒内的污物，检查盒体无变形、破裂、水渍等易引起安装困难及事故的遗留物，如图 7-28 所示。

（2）先把接线盒中留好的导线理好，留出足够操作的长度，长出盒沿 10～15cm。注意不要留得过短，否则很难接线；也不要留得过长，否则很难将开关装进接线盒；用剥线钳把导线的绝缘层剥去 10mm，如图 7-29 所示。

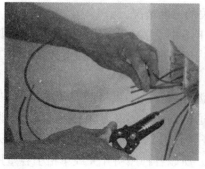
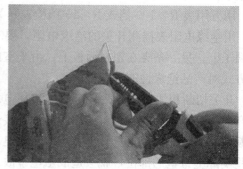

图 7-29　导线线头的处理

（3）把线头插入接线孔，用小螺钉旋具把压线螺钉旋紧。注意线头不得裸露。

2. 开关面板的安装

照明开关的面板分为两种类型,一种单层面板,面板两边有螺钉孔;另一种是双层面板,把下层面板固定好后,再盖上第二层面板。

(1)单层开关面板安装。先将开关面板后面固定好的导线理顺盘好,把开关面板压入接线盒。压入前要先检查开关跷板的操作方向,一般按跷板的下部,跷板上部凸出时,为开关接通灯亮的状态。按跷板上部,跷板下部凸出时,为开关断开灯灭的状态。再把螺钉插入螺钉孔,对准接线盒上的螺母旋入。在螺钉旋紧前注意检查面板是否平齐,旋紧后面板上边要水平,不能倾斜。

(2)双层开关面板安装。双层开关面板的外边框是可以拆掉的,安装前先用小螺钉旋具把外边框撬下来,可靠连接导线并用螺钉将底层面板固定在底盒上,再把外边框卡上去,如图7-30所示。

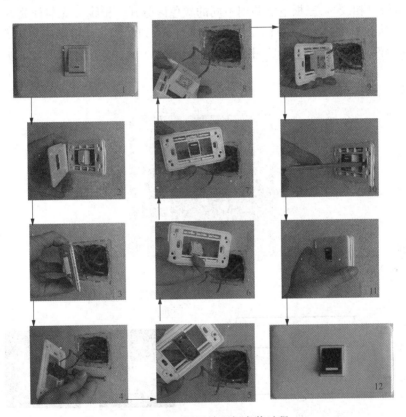

图 7-30 双层开关面板安装过程

7.3.3 多控开关的装配

1. 两个开关异地控制一盏灯的安装

用两只单联双控开关在两地控制一盏照明灯,在家庭照明电路中比较常用,例如卧室吸顶灯灯、客厅大灯一般都可以采用双控开关控制。

单联双控开关有3个接线端,把中间一个接线端编号为"L",两边接线端分别编号为

"L1"、"L2"，如图 7-31（a）所示。接线端"L1""L2"之间在任何状态下都是不通的，可用万用表电阻挡进行检测。双控开关的动片可以绕"L"转动，使"L"与"L1"接通，也可以使"L"与"L2"接通。

当开关 SA1 的触点 L 与 L1 接通时，电路关断，灯灭；当开关 SA1 的触点 L 与 L2 接通时，电路接通，灯亮；如果想在另一处关灯时扳动开关 SA2 将 L、L1 接通，电路关断，灯灭；再扳动开关 SA2 将 L、L2 接通，电路接通，灯又亮；同样再扳动开关 SA1 将 L、L1 接通，电路关断，灯灭。这样就实现了两地控制一盏灯。两个双控开关控制一盏灯的工作原理及接线如图 7-31（b）所示。

两个开关可以放在楼梯的上下两端，或走廊的两端，这样可以在进入走廊前开灯，通过走廊后在另一端关灯，既能照明，又能避免人走灯不灭而浪费电。

接线方法：安装时，零线 N 可直接敷设到灯头接线柱。两个开关盒之间的电线管内要穿三根控制电线（相线），三根电线要用不同的颜色区分开。相线 L 先与开关 SA1 的接线柱"L"相接，再从 SA1 的接线柱"L2"出来导线与 SA2 的"L2"相接；又从 SA1 的"L1"接线柱出来的导线与 SA2 的"L1"相接；最后由 SA2 的"L"引出线到灯头，如图 7-31（c）所示。

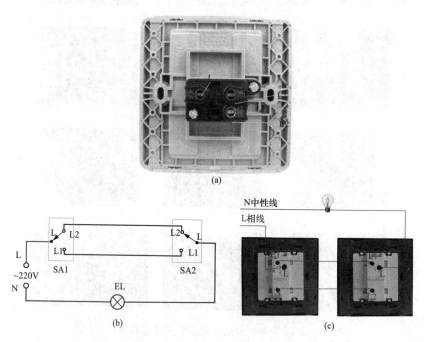

图 7-31　双控开关控制一盏灯
(a) 开关的背板；(b) 接线原理图；(c) 实物接线图

2. 三个开关异地控制一盏灯的安装

三个开关异地控制一盏灯需要使用两个单联双控开关和一个双联双控开关，如图 7-32 所示，KA1 和 KA2 为单联双控开关，KA3 为双联双控开关。在这个电路中，扳动三个开关中的任何一个，电灯的亮灭状态都要变化。根据需要，可在 KA1 和 KA2 之间增加几个双联开关，就能连成多个开关控制一盏灯的电路。

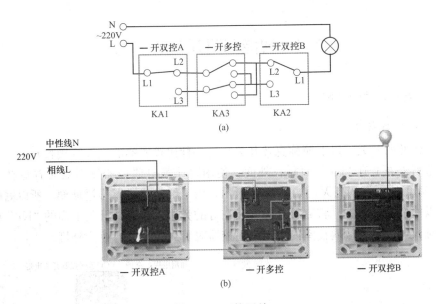

图 7-32 三控开关

(a) 原理图；(b) 实物接线图

3. 多开单控开关的安装

多开单控开关就是一个开关上有好几个按键，可控制多盏灯的开关，如图 7-33 所示。在连接多开单控开关的时候，一定要有逻辑标准，或者是按照灯方位的前后顺序，一个一个地渐远，以后开启的时候，便于记忆。否则经常是为了要找到想要开的这个灯，把所有的开关都打开了。

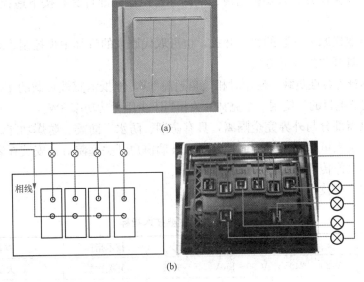

图 7-33 四开单控开关及接线图

(a) 实物图；(b) 接线图

7.4 智能照明开关的装配

7.4.1 克林开关的装配

1. 克林遥控照明开关介绍

克林遥控照明开关（以下简称克林开关）是一种比较成熟的红外线接收开关。安装时把克林开关塑料外壳上有"KL"面露在外面。使用时让家电遥控器发射器对着克林开关上的"KL"面，就可控制灯的亮灭，如图7-34所示。由于红外线可以透过玻璃，所以庭院灯，草坪灯也可以使用克林开关，将克林开关安装在灯的旁边，让克林开关上面的"KL"面对着室内，使用时人可以隔着玻璃在室内用电视遥控器对着克林开关遥控户外灯。

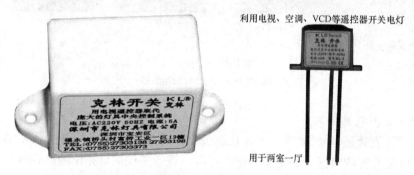

图 7-34 克林开关

克林开关体积小，通用性强，既可安在灯里，又可安在传统墙壁开关里，还可安装在电源到灯具之间的任何地方。只要将电视、空调等遥控器对准灯具，按下遥控器上的任意键，就可遥控灯具。

克林开关可取代原来安装的双控开关，也可取代原来的灯具中央控制系统，它代表了未来智能化楼宇灯具开关的发展方向。

克林开关本身为容性负载，使用时相位角超前90°，能抵消感性负载的相位角滞后，提高功率因素，达到节电目的。使用一个克林开关相当于少用无功功率8W。

克林开关电器部分与外界完全隔离，具有防潮、防水、防震、防爆功能。安装在庭院灯里，不怕下雨，主人可坐在家里用遥控器通过玻璃窗户开关庭院灯；安装在家里，万一煤气泄露，使用时不会像传统开关那样引起爆炸。

克林开关的主要技术指标见表7-3。

表 7-3 克林开关的主要技术指标

技术指标	参数或说明	技术指标	参数或说明
电压	AC200～240V，AC90～150V，45～65Hz	开关次数	大于10万次
负载额定电流	10A	遥控直线距离	10m
1ms瞬间过载电流	80A	防水性能	可在水深10m内使用
电磁辐射	0	防爆性能	可在常压下易燃气体中使用

续表

技术指标	参数或说明	技术指标	参数或说明
适用温度	$-40\sim+60℃$	机身温度	小于 $40°$
接收扇角	小于 $30°$	停电再来电	保持关态
有功损耗	小于 $0.9W$	节省无功功率	大于 $7W$
体积	$41.5mm×24mm×13.5mm$	重量	$13.5g$

传统开关、双向开关和克林开关（KL）比较如图 7-35 所示。

2. 克林开关与传统开关串联的安装

对于已经装修好的房子，这是最常用的方法，安装最省事，不改动原的开关及电路，既可用家电遥控器控制灯具，又可用原有的墙壁开关控制灯具，如图 7-36 所示。无论遥控处在开或关，墙壁开关都能优先开关灯。解决了晚上天黑找不到遥控器无法开灯的问题。这种方案类似于电视机上的开关，手动开关断电后，遥控开关就不起作用，长时间离家时可用墙壁开关彻底切断电源。建议将克林开关安装在灯具上。

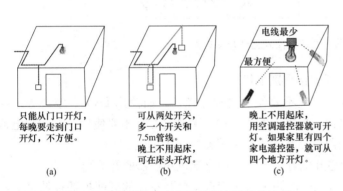

图 7-35 传统开关、双向开关和克林开关比较
(a) 传统开关；(b) 双向开关；(c) 克林开关

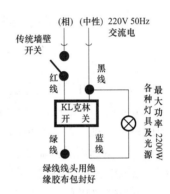

图 7-36 克林开关与传统开关串联的安装

3. 克林开关与双控手动开关联用的安装

对于新装修用户，可选用 KL-4 型克林开关，这是一种将双控手动墙壁开关与克林开关融为一体的双向开关，将它安装在原墙壁开关的地方，手动、遥控同时可用，互不影响。采用这种安装方案，手动开关断电后，遥控仍起作用，是一种全兼容的"双向开关"，使用最方便，如图 7-37 所示。

4. 克林开关单独安装

对客厅大灯的控制，采用克林开关单独安装，成本最低，省了传统开关及传统开关至灯具的两根电线，节省了上述电线铺设的施工费用。这种安装方法只要在灯里或灯的附近接上克林开关

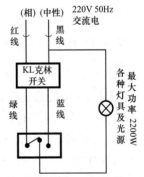

图 7-37 克林开关与双控手动开关联用的安装

就行了，免去了传统开关到灯具之间的电线，如图 7-38 所示。使用时，用电视遥控器指向光源，及时选择应该关断的灯具，达到既方便又节能的目的。

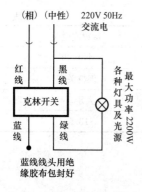

图 7-38 克林开关单独安装

5. 分段式克林开关安装

分段式克林开关适宜对多头吊灯进行控制，如客厅的九头吊灯，用家电遥控器可选择 9 个灯亮；6 个灯亮，3 个灯亮；灯全灭。不断按电视遥控器上的键，可循环选择。亮灯顺序：（每按一次遥控键）全亮（9 个灯亮）→灰线灯亮（6 个灯亮）→棕线灯亮（3 个灯亮）→全灭→循环。

安装时，首先把灯泡分成两组（棕线组、灰线组），然后与克林分段开关的输出线相连，如图 7-39 所示。

6. 使用克林开关注意事项

使用克林开关时，只要将家电遥控器（如电视、DVD、空调等遥控器）对准克林开关，按下遥控器上的任意键，即可开关灯具。

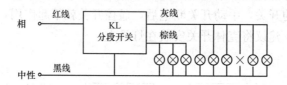

图 7-39　分段式克林开关安装

正确掌握克林开关使用方法，可防止个别干扰现象。

（1）如果正在看电视，想开灯，尽量不要使用电视遥控器，而使用 DVD、空调等遥控器；如果只有电视遥控器，可用电视遥控器上的声音键。原则是尽量不要使用正在运行电器的遥控器，尽量选用遥控器上对当前电器状态不影响或影响不大的键。

（2）如果电视机是关闭状态，想开电灯，不要使用电视机遥控器的开关键。

（3）两个灯都装有克林开关，灯之间的距离又比较近，想开左边的灯就把遥控器指向左边偏多一点；想开关右边的灯，就指向右边偏多一点。

（4）如果遥控电视，怕影响头顶上的灯，则不要将电视遥控器对准电视机，要对准电视机下边地板某个位置，总能找到一个指向，既能遥控电视，又不影响电灯。

7.4.2　DHE-86 型遥控开关的装配

1. DHE-86 型遥控开关介绍

DHE-86 型墙装遥控开关采用单线制，不需接中性线，适用各种灯具，可直接替换墙壁机械开关，当电网停电后又来电时，开关会自动转为关断状态，节能安全、方便实用。采用无线数字编码技术，开关相互间互不干扰。无方向性，可穿越墙壁，拥有传统手动控制和遥控两种操作方式，如图 7-40 所示。与无线红外探头组合使用，可实现人体感应开关和防盗警示的功能。智能学习对码，不用担心遥控器丢失，随便拿个同频率的遥控器，让遥控开关学习一次就能用（比如汽车、摩托车、电动车的遥控器）操作非常简单。下面介绍单线制DHE-86 型墙装遥控开关的主要功能。

（1）开关功能：既可遥控，又可手动控制。采用无线数字编码技术，开关相互间互不干扰，遥控距离 10～50m。

(a) (b)

图 7-40 DHE-86 型墙装遥控开关

(a) 正面；(b) 背面

（2）全关功能：出门或临睡之前，无需逐一检查，按一个键，就可关闭家中所有的灯具，省时又省电。

（3）全开功能：当需要将局部或全部的灯具开启时，按一个键，就可同时亮起。

（4）情景功能：该开关具有任意组合的功能，可以将家里的灯具随意组合开启或关闭，设置成不同的灯光氛围，例如：1 会客时明亮、2 就餐时温馨、3 看电视时柔和，均可一键搞定。

（5）远程控制功能：此功能需遥控开关与无线智能控制器配套使用，形成智能家居系统，实现电话和互联网远程控制家中灯光、家电的开关功能；身在外地时，主人可通过互联网或电话、手机，实现远程控制家电的开启与关闭。

2. 功能设置方法

（1）功能设置方法一。

1）打开无线遥控开关的面壳，可以看到有两排按钮，上面一个的挨着指示灯矮点的按钮就是设置按钮。下面一排三个的按钮是开关按钮，按一下开关按钮灯亮，再按一下灯灭。

注意：所指的"下面一排三个开关按钮"，对于单路的无线遥控开关，只有中间一个按钮，没有左右两个按钮。对于两路的无线遥控开关，只有左边和右边两个按钮，中间没有按钮。对于三路的无线遥控开关，装有三个按钮，自左向右数，对应一、二、三路。

2）设置时，按一下开关按钮，此时所对应的灯亮。其他各路灯处于关闭状态，再按一下设置按钮，指示灯会亮一下，表示已经进入学习码状态，此时按遥控器上任一按键，指示灯会再亮一下。为保证学习到完整的地址码，请一直按着遥控器的按钮，直到开关设置灯亮后又熄灭再松开，表示已经学习成功。同时自动退出设置状态。设置完成。此时按遥控器对应的按键，灯开，再按一次灯关。其他各路设置与上述操作相同。

（2）功能设置方法二。

1）单路设置：想设置哪一路，就把哪一路的灯打开，按一下设置按钮，再按一下遥控器任意键，设置成功。

2）全开功能设置：把所有的灯都打开，此时按一下设置按钮，再按一下遥控器任意键，设置成功。

3）全关功能设置：所有灯都不亮时，此时按一下设置按钮，再按一下遥控器任意键，设置成功。

4）清除设置：在任意状态下，长按设置按钮 3s，指示灯亮 3 下，表示已经清除原来所有设置。若恢复到出厂设置，需重新设置。

5）设置时可有多种组合，例如：三路的可以设置为一、二、三路单独控制，也可以设置一、二路同时打开，或二、三路同时打开或一、三路同时打开。遥控器对开关的控制，可以多个开关使用一个遥控来控制，也可以用多个遥控器来控制一个开关。

3. 遥控开关安装

DHE-86 型遥控开关可直接安装在原来的墙壁开关位置，其操作方法见表 7-4。

表 7-4　　　　　　　　　　　DHE-86 型遥控开关安装

步骤	方　法	图　示
1	打开遥控开关外壳	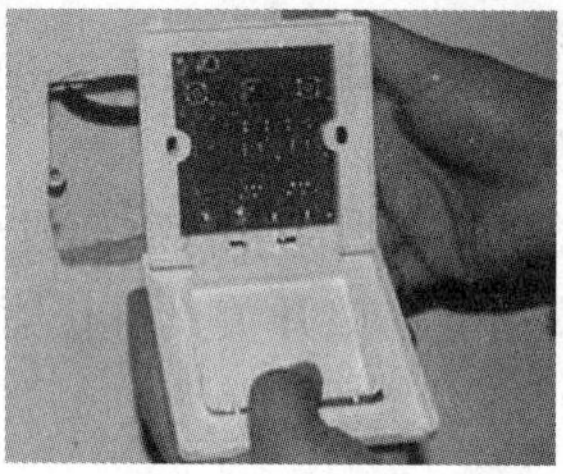
2	按照接线柱上方的文字说明，将输入、输出线连接到相应的接线柱时	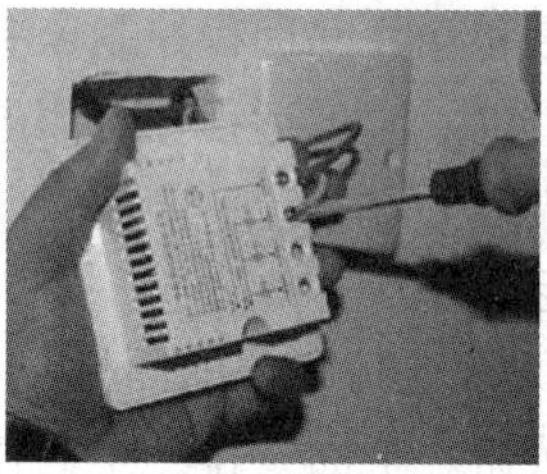
3	将遥控开关装入暗盒，用螺钉将开关固定牢固	
4	一手按住开关板上的学习按钮，一手按住遥控器上的一个按键（遥控器上有 AB-CD 四个按键），与遥控器进行对码设置	

7.4.3　声光控开关的装配

1. 声光控开关介绍

声光控开关就是用声音和光照度来控制照明灯的开关，当环境的亮度达到某个设定值以下，同时环境的噪声超过某个值，开关就会开启，所控制的灯就会亮。

声光控开关必须同时具备两个条件，声光才起作用。从声光控开关的结构上分析，开关面板表面装有光敏二极管，内部装有柱极体话筒。而光敏二极管的敏感效应，只有在黑暗时才起到作用。也就是说当天色变暗到一定程度，光敏二极管感应后会在电子线路板上产生一个脉冲电流，使光敏二极管一路电路处在关闭状态，这时在楼梯口等处只要有响声出现，柱极体话筒就会同样产生脉冲电流，这时声光控制开关电路就接通。灯开启后，经过设定的时间后。从而实现了人来灯亮，人去灯熄，杜绝了长明灯，免去了在黑暗中寻找开关的麻烦，尤其是上下楼道带来方便。

声光控开关具有以下特点及功能。

（1）发声启控：在开关附近用手动或其他方式（如吹口哨、喊叫等）发出一定声响，就能立即开启灯光。

（2）自动测光：采用光敏控制，该开关在白天或光线强时不会因声响而开启灯光。

（3）延时自关：该开关一旦受控开启便会延时数十秒后将自动关断，减少不必要的电能浪费，实用方便。

（4）用途广泛：声光控开关可用于各类楼道、走廊、卫生间、阳台、地下室车库等场所的自动延时照明。声光控开关对负载大小有一定要求，负载过大容易造成内部功率器件过热甚至失控，以至损坏，所以，普通型控制负载最好在60W以下为宜。由于声光控开关根据声响启动，容易误动作，现在正在逐步被红外线开关取代。

常用的声光控开关有螺口灯座型和面板型两大类，如图7-41所示。螺口灯座型声光控开关直接将电路设计在螺口平灯座内，不需要在墙壁上另外安装开关。面板型声光控开关一般安装在原来的机械开关位置处。

(a)　　　　　　　　　　(b)

图7-41　常用声光控开关的外形
(a) 螺口灯座型；(b) 面板型

2. 声光控开关安装

面板型声光控开关可以同机械开关一样，串联在灯泡回路中的相线上工作，因此，安装时无须更改原来线路，可根据固定孔及外观要求选择合适的开关直接更换，接线时也不需考虑极性。

螺口型声光控开关与安装平灯座照明灯的方法一样。

3. 安装声光控开关注意事项

（1）尽可能将声光控开关装在人手不及的高度以上，以减少人为损坏和避免丢失，延长实际使用寿命。安装位置尽可能符合环境的实际照度，避免人为遮光或者受其他持续强光干扰。

（2）普通型声光控开关所控灯泡负载不得大于60W，严禁一只开关控制多个灯泡，当控制负载较大时，可在购买时向生产厂家特别提出。如果要控制几个灯泡可以加装一个小型的继电器。

（3）安装时不得带电接线，并严禁灯泡灯口短路，以防造成开关损坏。

（4）没有应急端的声光控开关（只有进出两线）不必考虑接线极性，直接串联在灯泡相线上即可；有应急端的声光控开关（有进、出线和零线）对接线有特殊规定，必须按接线图接线，如图7-42所示。

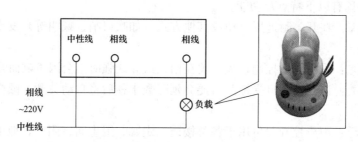

图7-42　有应急端的声光控开关接线图

（5）安装时采光头应向上垂直安装，且避开所控灯光照射。要及时或定期擦净采光头的灰尘，以免影响光电转换效果。

7.5　等电位连接

7.5.1　卫生间局部等电位连接的必要性

等电位就是电位相等，如果电位不相等，就有电位差即电压。将卫浴间内的电器装置、金属物件以及可导电的部分全部用导体连接起来，减小电位差以消除危害，这就是卫浴间安装等电位的作用。

卫生间内的用电器具可能产生危险电位，也可能从别处引入危险的电位。洗浴时人体皮肤潮湿阻抗下降，此时人体能承受的安全电压为12V，若超过该电压，人的心脏即发生心室纤维性颤动，血液循环尤其是中枢神经的血液供应不能维持，人将在极短时间内因全身缺氧致死，因此浴室内是一个高度危险的区域。但只要不形成电位差便无电流通过，比如站在单根高压线上的小鸟不受电击等例子都证明只要物体处于一个局部电位相等的区域中无论该区域的电压多高都是安全的。根据这一原理对浴室通过等电位连接线将所有可导电的器具连接到LEB端子箱使其处于同一电位，便可防止出现危险的接触电压，如图7-43所示。

图 7-43　等电位连接箱

📖 **重要提醒**

等电位连接只是简单的导线的连接，并没有深奥的理论和复杂的技术要求。其所用到的设备仅仅是铜导线和等电位箱，投资不大，却能有效地消除安全隐患。

7.5.2　做等电位连接

等电位装置通常由开发商预留，装修阶段施工通过局部等电位连接端子板（箱），将卫生间内金属物体含金属浴盆，下水管、给水管、热水管、采暖管等用接地管卡和 BV-4mm² 铜芯线连接到 LEB 箱的端子板上，使之达到等电位。某卫生间等电位连接如图 7-44 所示。

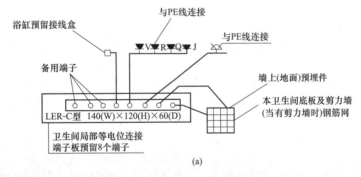

(a)

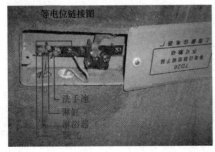

(b)

图 7-44　卫生间等电位连接

（a）接线示意图；（b）安装效果图

图 7-45　等电位接线示例

注意，不宜直接从墙体引出连接线，也不宜直接用喉箍替代接地管卡，而应经过 86 盒转接后用 BV-4mm² 线和接地管卡与需要连接的地方进行连接，如图 7-45 所示。

对卫生间内的插座盒用 BV-4mm² 铜芯线，通过直径 20mm 塑料管与等电位联结端子箱互相连通。对各预留接通点用 BVR 线与金属物体连接。卫生间内的金属管道的连接处一般不需加跨接线，若发现导通不良时，应作跨接。

当卫生间内的水管是塑料管或复合金属管时，等电位跨接线可接在末端水龙头上；采用金属水管时，跨接线直接接在水管上。若卫生间内有水表还应对其进行跨接。将卫生间金属吊顶的龙骨与预留在墙面上的连接螺栓用 BVR 线进行连接。

特别提醒

若卫生间内给水管采用 PPR 等塑料给水管材，但卫生器具为金属产品时也应做等电位连接。

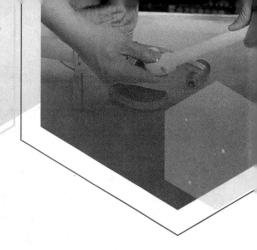

第8章
照明灯具及厨卫电器安装

8.1 照明灯具安装

8.1.1 家居照明灯具安装须知

1. 灯具安装的一般要求

（1）安装前，检查灯具及其配件应齐全，并应无机械损伤、变形、油漆剥落和灯罩破裂等缺陷。

（2）根据灯具的安装场所及用途，引向每个灯具的导线线芯最小截面应符合有关规程规范的规定。

（3）灯具安装应整齐美观，具有装饰性。灯具不仅仅是一种照明工具，更是家庭生活中的重要装饰品。在同一室内成排安装灯具时，如吊灯、吸顶灯、嵌入在顶棚上的装饰灯具、壁灯或其他灯具等，其纵横中心轴线应在同一直线上，中心偏差不得大于5cm，如图8-1所示。

图 8-1 客厅照明灯安装示例

2. 灯具安装的最基本要求

室内照明灯具一般可分为吸顶式、壁式和悬吊式等三种安装方式。照明灯具安装的最基本要求：安全、牢固。

（1）灯具安装最基本的要求是必须牢固，尤其是比较大的灯具。

1）灯具质量大于3kg时，吸顶灯安装在砖石结构中要采用预埋螺栓，或用膨胀螺栓、尼龙塞或塑料塞固定。不可以使用木楔，因为木楔太不稳固，时间长也容易腐烂。并且上述固定件的承载能力应与吸顶灯的质量相匹配。以确保吸顶灯固定牢固、可靠，并可延长其使用寿命。

2) 当采用膨胀螺栓固定时, 应按灯具产品的技术要求选择螺栓规格, 其钻孔直径和埋设深度要与螺栓规格相符。固定灯座螺栓的数量不应少于灯具底座上的固定孔数, 且螺栓直径应与孔径相配。

底座上无固定安装孔的灯具 (安装时自行打孔), 每个灯具用于固定的螺栓或螺钉不应少于 2 个, 且灯具的重心要与螺栓或螺钉的重心相吻合。

只有当绝缘台的直径在 75mm 及以下时, 才可采用 1 个螺栓或螺钉固定。

3) 吸顶灯不可直接安装在可燃的物件上, 有的家庭为了美观用油漆后的三层板衬在吸顶灯的背后, 实际上这很危险, 必须采取隔热措施。如果灯具表面高温部位靠近可燃物时, 也要采取隔热或散热措施。

4) 吊灯应装有挂线盒, 每只挂线盒只可装一套吊灯, 如图 8-2 所示。吊灯表面必须绝缘良好, 不得有接头, 导线截面不得小于 $0.4mm^2$。在挂线盒内的接线应采取防止线头受力使灯具跌落的措施。质量超过 1kg 的灯具应设置吊链, 当吊灯灯具质量超过 3kg 时, 应采用预埋吊钩或螺栓方式固定。吊链灯的灯线不应受到拉力, 灯线应与吊链编叉在一起。

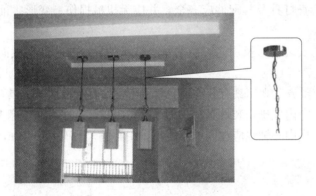

图 8-2 每只挂线盒装一套吊灯

(2) 安装灯具一定要注意安全。

这里的安全包括两个方面: 一是使用安全, 二是施工安全。

1) 室内安装壁灯、床头灯、台灯、落地灯、镜前灯等灯具时, 灯具的金属外壳均应可靠接地, 以保证使用安全, 如图 8-3 所示为某品牌 LED 灯具金属外壳接地。

I 类灯具在实际运用过程中, 若不接地线、假接地或者接地不良时, 可能造成的隐患有产品漏电 (不符合安规 GB 7000.1) 隐患、灯具产生的类似感应电、静电等无法得到有效的释放等缺陷。因此, I 类灯具布线时, 应该在灯盒处加一根接地导线。

2) 卫生间及厨房宜采用瓷螺口灯头座。螺口灯座接线时, 相线 (即与开关连接的火线) 应接在中心触点端子上, 零线接在螺纹端子上, 如图 8-4 所示。

3) 与灯具电源进线连接的两个线头电气接触应良好, 要分别用电工防水绝缘带和黑胶布包好, 并保持一定的距离。如果可能, 尽量不将两线头放在同一块金属片下, 以免短路, 发生危险。

4) 安装时, 灯头的绝缘外壳不应有破损, 以防止漏电。

5) 安装吸顶灯等大型灯具时, 高空作业, 操作者要特别注意安全, 要有专人在旁边协助操作, 如图 8-5 所示。

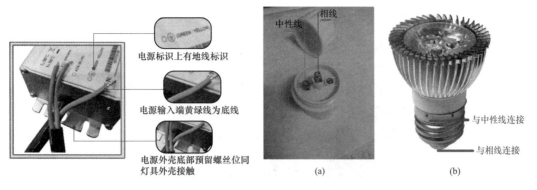

图 8-3　LED 灯具金属外壳接地

图 8-4　螺口灯座和灯泡
（a）螺口灯座；（b）灯泡

图 8-5　安装大型灯具要有人协助

6）装饰吊平顶安装各类灯具时，应按灯具安装说明的要求进行安装。而且吊顶或护墙板内的暗线必须有 PVC 阻燃电线管保护。灯具质量大于 3kg 时，应采用预埋吊钩或从屋顶用膨胀螺栓直接固定支吊架安装（不能用吊平顶吊龙骨支架安装灯具）。

从灯头箱盒引出的导线应用软管保护至灯位，防止导线裸露在平顶内。

7）吊灯灯头内的接线应打结，打结的操作方法如图 8-6 所示。

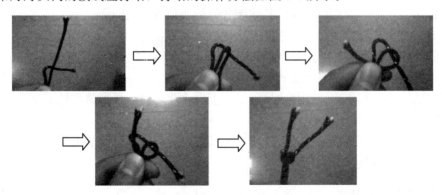

图 8-6　接线打结方法

3. 操作文明，注意成品保护

（1）安装灯具时，操作者一定要保证双手是干净的，建议戴白色手套，如图 8-7所示。如果已经对灯造成污染，安装好以后要立即用干布擦一遍，保证干净。

戴上干净的白手套，以保持灯具及墙面整洁

图 8-7　安装灯具时戴上手套

图 8-8　安装灯具要注意成品保护

（2）安装灯具过程中，要保证不得污染或者损坏已装修完毕的墙面、顶棚、地板，如图 8-8 所示。

4. 灯具安装的几个技巧

（1）在装灯具时，如果装上分控开关，可以省去很多烦恼。因为如果只有一个总开关，几盏灯同开同闭，就不能选择光线的明暗，也会浪费电能，而装上分控开关可以随时根据需要选择开几盏灯。如果房屋进门处有过道，在过道的末端最好也装一个开关，这样进门后就能直接关掉电源，而不需要再走回门口关灯。

（2）灯具安装最重要的要求就是要牢固，操作者可以用手拉一下，感觉一下是否牢固。

（3）安装方罩（正方罩或者长方罩）吸顶灯时，灯罩边框边缘线应与吊顶的拼装直线平行。灯具不能有歪斜现象，否则影响美观。

（4）安装吊灯时，会有导线从顶上延长到灯头部位，要注意，这根导线是不能绷紧的，应与吊链编缠在一起，否则以后这个长期绷紧的导线很容易出问题。

吸顶灯的底盖应该紧贴吊顶，不能有晃动、歪斜现象。

（5）仔细检查，不能有裸露在外面的导线。

（6）很多吸顶灯具上面都有防划伤的膜，安装后需要把它揭下来。揭过膜的人都知道，非常困难。有个小窍门，可以先用吹风机吹一下这个膜，然后再揭就容易了。

5. 家居照明灯具安装步骤

安装灯具应在屋顶和墙面喷浆、油漆或壁纸等及地面清理工作基本完成后，才能安装灯具。室内照明灯具安装步骤如图 8-9 所示。

8.1.2　吸顶灯安装

1. 吸顶灯种类

吸顶灯因其灯具上方较平，安装时底部能安全贴在屋顶上而得名。吸顶灯可直接装在天花板上，安装简易，款式简单大方，赋予空间清朗明快的感觉。常用的吸顶灯有方罩吸顶

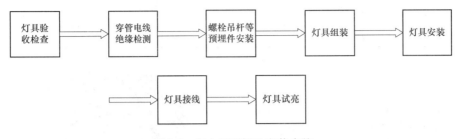

图 8-9 室内照明灯具安装步骤

灯、圆球吸顶灯、尖扁圆吸顶灯、半圆球吸顶灯、半扁球吸顶灯、小长方罩吸顶灯等，如图 8-10 所示，其安装方法基本相同。

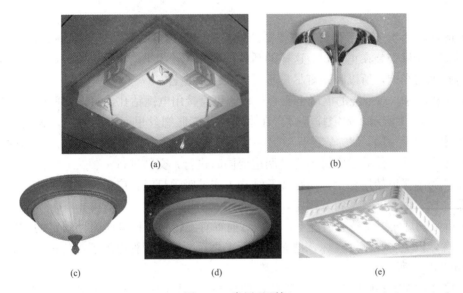

图 8-10 常用吸顶灯

（a）方罩吸顶灯；（b）圆球吸顶灯；（c）尖扁圆吸顶灯；（d）半扁球吸顶灯；（e）小长方罩吸顶灯

2. 吸顶灯的附件

不同类型吸顶灯的附件可能有所不同，例如螺丝、膨胀管、灯罩、吸顶盘、光源、驱动器、连接线等，下面介绍吸顶灯的两个重要附件，见表 8-1。

表 8-1 吸 顶 灯 的 附 件

附件	说 明	图 示
吸顶盘	与墙壁直接接触的圆、半圆、方形金属盘，是墙壁和灯具主体连接的桥梁	

续表

附件	说　明	图　示
挂板	连接吸顶盘和墙面的桥梁，出厂时挂板一般固定在吸顶盘上，通常形状为：一字、工字、十字形	

3. 吸顶灯安装步骤

（1）选好位置 。安装吸顶灯首先要做的就是确定吸顶灯的安装位置。例如客厅、饭厅、厨房的吸顶灯最好安装在正中间，这样的话各位置光线较为平均。而卧室的话，考虑到蚊帐和光线对睡眠的影响，所以吸顶灯尽量不要安装在床的上方。

（2）安装底座。对现浇的混凝土实心楼板，可直接用电锤钻孔，打入膨胀螺丝，用来固定挂板，如图 8-11 所示。固定挂板时，在木螺丝往膨胀螺丝里面上的时候，不要一边完全上进去了才固定另一边，那样容易导致另一边的孔位置对不齐，正确的方法是粗略固定好一边，使其不会偏移，然后固定另一边，两边要同时进行，交替进行。

注意：为了保证使用安全，当在砖石结构中安装吸顶灯时，应采用预埋吊钩、螺栓、螺钉、膨胀螺栓、尼龙塞或塑料塞固定，严禁使用木楔。

（3）拆吸顶灯面罩。一般情况下，吸顶灯面罩有旋转和卡扣卡住两种固定的方式，拆的时候要注意，以免将吸顶灯弄坏，把面罩取下来之后顺便将灯管也取下，防止在安装时打碎灯管，如图 8-12 所示。

（4）接线。固定好底座后，就可以将电源线与吸顶灯的接线座进行连接。将 220V 的相线（从开关引出）和中性线连接在接线柱上，与灯具引出线相接，如图 8-13 所示。

有的吸顶灯的吸顶盘上没有设计接线柱，可将电源线与灯具引出线连接，并用黄腊带包紧，外加包黑胶布。需注意的是，与吸顶灯电源线连接的两个线头，电气接触应良好，还要分别用黑胶布包好，并保持一定的距离，如果有可能尽量不将两线头放在同一块金属片下，以免短路，发生危险。

📋 **特别提醒**

接好电线后，可装上灯光源试通电。如一切正常，便可关闭电源，再完成以下操作步骤。

（5）固定吸顶盘和灯座。将吸顶盘的孔对准吊板的螺丝，将吸顶盘及灯座固定在天花板上，如图 8-14 所示。

（6）安装面罩和装饰物。安装好面罩后，有的吸顶灯还需要装上一系列的吊饰，因为每一款吸顶灯吊饰都不一样，所以具体安装方法可参考产品说明书。吊饰一般都会剩余，安装后可存放好，日后有需要时也能换上。把灯罩盖好，如图 8-15 所示。

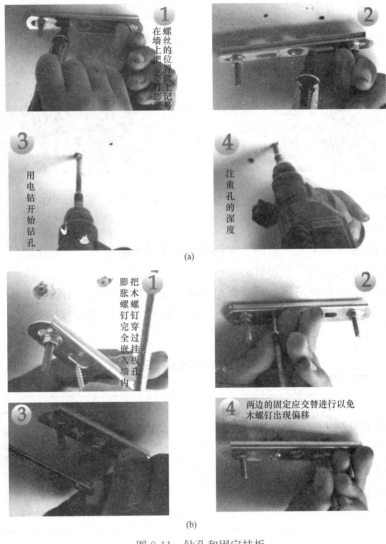

图 8-11　钻孔和固定挂板

（a）钻孔；（b）固定挂板

图 8-12　拆除吸顶盘接线柱上的连线并取下灯管

图 8-13　在接线柱上接线

图 8-14　固定吸顶盘和灯体

图 8-15　安装灯罩

4. 嵌入式吸顶灯安装

嵌入式吸顶灯在外观上大气时尚，空间占用极少，光照柔和，一般在厨房、卫生间、阳台等场所的吊顶上安装嵌入式吸顶灯。

家庭常用的吊顶有扣板吊顶、石膏板吊顶和木质吊顶，应先在工程板上开好面积相同的孔，接好电源线后，直接将嵌入式吸顶灯安装上即可。嵌入式吸顶灯的安装步骤及方法见表 8-2。

表 8-2　　　　　　　　　　　　　嵌入式吸顶灯的安装步骤及方法

步骤	安装方法	图　示
1	在需要安装嵌入式吸顶灯的地方开一个孔（方孔或者圆孔，视灯罩的形状而定），开孔前，要确定好吊顶灯的位置，孔的大小。 一般来说，一块铝扣板的面积刚好安装一盏方形的嵌入式吸顶灯，因此，取下一块扣板即可，不必再开孔	
2	在孔边沿的上方垫上木条，安装好四周边条框	
3	接上电源线，盖好接线盖用螺钉拧紧。准备将灯具放入开孔中	

续表

步骤	安装方法	图　示
4	双手按住灯具两边的卡簧，灯具放入天花板开孔内，内侧的卡簧顶住天花板，用手按住面罩，稍用力往上推入卡紧即可固定好灯具	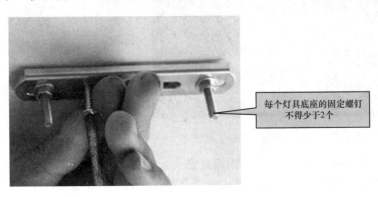

📋 **特别提醒**

在嵌入式吸顶灯安装上必须采取隔热措施，这样才可以保证用电的安全。

安装时，要注意处理好吸顶灯与吊顶面板的交接处，一般吸顶灯的边缘应盖住吊顶面板，否则影响美观。

5. 吸顶灯安装注意事项

（1）吸顶灯不可直接安装在可燃的物件上，有的家庭为了美观用油漆后的三层板衬在吸顶灯的背后，实际上这很危险，必须采取隔热措施；如果灯具表面高温部位靠近可燃物时，也要采取隔热或散热措施。

（2）吸顶灯每个灯具的导线线芯的截面铜芯软线不小于 $0.4mm^2$，否则引线必须更换。导线与灯头的连接、灯头间并联导线的连接要牢固，电气接触应良好，以免由于接触不良，出现导线与接线端之间产生火花，而发生危险。

（3）如果吸顶灯中使用的是螺口灯头，则其相线应接在灯座中心触点的端子上，中性线应接在螺纹的端子上。灯座的绝缘外壳不应有破损和漏电，以防更换灯泡时触电。

（4）与吸顶灯电源进线连接的两个线头，电气接触应良好，还要分别用黑胶布包好，并保持一定的距离，如果有可能尽量不将两线头放在同一块金属片下，以免短路，发生危险。

（5）固定灯座螺栓的数量不应少于灯具底座上的固定孔数，且螺栓直径应与孔径相配，如图 8-16 所示；底座上无固定装置孔的灯具（装置时自行打孔），每个灯具用于固定的螺栓或螺钉不应少于 2 个，且灯具的重心要与螺栓或螺钉的重心相吻合；只要当绝缘台的直径在 75mm 及以下时，才可采用 1 个螺栓或螺钉固定。

每个灯具底座的固定螺钉不得少于2个

图 8-16　底座固定

8.1.3　客厅组合吊灯安装

在安装灯具时，大型的吊灯都安装在结构层上，因为吊顶无法承受大型吊灯的质量，而小型吊灯的安装则随意许多，搁栅上或补强搁栅上都可以安装。吊灯的安装难易根据吊灯的大小及结构组成而定，普通小型的吊灯安装十分简便，而大型组合吊灯的安装就要复杂很多。

吊灯的安装一般分为三个大的步骤：材料工具准备，吊杆、吊索与结构层的连接，吊杆、吊索与搁栅、灯箱连接。

1. 材料工具准备

（1）材料：在安装大型组合吊灯时要准备支撑构件材料、装饰构件材料、其他配件材料，见表8-3。

表 8-3　　　　　　　　　　　　　大型组合吊灯的材料准备

序号	材料类别	材料名称
1	支撑构件材料	木材：不同规格的水方、木条、水板 铝合金：板材、型材 钢材：型钢、扁钢、钢板
2	装饰构件材料	铜板、外装贴面和散热板、塑料、有机玻璃板、玻璃作隔片
3	其他配件材料	螺丝、铁钉、铆钉、成品灯具、胶粘剂等

（2）工具。在吊灯安装过程中需要使用到的如钳子、电动曲线锯、螺丝刀、直尺、锤子、电锤、手锯、漆刷等，都应提前准备好，如图8-17所示。

2. 将吊杆和吊索与结构层连接

在结构层中预埋铁件。由于组合吊灯较重，需要在楼板上预埋吊钩，在吊钩上安装过渡件，然后进行灯具组装。灯具较小，质量较轻，也可用钩形膨胀螺栓固定过渡件，如图8-18所示。注意，每颗膨胀螺栓的理论质量限制应该在8kg左右，20kg的灯具最少应该用3个颗膨胀螺栓。

图 8-17　大型组合吊灯安装工具准备

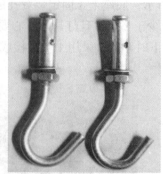

图 8-18　钩形膨胀螺栓

（1）挑选直径6mm的电钻，安装固定好钻头，如图8-19所示。

（2）找吸盘顶盘上的孔位。把挂板从吸顶盘上拿下来→对准吸顶盘→上螺钉，如果找空位一直没对准，可以调整一下螺钉的位置，如图8-20所示。

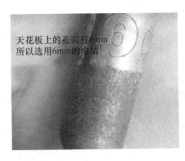

图 8-19 安装固定好钻头

图 8-20 找吸盘顶盘上的孔位上螺钉

（3）钻孔。在天花板时做上记号，钻孔，如图 8-21 所示。天花板上的孔一般钻 6mm 深即可。

图 8-21 做记号，钻孔

（4）把膨胀螺丝塞到孔内，用锤子敲进去，如图 8-22 所示。

图 8-22 上膨胀螺栓

（5）把膨胀螺丝完全嵌入墙内，再固定挂板，如图 8-23 所示，一定要安装牢固。

（6）固定吸顶盘和灯体，把挂板和吸顶盘用螺钉连起来，拧好螺钉，固定好吸顶盘，如图 8-24 所示。

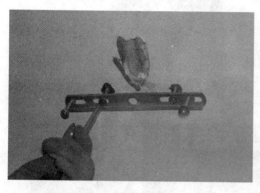

图 8-23　固定挂板

图 8-24　固定吸顶盘

3. 组装吊灯的灯臂与灯体

（1）根据如图 8-25 所示吊灯组装示意图进行灯具组装。使用扳手将吊灯灯臂固定，而且要将灯臂均匀分布，否则安装后的吊灯就会倾斜，如图 8-26 所示。

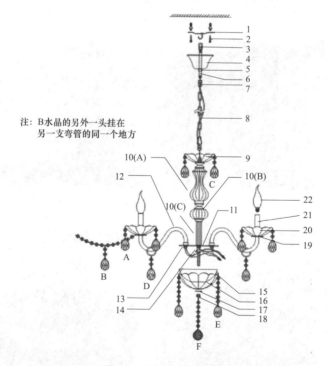

图 8-25　吊灯组装示意图

1—挂板；2—自攻螺钉；3—挂钩；4—吸顶盖；5—螺丝；6—带牙衬管；7—吊链；

8—电源线；9—玻璃碟子；10(A)—燈柱；10(B)—玻璃球；10(C)—梅花管；11—圆铁片；

12—弯管；13—螺母；14—出线螺母；15—铁碗；16—大玻璃碟；17—圆盖；

18—内牙美的；19—挂环；20—玻璃碟；21—管子；22—E14 蜡烛灯泡

图 8-26　固定灯臂

（2）将吊灯灯臂内各种电线正确连接，如图 8-27 所示，把每一条弯管里的线分成两条，主线也分成两条。将其中的一条线（弯管、主线）连接成一束，另外的线再接成一束线。最后将主线的另外两条与天花板处预留的相线、零线连接起来即可。这一步非常的重要，必须要细心加耐心，否则安装后不亮则要拆下来重新检查。

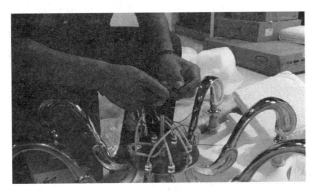

图 8-27　电线正确连接

4. 吊灯，接电源，安装配件

（1）安装吊灯吊链与布套，如图 8-28 所示。

（2）连接主电源，如图 8-29 所示。

图 8-28　安装吊链与布套

图 8-29　连接主电源

（3）调整吊灯吊链的高度，安装吊灯灯臂的玻璃碗与套管等配件，如图 8-30 所示。

（4）安装吊灯光源与灯罩，如图 8-31 所示。

图 8-30　调整吊链的高度　　　　图 8-31　安装光源与灯罩

5. 吊灯安装注意事项

（1）注意吊灯不能安装过低。使用吊灯要求房子有足够的层高，吊灯无论安装在客厅还是饭厅，都不能吊得太矮，以不出现阻碍人正常的视线或令人觉得刺眼为合适，一般吊杆都可调节高度。如果房屋较低，使用吸顶灯更显得房屋明亮大方。

（2）注意底盘固定牢固安全。灯具安装最基本的要求是必须牢固。由于组合式吊灯比较重，且体积较大，因此应采用预埋吊钩或从屋顶用膨胀螺栓直接固定支吊架安装。安装灯具时，应按灯具安装说明的要求进行安装。

（3）检查吊杆连接牢固。一般吊灯的吊杆有一定长度的螺纹，可备调节高低使用。除了认真检查安装后底盘的固定是否牢固，吊索吊杆下面悬吊的灯箱，应注意连接的可靠性。

8.1.4　餐厅吊灯安装

1. 餐厅吊灯简介

餐厅如果足够宽敞，可以选择吊灯作主光源，再配上壁灯作辅助光是最理想的布光方式。例如将低悬的吊灯与天花板上的镶嵌灯结合，在满足空间基础照明前提下，还可以对餐桌进行局部照明。

吊灯的组合形式多样，单盏、三个一排、多个小灯嵌在玻璃板上，还有由多个灯球排列而成的，体积大小各异，如图 8-32 所示。在选择餐厅吊灯时，就要根据餐桌的尺寸来确定灯具的大小。餐桌较长，宜选用一排由多个小吊灯组成的款式，而且每个小灯分别由开关控制，这样就可依用餐需要开启相应的吊灯盏数。如果是折叠式餐桌，则可选择可伸缩的不锈钢圆形吊灯来随时依需要扩大光照空间。单盏吊灯或风铃形的吊灯就比较适合与方形餐桌或圆形餐桌搭配。

餐厅灯在满足基本照明的同时，更注重的是营造一种进餐的情调，烘托温馨、浪漫的居家氛围，因此，应尽量选择暖色调、可调节亮度的灯源，而不要为了省电，一味选择如日光灯般泛着冰冷白光的节能灯。

图 8-32 各种样式的餐厅吊灯

2.灯具的搭配

餐厅灯的材质、色彩、造型，应与家具及整体空间的装潢设计风格相协调。纯玻璃、线条简洁的现代风格餐桌，最好与以玻璃、不锈钢做灯罩的吊灯搭配。如一款外罩玻璃、内嵌柱形彩色水晶的吊灯，由粉红、嫩绿、湖蓝三色水晶做装饰，小巧的灯珠隐藏在水晶里，就像三杯调好的果汁被施了魔法般悬于半空。要是觉得三个小吊灯不够大气，那用一盏塑料材质层层镶嵌而成如雪莲般的大吊灯挂于餐厅也一样韵味十足。有的吊灯还做成拨浪鼓形状，一排五六个串起来，鼓身可以 360°旋转，这样的设计满足了任意调光的需要。还有如月亮船、百合花、水晶绣球花、倒挂酒杯等造型的玻璃吊灯均可挑选。如果是木质，或大理石桌面的餐桌，则可以选择以羊皮纸、仿大理石或木质与磨砂玻璃材质结合的吊灯。

开放式餐厅，往往与客厅或厨房连为一体，因此，选择的灯具款式就要考虑到与之相连的房间装饰风格，或现代，或古典，或中式，或欧式。如果是独立式餐厅，那灯具的选择、组合方式就可随心所欲了，只要配合家具的整体风格便可。总之，不同的灯因结构及安装位置的不同会呈现出不同的光影效果，在灯的搭配上就需依个人的饮食习惯及餐桌、椅子、餐具等摆放的实际情况来主次分明地选用灯具表现出丰富的层次感。

3.安装要求

餐厅里若选用吊灯作主光源，那么就要根据房间的层高、餐桌的高度、餐厅的大小来确定吊灯的悬挂高度。大多数吊灯的悬垂铁丝是固定的，只能在安装前调节好长短，一般吊灯应与餐桌相距约 55～60cm。若想适时地调整吊灯高度，则选择具有随意升降装置的灯具。

需要注意的是，吊灯的悬挂高度直接影响着光的照射范围，过高显得空间单调，过低又会造成压迫感，因此，只需保证吊灯在用膳者的视平线上即可。另外，为避免饭菜在灯光的投射下产生阴影，吊灯应安装在餐桌的正上方。

由多个灯球组成的吊灯，在安装时要注意把它排列成等边三角形，使灯球受力均匀而不易破碎。

4. 安装方法

餐厅吊灯的安装与本节前面介绍的吸顶灯的安装方法基本一致。

（1）选择好吊灯安装的位置，先用电锤钻孔，把膨胀螺栓敲入天花板内。钻孔时要避开吊灯或天花板中埋的暗线。

（2）把天花板内的电源线拉出，从挂板靠中的位置穿过，接着用扳手把垫片、螺母以顺时针方向拧紧，把挂板紧固在天花板上，方能进行一下试拉的测试，确保挂板能够承受灯具的质量。

（3）把灯体挂入挂板上的挂钩内，拉起灯体内电线，与挂板内的电线相应极性对接拧紧，用扎线带固定后缠上电工胶布防止漏电。

（4）确定电线部分对接安全后，锁紧保险螺钉。

📋 **特别提醒**

餐厅吊灯安装或高或低，都会影响就餐。一般吊灯的最低点到地面的距离约为 2m 左右，而餐桌一般高度为 75cm 左右，那么吊灯的最低点到餐桌表面的距离为 55～75cm 左右，这样既不会影响照明亮度，也不会被人碰撞。

8.1.5　水晶吊灯安装

水晶灯光芒璀璨夺目，常常被当成复式等户型装饰挑空客厅的首选。但由于水晶吊灯本身质量较大，安装成为关键环节，如果安装不牢固，它就可能成为居室里的"杀手"。

水晶灯一般分为吸顶灯、吊灯、壁灯和台灯几大类，需要电工安装的其主要是吊灯和吸顶灯，虽然各个款式品种不同，但安装方法基本相似。

目前，水晶灯的电光源主要有节能灯、LED 或者是节能灯与 LED 的组合。

1. 灯具检查

（1）打开包装，取出包装中的所有配件，检查各个配件是否齐全，有无破损，如图 8-33 所示。

图 8-33　打开包装，检查配件

(2) 接上主灯线通电检查，测试灯具是否有损坏，如图 8-34 所示。如果有通电不亮灯等情况，应及时检查线路（大部分是运输中线路松动）；如果不能检查出原因，应及时同商家联系。这步骤很重要，否则配件全部挂上后才发现灯具部分不亮，又要拆下，徒劳无功。

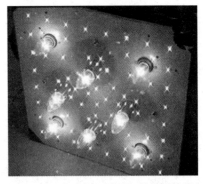

图 8-34 通电试灯，测试灯具是否有损坏

2. 地面组装灯具部件

由于水晶灯的配件及挂件比较多，通常是在地面把这些部件组装好之后，再进行吊装。

(1) 铝棒、八角珠及钻石水晶的组装。铝棒、八角珠、钻石水晶等配件的数量很多，其组装过程见表 8-4。

表 8-4　　　　　　　　　铝棒、八角珠及钻石水晶的组装

序号	配件组装	图示
1	用配件中的小圆圈扣在铝棒的孔中	
2	将丝杆拧入 4 颗螺杆中	
3	把八角珠和钻石水晶扣在一起	

(2) 底板上组件的安装。底板上的组件比较多，其安装方法见表 8-5。

表 8-5 底板上组件的安装步骤

步骤	方 法	图 示
1	把扣好小圆圈的铝棒扣到底板的固定架上	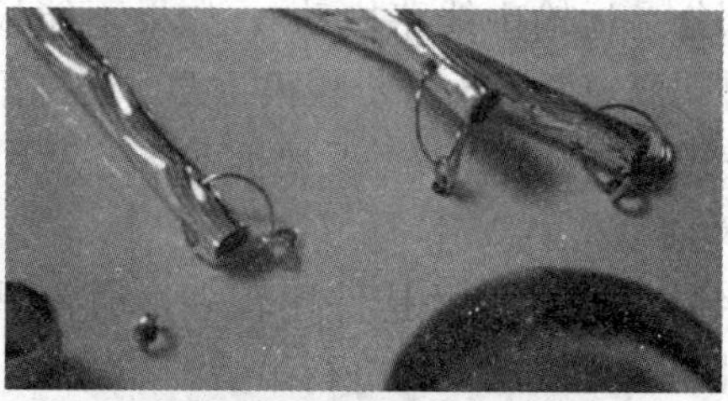
2	把钻石水晶扣在底板中央的固定扣上	
3	把装好螺杆的亚克力脚固定在底板上，一共 8 只	
4	把装好螺牙的螺杆也固定在底板上	
5	装好光源（灯泡）	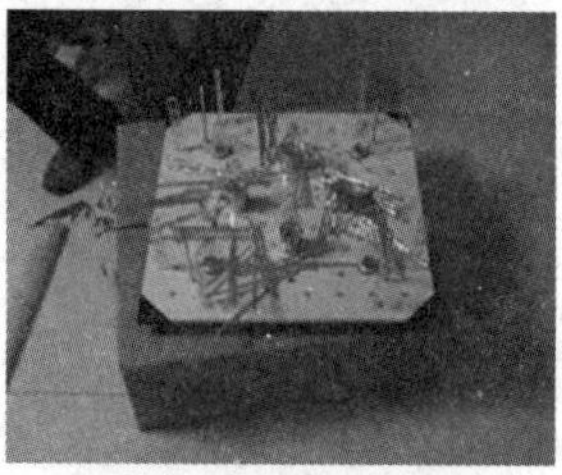
6	卸下十字挂板上的螺丝	

续表

步骤	方　法	图　示
7	按照固定孔的位置锁紧挂板上的螺钉	

3. 安装挂板和地板

水晶灯底座挂板的安装方法与本节介绍的吸顶灯底座挂板基本相同，这里仅简要说明。

（1）将十字挂板固定到天花板上，如图8-35所示。

（2）将底板固定在天花板上，如图8-36所示。

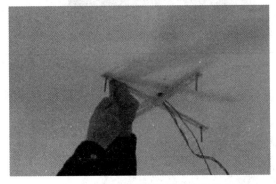

图8-35　将十字挂板固定到天花板上

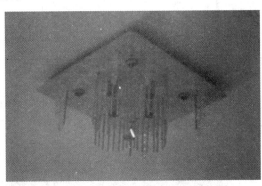

图8-36　将底板固定在天花板上

4. 安装其他配件

灯具其他配件的安装方法见表8-6。

表8-6　　　　　　　　　　　灯具其他配件的安装

步骤	方　法	图　示
1	用螺杆将灯罩固定到灯头上，每个灯头3个螺杆	
2	用螺杆将钢化玻璃固定	

续表

步骤	方 法	图 示
3	将玻璃棒插入到固定好了的亚克力脚中	
4	试灯	

5. 安装水晶灯的注意事项

（1）打开包装后，先对照图纸的外形，看看什么配件需要组装，如图 8-37 所示为某型号水晶灯盘的配件。

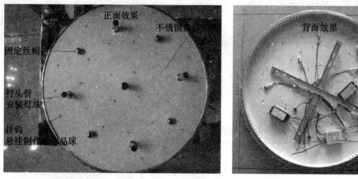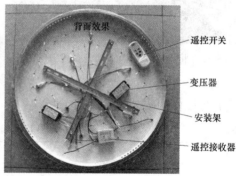

图 8-37　某型号水晶灯盘的配件

（2）安装灯具时，如果装有遥控装置的灯具，必须分清相线与零线。

（3）固定灯时，需要 2～3 人配合。

（4）如果灯体比较大，接线较困难，可以把灯体的电源连接线加长，一般加长到能够接触到地上为宜，这样就容易安装很多。装上后把电源线收藏于灯体内部，只要不影响美观和正常使用即可。

（5）为了避免水晶上印有指纹和汗渍，在安装时操作者应戴上白色手套。

8.1.6　LED 灯带安装

1. LED 带灯简介

LED 灯带是指把 LED 组装在带状的 FPC（柔性线路板）或 PCB 硬板上，因其产品形状像一条带子一样而得名。

随着生活水平的提高，人们对物质文明的追求开始从以前的豪华奢侈转向舒适、环保，LED灯带以颜色逼真、多样、环保、长寿命等特点走进了人们的视线。现在的家居装饰，除了讲究文化内涵之外，还要讲究光、色的搭配和节能、环保的要求，LED灯带正好满足了这一条件。LED灯带的发光亮度有普通、高亮、超高亮等，可以满足不同人的需求；发光颜色有红、绿、蓝、黄、黄绿、紫、七彩、白等，适合不同的环境、不同的场合需求；功率低到一颗LED只有0.06W，还有的只有0.03W，电压采用直流12V供电，既安全又环保（直流无频闪，可以保护眼睛）。另外，LED灯带柔软，可以任意弯曲造型，适合不同地方的装饰需求；再加上体积小、轻、薄，不占地方，也满足于人们对空间的追求。

在木龙骨加石膏板的吊顶，预留有10cm宽灯槽，在灯槽中安装LED灯作为辅助装饰光源是近年来家庭室内装修的一种潮流，如图8-38所示。

图8-38　LED灯带在室内装修中的应用

LED灯带因为采用串并联电路，可以每3个一组任意剪断而不影响其他组的正常使用。对于装修时的因地制宜有好处，而且还不浪费，多余的仍然可以用于其他地方。

防水型LED灯带还可以放在鱼缸之中，让灯带的光芒在水底闪耀，对于家居装饰来说也是一个极大的亮点。

2. LED灯带的配件

安装LED灯带所需要的配件主要有整流电源线、中间接头、尾塞和固定夹，如图8-39所示，各配件的作用见表8-7。

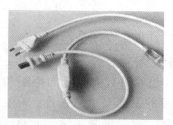

LED灯带　　　　整流电源线　　　　尾塞

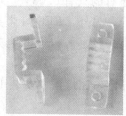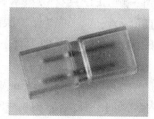

固定夹　　　　中间接头

图 8-39　LED 灯带及配件

表 8-7　　　　　　　　　　LED 灯带配件的作用

序号	配件名称	作用
1	整流电源线	用于将 220V 电源转换为低压直流电压（一般为直流 12V 电压），为灯带供电。有的产品还有灯光变换控制功能
2	中间接头	用于灯带长度不够时将两段灯带连接起来安装
3	尾塞	用于封闭和保护 LED 灯带的尾部端头
4	固定夹	安装时配合钉子用于固定灯带

3. LED 灯带安装的步骤及方法

（1）估算灯带的米数及配件。现场测量尺寸，确定所需灯带的米数及配件。如图 8-40 所示为某客厅 LED 灯带米数及配件确定的方法。

图 8-40　确定 LED 灯带米数及配件数量

　　（2）剪断灯带。根据测量后的计算结果，进行加工截取相匹配的长度。市场上常见的 12V LED 灯带，每 3 个灯珠为一组，组与组之间有个"剪刀"的标志，剪断距离一般是 5cm。24V 电压的 LED 灯带，每组 6 颗灯珠，剪断距离一般是 10cm。220V 电压的 LED 灯带，每组有各种灯珠数量：72 颗、96 颗、144 颗……可剪断距离长达 1m 甚至 2m。灯带的剪断方法如图 8-41 所示。

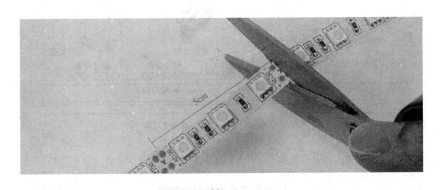

(a)

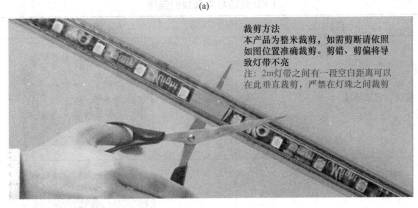

裁剪方法
本产品为整米裁剪，如需剪断请依照
如图位置准确裁剪。剪错、剪偏将导
致灯带不亮
注：2m灯带之间有一段空白距离可以
在此垂直裁剪，严禁在灯珠之间裁剪

(b)

图 8-41　根据计算长度剪断灯带
(a) 间隔 5cm 剪断；(b) 整米剪断

📋 **特别提醒**

　　只有从剪口截断，才不会影响电路工作。如果随意剪断，会造成一个单元不亮。彩色灯带一般为整米剪断，如果需要安装的长度是 7.5m，则灯带就要剪 8m。

　　（3）灯带电源线的连接。LED 灯带一般为直流 12V 或者直流 24V 电压供电，因此需要使用专用的开关电源，电源的大小根据 LED 灯带的功率和连接长度来定。如果不希望每条 LED 灯带都用一个电源来控制，可以购买一个功率比较大的开关电源作为总电源，然后把所有的 LED 灯带的输入电源全部并联起来，统一由总开关电源供电，如图 8-42 所示。这样的好处是可以集中控制，缺点是不能实现单个 LED 灯带的点亮效果和开关控制。具体采用哪种方式，可以由用户自己去决定。

　　每条 LED 带灯必需配一个专用电源，LED 灯带与电源线的连接方法见表 8-8。

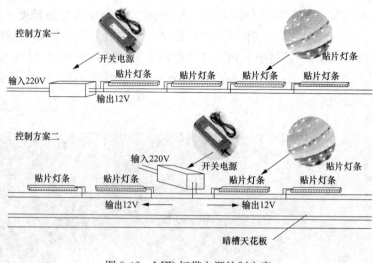

图 8-42　LED 灯带电源控制方案

表 8-8　　　　　　　　　　　LED 灯带与电源线的连接

步骤	连接方法	图　示
1	将插针对准导线	
2	向前推，让插针与导线良好接触	
3	在灯带的尾部，盖上尾塞	

🗒 **特别提醒**

LED 灯带本身是二极管构成的，采用直流电驱动，所以灯带线是有正负极的。安装时，如果电源线的正负极接反了，则灯带不亮。安装测试时如果发现通电不亮，就需要重新按照 LED 的极性正确接线。

（4）在灯槽里摆放灯带。在吊顶的灯槽里，把 LED 灯带摆直。灯带是盘装包装，新拆开的灯带会扭曲，不好安装，可以先将灯带整理平整，再放进灯槽内，用专用灯带卡子（固定夹）固定好灯带，也可以用细绳或细铁丝固定。现在市场上有一种专门用于灯槽灯带安装的卡子，叫灯带伴侣，使用之后会大大提高安装速度和效果，如图 8-43 所示。

图 8-43　灯带伴侣固定 LED 灯带

灯带是单面发光，安装时如果摆放不平整，就会出现明暗不均匀的现象，特别是拐角处最容易出现这种现象，如图 8-44（a）所示。在拐角处用灯带伴侣来固定灯带，就可以完全消除发光不均匀的现象，如图 8-44（b）所示。

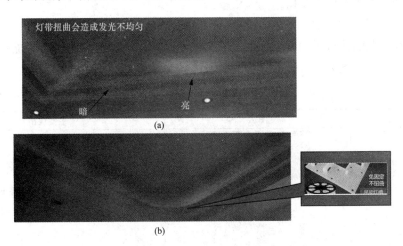

图 8-44　灯带发光情况
（a）灯带摆放不平造成发光不均匀；（b）灯带摆放平整，发光不均匀

4. 安装 LED 灯带的注意事项

（1）LED 灯带只能在标记处剪断，剪错或剪偏会导致一米不亮！在剪之前应仔细看清楚标记处位置。

（2）注意 LED 灯带的连接距离。LED 跑马灯带和 RGB 全彩灯带需要使用控制器来实现变幻效果，而每个控制器的控制距离不一样。一般而言，简易型控制器的控制距离为 10～15m，遥控型控制器的控制距离为 15～20m，最长可以控制到 30m 距离。如果 LED 灯带的连接距离较长，而控制器不能控制那么长的灯带，那么就需要使用功率放大器来进行分接。

如果超出了上述连接距离，则 LED 灯带很容易发热，使用过程中会影响 LED 灯带的使用寿命。因此，安装的时候一定要按照厂家的要求进行安装，切忌让 LED 灯带过负荷运行。

（3）如果不是 220V 灯带，请勿直接用 AC220V 电压去点亮灯带。

（4）灯带与电源线连接时，正、负极不能接反。

（5）在整卷灯带未拆离包装物或堆成一团的情况下，切勿通电点亮 LED 灯带。

（6）灯带相互串接时，每连接一段，即试点亮一段，以便及时发现正负极是否接错和每段灯带的光线射出方向是否一致。

（7）灯带的末端必须套上尾塞，用夹带扎紧后，再用中性玻璃胶封住接口四周，以确保安全使用。

8.1.7 嵌入式筒灯安装

相对于普通明装的灯具，筒灯是一种更具有聚光性的灯具，一般都被安装在天花吊顶内（因为要有一定的顶部空间，一般吊顶需要在 150mm 以上才可以装）。嵌入式筒灯的最大特点就是能保持建筑装饰的整体统一与完美，不会因为灯具的设置而破坏吊顶艺术的完美统一。筒灯通常用于普通照明或辅助照明，在无顶灯或吊灯的区域安装筒灯，光线相对于射灯要柔和。一般来说，筒灯可以装白炽灯泡，也可以装节能灯。

1. 筒灯介绍

依据安装方式不同，筒灯可分为竖装筒灯、横装筒灯和明装筒灯，其主要规格见表 8-9。常用 D 筒灯的主要参数见表 8-10。

2. 筒灯安装步骤及方法

一般家庭安装的筒灯采用嵌入式的安装方式，这样可以保证天花吊顶的统一与完美，增加空间的柔和气氛。安装嵌入式筒灯的步骤及方法见表 8-11。

表 8-9   筒 灯 的 规 格

序号	种类	图示	主要规格
1	竖装筒灯		2、2.5、3、3.5、4、5、6 英寸
2	横装筒灯		4、5、6、8、9、10、12 英寸
3	明装筒灯		2.5、3、4、5、6 英寸

表 8-10 常用筒灯的主要参数

规格（英寸）	灯直径（cm）	开孔直径（cm）	功率（W）
2.5	10	8	5
3	11	9	7
3.5	12	10	9
4	14.2	12	13
5	17.8	15	18
6	19	16.5	26

表 8-11 安装嵌入式筒灯步骤及方法

步骤	方法	图示
1	按开孔尺寸在天花板上开圆孔	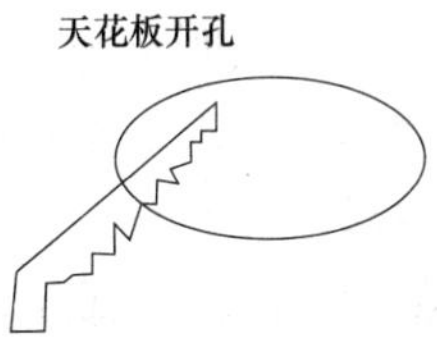 天花板开孔
2	拉出供电电源线，与灯具电源线配接，注意接线须牢固，且不易松脱	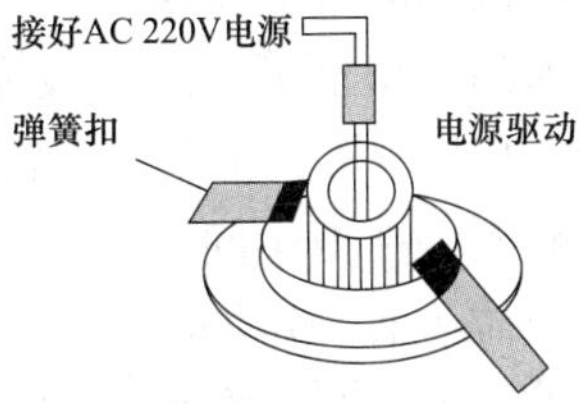 接好AC 220V电源 弹簧扣 电源驱动
3	把灯筒两侧的固定弹簧向上扳直，插入顶棚上的圆孔中	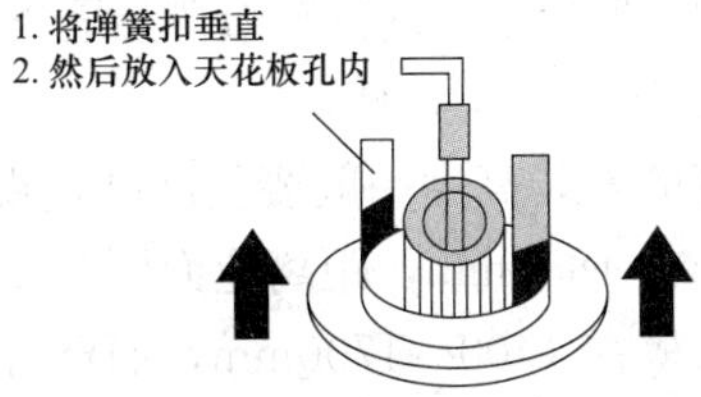 1.将弹簧扣垂直 2.然后放入天花板孔内
4	把灯筒推入圆孔直至推平，让扳直的弹簧会向下弹回，撑住顶板，筒灯会牢固地卡在顶棚上	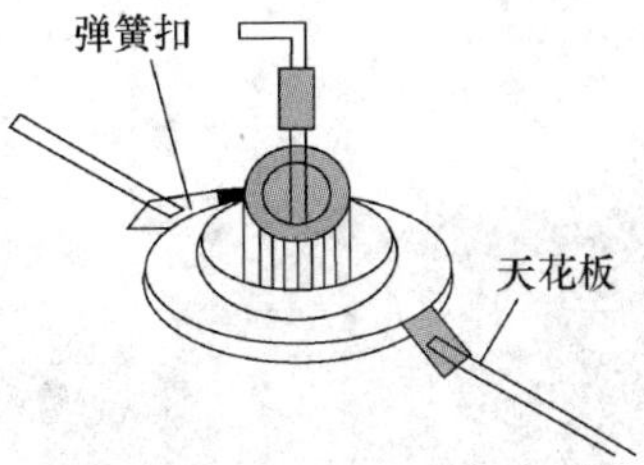 弹簧扣 天花板

📋 **特别提醒**

如果需要拆筒灯时，先关闭电源，用手抓住灯具灯口，按住面盖，用力下拉即可。嵌入式射灯与嵌入式筒灯的安装方法基本相同。

8.1.8 壁灯安装

壁灯可将照明灯具艺术化，达到亦灯亦饰的双重效果。壁灯能对建筑物起画龙点睛的作用。它能渲染气氛、调动情感，给人一种华丽高雅的感觉。一般来说，人们对壁灯亮度的要求不太高，但对造型美观与装饰效果要求较高。有的壁灯造型格调与吊灯是配套的，使室内达到协调统一的装饰效果。

1. 适合安装壁灯的场所

（1）壁灯安装位置：床头。由于是辅助照明，因此卧室床头正需要壁灯的帮助，因为卧室一般都需要有辅助照明装饰，在床头安装的壁灯，最好选择灯头能调节方向的，灯的亮度也应该能满足阅读的要求，壁灯的风格应该考虑和床上用品或者窗帘有一定呼应，才能达到比较好的装饰效果。

（2）壁灯安装位置：走廊或客厅。除了卧室需要辅助照明之外，一般客厅门厅或者过道等空间也是需要壁灯来进行辅助照明的，这些地方的壁灯一般灯光应该柔和，安装高度应该略高于视平线，使用时最好再搭配一些别的装饰物，比如一幅油画、装饰有插花的花瓶、或者一个陈列艺术品的壁框等，这样装饰出来的效果更加微妙。

（3）壁灯安装位置：镜前。卫浴空间中的镜前灯也可以选择壁灯进行安装，卫浴镜前安装的壁灯一般安装在卫生间镜子的上方，最好选择灯头朝下的，灯的风格可以考虑与水龙头或者浴室柜的拉手有一定的呼应。

（4）壁灯安装位置：餐厅。小户型的餐厅，如果选择一盏吊灯装饰，可能光线会太过于明亮刺眼，而且垂吊的吊灯会令本来就紧凑的空间更加的拥挤，而选择一盏或两盏餐厅墙壁风格与色调相搭配的壁灯进行装饰则会是令一番装饰风景。

2. 壁灯安装步骤及方法

壁灯的安装高度一般要稍微高过视平线，大概在1.8m左右。壁灯的高度距离工作面一般为1440~1850mm，距离地面则为2240~2650mm。但是卧室的壁灯离地面的距离可以近一些，大概在1400~1700mm，而壁灯挑出墙面的距离一般在95~400mm。

图8-45 壁灯安装后的效果

壁灯的安装比较简单，其安装步骤及方法如下。

（1）取出壁灯里面的支架在墙上做个记号。

（2）在墙上打孔，再塞进膨胀管用螺丝固定支架。

（3）连接灯线。

（4）固定好支架，如图8-45所示。

3. 壁灯的控制方式

卧室灯具最好采用两地控制，安装在门口的开关和安装在床头的开关均可控制顶灯和壁灯，即顶灯和壁灯两地开关控制，使用非常方便。

8.2　常用厨卫电器安装

家居用电设备比较多，有的用电器不需要电工安装，用户自己就可安装，如饮水机、豆浆机、电饭煲等；有的用电器如电视机、洗衣机、电冰箱、空调等一般由厂家专门的售后服务人员安装调试；有的用电器需要电工安装后才可正常使用，如浴霸、吸油烟机、电热水器、吊扇、换气扇等。

8.2.1　浴霸安装

1. 浴霸简介

浴霸是许多家庭冬季沐浴时首选的取暖设备，它是通过特制的防水红外线灯和换气扇的巧妙组合将浴室的取暖、红外线理疗、浴室换气、日常照明、装饰等多种功能结合于一体的浴用小家电产品。

目前，市场上销售的浴霸按其发热原理可分为三种，见表 8-12。

表 8-12　　　　　　　　　　不同发热原理的浴霸及特点

种类	特　点
灯泡系列浴霸	以特制的红外线石英加热灯泡作为热源，通过直接辐射加热室内空气，不需要预热，可在瞬间获得大范围的取暖效果
PTC 系列浴霸	以 PTC 陶瓷发热元件为热源，具有升温快、热效率高、不发光、无明火、使用寿命长等优点，同时具有双保险功能，非常安全可靠
双暖流系列浴霸	采用远红外线辐射加热灯泡和 PTC 陶瓷发热元件联合加热，取暖更快，热效率更高

按浴霸安装方式的不同来分，目前市场上的浴霸主要分壁挂式和吸顶式两种，见表 8-13。

表 8-13　　　　　　　　　　　　浴霸安装方式及特点

种类	特点	安装条件	图示
壁挂式浴霸	采取斜挂方式固定在墙壁上的浴霸，分灯暖和灯、风暖合一两种，包括灯暖、照明、换气的功能。灯、风暖合一的浴霸，是在灯暖之外增加了风暖的浴霸，可通过开关调节风的温度，既可吹热风送风暖，夏天还可吹自然风，将头发或者身上自然吹干	对安装没什么限制，无论新房老房、正装修或者已经装修完的房子都可以安装壁挂式浴霸	
吸顶式浴霸	固定在吊顶上的浴霸，分灯暖型、风暖型、灯风暖型三种，包括灯暖或风暖、照明、换气的功能，有些款式还具有防止房屋过于潮湿的干房技术。由于直接安装在吊顶上，吸顶式浴霸比壁挂式浴霸节省空间，更美观，沐浴时受热也更全面均匀，更舒适	适宜新房装修或者二次装修时安装；对吊顶有一定的厚度要求，有的还要达到 18cm 甚至 20cm 厚；浴室内要有多用插头，如果浴室内没有多用插头，则需要外接插头，则安装线路只能走明线，固定在墙上，不甚美观，也存在一定安全隐患	

现在市面上的浴霸有蝶形、星形、波浪形、虹形、宫形等多种造型，主要有 2 个、3 个和 4 个取暖灯泡的，其适用面积各不相同。一般 2 个灯泡的浴霸适合于 $4m^2$ 左右的浴室，4 个灯的浴霸适合于 $6{\sim}8m^2$ 左右的浴室。

在使用和安装浴霸时要注意以下几个具体问题。

（1）浴霸电源配线系统要规范。浴霸的功率最高可达 1100W 以上，因此，安装浴霸的电源配线必须是防水线，最好是不低于 $1.5mm^2$ 的多丝铜芯电线，所有电源配线都要走塑料暗管敷设在墙内，绝不许有明线设置，浴霸电源控制开关必须是带防水的 10A 以上容量的合格产品。

（2）浴霸的厚度不宜太大。在选择浴霸时，浴霸的厚度不能太大，一般在 20cm 左右即可。因为浴霸要安装在吊顶上，如果浴霸太厚，必然吊顶高度要降低，整个室内的空间就小了。

（3）浴霸应装在浴室的中心部。很多家庭将其安装在浴缸或淋浴位置上方，这样表面看起来冬天升温很快，但却有安全隐患。因为红外线辐射灯升温快，离得太近容易灼伤人体。正确的方法应该将浴霸安装在浴室顶部的中心位置，或略靠近浴缸的位置，这样既安全又能使功能最大程度地发挥，如图 8-46 所示。

（4）浴霸工作时禁止用水喷淋。虽然浴霸的防水灯泡具有防水性能，但机体中的金属配件却做不到这一点，也就是机体中的金属仍然是

图 8-46　浴霸安装在浴室的中心部位

导电的，如果用水泼的话，会引发电源短路等危险。

（5）忌频繁开关和周围有振动。平时使用不可频繁开关浴霸，浴霸运行中切忌周围有较大的振动，否则会影响取暖泡的使用寿命。如运行中出现异常情况，应即停止使用。

（6）要保持卫生间的清洁干燥。在洗浴完后，不要马上关掉浴霸，要等浴室内潮气排掉后再关机；平时也要经常保持浴室通风、清洁和干燥，以延长浴霸的使用寿命。

2. 浴霸安装的技术要求

（1）主机固定不应有歪斜现象，安装时，必须紧固膨胀螺丝。

（2）吊顶安装必须让浴霸面罩四周紧贴吊顶，缝隙不应超过 2mm。

（3）吊顶开孔尺寸不准大于样板 5mm，夹层空间不足的吊顶开孔，应使安装完毕后的浴霸周边缝隙不超过 3mm。

（4）吊顶安装后，浴霸距地面距离应为 2.1~2.3m（用户有特殊要求的除外）。

（5）2.5m 以上的空间必须使用安装支架，如果用户坚持不用支架，则需向用户声明，浴霸安装过高，影响使用效果。使用支架安装时必须增加弹簧垫圈、平垫。

（6）铁丝吊装时最少打两颗膨胀螺丝，吸顶安装时应将铁丝分开呈人字形，由底盖穿入机体内，并在机体内照明灯座固定板上各绕两圈以上。带换气的浴霸在安装时，应在浴霸两侧至少各打一颗膨胀螺丝，并将铁丝拧紧在膨胀螺丝上并分成人字形，从机体两侧下沿固定孔穿出，在下沿内将铁丝两头拧在一起，不允许将铁丝穿出后自缠固定。

（7）浴霸机体必须压住扣板，决不允许扣板压住机体。

（8）带排风功能的浴霸必须安装挡风窗，并且将挡风窗方向摆正紧固在排风烟道中，排风管尽量拉直，少打弯，必须打弯时，应使其圆滑，防止"死角"产生风阻；如需对排风管

进行加长连接，必须把两根排风管按螺纹方向旋紧，不允许直接用胶带进行粘接。

（9）浴霸机体、开关内各接线柱的固定螺丝必须拧紧（包括出厂前与安装中的所有螺丝）。

（10）膨胀螺丝不准有悬挂在屋顶上的现象。

（11）空心楼板必须采用铁丝穿孔绞接方式，或使用"飞机夹"。

（12）壁挂式浴霸安装后，浴霸下沿距地面距离必须为 1.7～1.8m（用户有特殊要求的除外）。

（13）明装开关盒，应最少用两颗自攻螺丝固定，底盒与地面的平行度应控制在 1～1.5mm 以内。

（14）必须使用浴霸厂提供的原配开关，如图 8-47 所示，开关应安装在距地面 1.4～1.5m 位置。

（15）接电源前，必须先断开电源，拉掉刀闸或拔掉熔断器，再用试电笔检查，在确认无电的情况下方可接电源，严禁带电作业。如果在电源实在断不开的情况下必须作业时，必须戴绝缘手套，接电源时必须有人监护，如一人出外工作，可请用户协助监护。

（16）接线时，必须要将两个线头牢固拧接，不允许有虚接、挂接现象，并且做好绝缘，接头处胶布应半压两圈以上缠

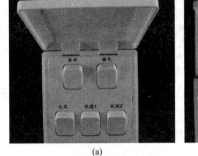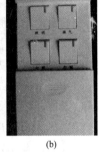

图 8-47 浴霸电源开关
(a) 翻盖式；(b) 滑盖式

绕，浴室中的绝缘必须先用防水胶布进行包扎，然后再用绝缘胶布包扎，有接地线的必须将接地线接入机体。严禁将试机线作为电源线长时间使用，不得将电源线接在试机线上使用。

（17）无法在墙外安装风窗的（二楼以上），可把通风窗从墙内固定在通风孔内。

（18）浴霸机体接线完成后，必须安装接线端防护罩。

（18）对于有智能保护的系列浴霸，电源必须先进主机再进开关。

（19）安装面罩、取暖灯、照明灯之前必须先进行擦拭再进行安装。

（20）安装之后必须清理安装现场。

3. 浴霸安装的预留线

（1）一般灯暖型浴霸要求预留 4 组线（灯暖 2 组、换气 1 组、照明 1 组），由 5 根电线（吊顶上面是 1 根零线，4 根控制相线；下面的开关处是 1 根进相线，4 根控制出相线）。

（2）风暖型浴霸（PTC 陶瓷发热片取暖）要求用 5 组线，（照明 1 组、换气 1 组、PTC 发热片 2 组、内循环吹风机 负离子 1 组）。

4. 浴霸接线技术要求

（1）在安装接线之前，应仔细查看说明书或机体上的电气接线图，在理清电路后才进行接线。导线的连接应牢固、可靠，电接触良好，机械强度足够，耐腐蚀、耐氧化，且绝缘性好。

（2）开关及接线柱上的所有线头剥削要控制在 6～10mm 之间，其他线头剥削按实际需要的长度，开关线头不宜过长一般不要超过 10mm，如果太长应该剪掉多余部分，开关接线完毕后应将电线尽可能往线管里送，将电线理顺后再固定好开关，如图 8-48 所示。

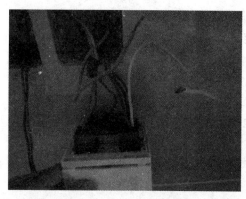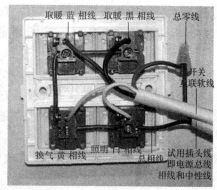

图 8-48　浴霸开关接线示例

（3）无论是单股或多股芯线的线头，在接开关及接线柱插入针孔时，一要注意插到底；二是不得使绝缘层插进针孔，针孔外的裸线头的长度不得超过 3mm。同一接线端子允许最多接两根相同类型及规格的导线。

（4）禁止将零线接入开关线路内，不得将浴霸、开关的线路随意更改，不得对电器电路进行试验。

（5）有自动打开换气对箱体进行降温的浴霸，其相线应先从机器先接入，禁止直接从开关内接入，以免造成换气不能自动打开。

（6）根据各功能的相对应颜色将互联软线或事先预埋导线接入接线柱或开关接线柱孔内，必须紧固接线，但也要防止用力过大将螺栓接线柱端滑扣，发现已滑扣的螺栓或接线柱端子要及时更换。

（7）浴霸所配备的所有二芯插头线仅供试机使用，正式安装时应拆掉。安装浴霸的电源线应根据安装的具体型号必须能承载 10A 或 15A 以上的负载；电源线至少要采用 1.5～2.5mm² 之间单芯铜线。

（8）确保使用浴霸原配该型号的开关。特别是风暖型浴霸，必须使用带有吹风、风暖字样的开关；有高低速换气的浴霸，必须使用有高低单键转换的开关。因开关本身有许多连接电路，禁止随意借用、代用。禁止将浴霸、通风扇的高速和低速并在一起；或高低速能够同时开启。必要时，在用户知情并同意的情况下，可以取消其中一个高速或低速。

（9）接线后应将所有连接进行检验，检查连接是否正确，重新紧固所有螺丝。

（10）浴霸应可靠接地或与卫浴间其他设施一起做等电位连接，若没有接地装置应在验收卡上确认免责任。禁止将中性线当接地线使用。

5. 吸顶式浴霸安装

（1）安装前的准备工作。

1）开通风孔。确定墙壁上通风孔的位置（应在吊顶上方略低于器具离心通风机罩壳出风口，以防止通风管内结露，水倒流入器具），在该位置开一个圆孔。

2）安装通风管。通风管的一端套上通风窗，另一端从墙壁外沿通气窗固定在外墙出风口处，通风管与通风孔的空隙处用水泥填封，如图 8-49 所示。

通风管的长度一般为 1.5m，在安装通风管时要考虑浴霸安装的位置中心至通风孔的距离不要超过 1.3m。

3）确定浴霸安装位置。为了取得最佳的取暖效果，浴霸应安装在浴室中心部上方的吊顶上。吊顶用天花板要使用强度较佳且不易共鸣的材料。安装完毕后，灯泡离地面的高度应在 2.1~2.3m 之间。过高或过低都会影响使用效果。

4）吊顶。如图 8-50 所示，铺设安装龙骨，吊顶与房屋顶部形成的夹层空间高度不能少于 220mm。按照箱体实际尺寸在吊顶上浴霸的安装位置切割出相应尺寸的方孔，方孔边缘距离墙壁应不少于 250mm。

图 8-49　安装通风管　　　　　　　　　　图 8-50　做吊顶

吊顶等工序属于木工的工作，在此过程中，电工的任务是确定浴霸的安装位置及高度。在吊顶上开孔时，注意边线与墙壁应保持平行，否则影响安装后的整体效果。

（2）把浴霸固定在吊顶板上。

1）取下面罩。把所有灯泡拧下，将弹簧从面罩的环上脱开，并取下面罩。在拆装红外线取暖灯泡时，手势要平稳，切忌用力过猛，并将灯泡放置在安全的地方，以免安装操作时损坏灯泡。

2）接线。根据接线图，将连接软线的一端与开关面板接好，另一端与电源线一起从天花板开孔内拉出，打开箱体上的接线柱罩，根据接线图及接线柱标志所示接好线，盖上接线柱罩，用螺钉将接线柱罩固定，如图 8-51 所示。然后将多余的电线塞进吊顶内，以便箱体能顺利塞进孔内。

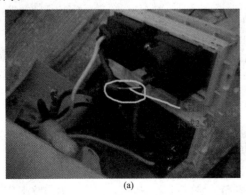

(a)　　　　　　　　　　　　　　(b)

图 8-51　接线
(a) 开关接线；(b) 主机接线

图 8-52 悬挂浴霸，连接通风管

3）悬挂浴霸，连接通风管。悬挂浴霸，把通风管伸进室内的一端拉出，套在离心通风机罩壳的出风口上，通风管的走向应保持笔直，如图 8-52 所示。

4）固定。用 4 颗直径 4mm、长 20mm 的木螺钉将箱体固定在吊顶木档上。

（3）最后的装配工序。

1）安装面罩。将面罩定位脚与箱体定位槽对准后插入，把弹簧勾在面罩对应的挂环上。扣板上完后，在扣板和角线以及角线和墙面之间的缝隙用玻璃胶打好。

2）安装灯泡。细心地旋上所有灯泡，使之与灯座保持良好电接触，然后将灯泡与面罩擦拭干净，如图 8-53 所示。

图 8-53 浴霸安装完毕后的效果

3）固定开关。将开关固定在墙上，如图 8-54 所示。

6. 在集成吊顶上安装浴霸

现在比较流行的集成吊顶是将吊顶模块与电器模块，均制作成标准规格的可组合式模块，安装时集成在一起。就是说电器和扣板的规格是一样的，这就解决了电器和扣板规格不合需要开孔的问题，即浴霸安装时不需要在扣板上开孔，只需要占用 1～2 块扣板的位置而已，如果浴霸位置固定后客户觉得不满意可随意的变换位置，如图 8-55 所示。

图 8-54 浴霸开关固定在墙上

🔲 **特别提醒**

安装（嵌入）浴霸，要做到吊顶面板和浴霸接口平整，无缝隙，如图 8-56 所示。

7. 壁挂式浴霸的安装

壁挂式浴霸就是安装在墙壁上的浴霸。壁挂式浴霸安装方便，在墙壁上安装两颗螺丝就可以固定了。

安装时，用塑料膨胀管与自攻螺钉将挂钩牢固的固定在墙壁上，在挂钩膨胀管正下方用同样的方法安装限位螺钉，螺钉头凸出墙面5mm，将浴霸挂到挂钩上，将凸出墙面的限位螺钉插入支座底板的圆孔中，如图8-57所示。

图 8-55 在集成吊顶上安装浴霸

图 8-56 在集成吊顶上安装嵌入式浴霸

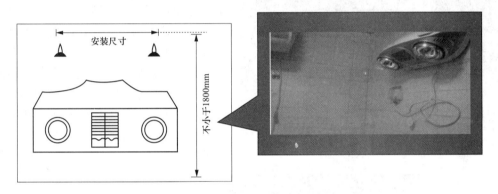

图 8-57 壁挂式浴霸安装高度

壁挂式浴霸的安装位置离地面至少1.8m。

📋 **特别提醒**

壁挂式浴霸一般安装位于实体墙壁上，一定要有膨胀螺丝的。决不允许安装在吊顶的扣板上（根本就承不起），也不推荐使用轻钢龙骨安装。

壁挂式浴霸的控制开关推荐使用双极开关，"双极"就是能同时断掉相线和零线的开关。

8.2.2 吸油烟机安装

吸油烟机现已成为家庭必备的厨房电器，如果安装不当，在使用过程中容易出现噪声大、震动大、油烟抽不出去以及滴油等情况。

1. 安装位置的确定

（1）吸油烟机的中心应对准灶具中心，左右在同一水平线上。吸烟孔以正对下方炉眼为最佳，即安装在产生油烟废气的正上方，如图8-58所示。

（2）吸油烟机的高度不宜过高，以不妨碍人活动操作为标准。顶吸式吸油烟机的安装高度一般在灶上650～750mm，侧吸式吸油烟机的安装高度一般在灶上350～450mm，如图8-59所示。

图 8-58　吸油烟机安装位置示例　　　　　　图 8-59　吸油烟机安装高度示意图

图 8-60　排风出口到机体的距离要适当

2. 吸油烟机排烟管安装的技术要求

（1）吸油烟机的排烟管道走向尽量要短且避免过多转弯，转弯半径要尽可能的大，这样就能出风顺畅，抽烟效果好且噪声减小，如图 8-60 所示。安装在带有止回阀的公共烟道时，必须先检查好止回阀是否能够正常打开工作，如图 8-61 所示。

（2）排烟管伸出户外或通进共用吸冷风烟道，接口处要严密，不需将废气排到热的烟道中。

图 8-61　室内烟道防逆烟倒流帽

3. 安装主机

（1）在墙上钻出 3 个 ϕ10mm 的孔，深度 50~55mm，埋入 ϕ10 塑料膨胀管，然后将挂钩（附件）用膨胀螺钉紧固，如图 8-62 所示。

（2）将排烟软管嵌入止回阀组件，用自攻螺钉紧固。安装排烟管的两种方式如图 8-63 所示。

（3）将整机托起后，后壁两长方形孔对准挂钩挂上。再将排烟软管引出室外，注意排烟软管的出口应低于室内。

（4）将整机左右两端调校至水平状态，并且让其工作面与水平面成 3°~5° 的仰角，以便污油流入集油盒，将装在挂板中间的螺母拧紧，以防油烟机滑落，如图 8-64 所示。

图 8-62　钻孔并用膨胀螺钉紧固挂钩

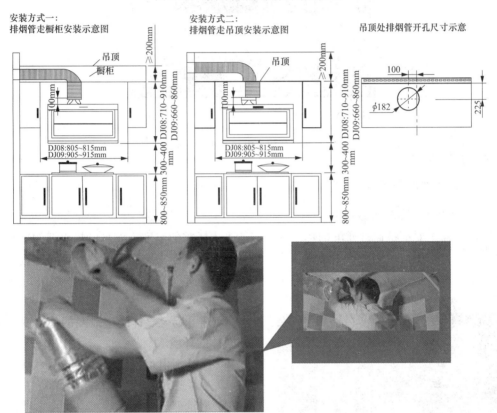

安装方式一：
排烟管走橱柜安装示意图

安装方式二：
排烟管走吊顶安装示意图

吊顶处排烟管开孔尺寸示意

图 8-63　安装排烟管的两种方式

图 8-64　校正水平状态

（5）将集油盒插入集油盒滑槽中。

📋 特别提醒

吸油烟机要安装带有接地装置的三芯专用电源插座，可参考如图 8-65 所示的厨房电路布线敷设图进行布线。

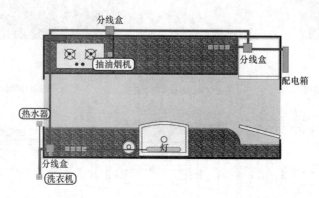

图 8-65　厨房电路布线敷设图

8.2.3　电热水器安装

1. 家用电热水器的安装位置

电热水器主要都是通过通电加热水的，以达到人所需的温度，而且电热水器的进水接的也是自来水，水压问题完全不用考虑，因此也没有太多对于安装高度的要求，可以按照个人需要自由发挥。但电热水器应该根据用户的环境状况，并综合考虑下述因素决定安装的位置。

图 8-66　电热水器安装示例

（1）避开易燃气体发生泄漏的地方或有强烈腐蚀气体的环境。

（2）避开强电、强磁场直接作用的地方。

（3）尽量避开易产生振动的地方。

（4）尽量缩短电热水器与取水点之间连接的长度。

（5）电热水器的安装位置应考虑到电源、水源的位置，不能安装到会被水淋到的地方，如图 8-66 所示。还要考虑到平时对电热水器的操作，不会形成难度。

（6）为便于日后维修、保养、更换、移机和拆卸，电热水器安装位置必须预留出一定的空间。

2. 贮水式电热水器安装

贮水式电热水器是将水加热的固定式器具，它可长期或临时储存热水，并装有控制或限制水温的装置。家庭常用贮水式电热水器，其安装方便，价格不高，但需加热较长时间，达到一定温度后方可使用。

说到电热水器的具体安装方法，其实就是设法把它挂到墙上，它本身带有挂钩，选好适合的高度和位置，在那个位置钉上钉子，然后把热水器上的挂钩挂上。

首先打开包装，把整个热水器拿出来。检查下热水器是否有坏的地方，这点很重要。如果有就去退换，检查完了后，我们会发现热水器后面会有两个挂钩，是让热水器挂在墙体上的。

（1）定位钻孔，悬挂电热水器。先测量挂钩距离，然后在墙面上定位，确定钻孔的位置，用电锤打孔，再打入膨胀螺栓，把挂板安装好，然后将电热水器悬挂在墙面上，如图 8-67 所示。

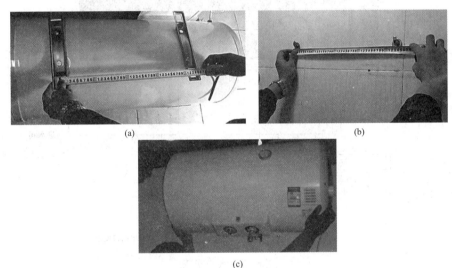

图 8-67　悬挂贮水式电热水器
（a）测量挂钩距离；（b）固定好挂钩；（c）挂热水器

🗒 **特别提醒**

电定热水器安装挂架（钩）的承载能力应不低于热水器注满水质量的 2 倍。其安装面与安装架（钩）与热水器之间的连接应牢固、稳定、可靠，确保安装后的热水器不滑脱、翻倒、跌落。

（2）水路安装。水路安装时，先将混合阀安装到有角阀的自来水管上，混合阀与热水器之间用进出水管、螺母、密封圈连接，如图 8-68 所示。在管道接口处都要使用生料带，防止漏水，同时安全阀不能旋的太紧，以防损坏。如果进水管的水压与安全阀的泄压值相近时，应在远离热水器的进水管道上安装一个减压阀。

（3）清洗系统。水路安装完毕后，先要清洗一下整个系统，再将电路安装好。具体方法是：关冷水阀，开热水阀，打开自来水阀，让冷水注入水箱，当混合阀有水流出时，可加大流量，对水箱管路进行冲洗，再开冷水阀，冲洗阀体内部通路，然后接上淋浴花洒。

（4）电路安装。在离电热水器适当远、高出地面 1.5m 以上的地方装电源插座或空气开关，如图 8-69 所示。打开热水器外壳，接好电源线。注意要根据功率大小选择合适的电源线，并接好地线。

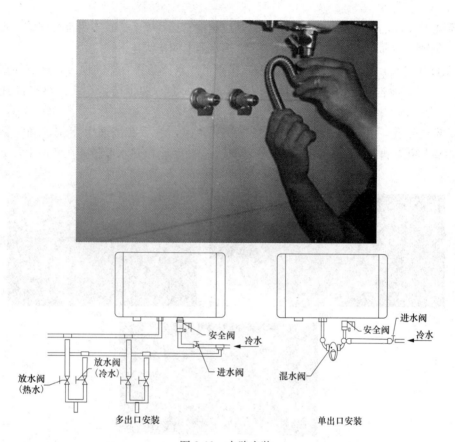

图 8-68　水路安装

图 8-69　安装电热水器电源插座

📋 **特别提醒**

电热水器安装时，必须有独立的插座及可靠接地。

3. 即热式电热水器安装

即热式电热水器又称快热式电热水器/快速电热水器和直热式电热水器。"即热"就是开水和电之后马上就有热水出来。因不用提前预热，所以热式电热水器没有预热时的热能量散失，用时打开不用时就关闭，用多少水就放多少水，也没有贮水式热水器多加热的未用的剩余热水的能量消耗，真正做到了节能省电省水。一般来说，即热式电热水器比传统电热水器省电 30%～50%，所以国家把这类热水器划为节能产品。

即热式电热水器可以安装在厨房，也可以安装在卫生间。其安装要求为：即热式电热水器需要 4mm² 以上的铜芯线作为供电线路，电能表的额定电流 30A 以上。

下面介绍安装步骤及方法。

（1）定位钻孔，安装挂板。其安装方法可参考贮水式电热水器的相关介绍。

（2）安装主机，将热水器安装在挂板上，如图 8-70 所示。

（3）连接进水管。进水管要加装过滤网，过滤网一定要垫平，与调温安全阀连接，再连接到热水器的进水口，并拧紧螺母。进水管的一端与主水管连接，另一端与调温安全阀上，如图 8-71 所示。

即热式热水器必须在进水口安装过滤网，因自来水里有少量的杂物，以免卡住浮磁（干烧、不加热）或堵塞花洒（出水越来越小）。如果滤网堵塞，会使流量降低、出水变小，浮磁不动作热水器无法加热。使用一段时间后拆下滤网进行清洗，即可使用。

图 8-70　安装主机

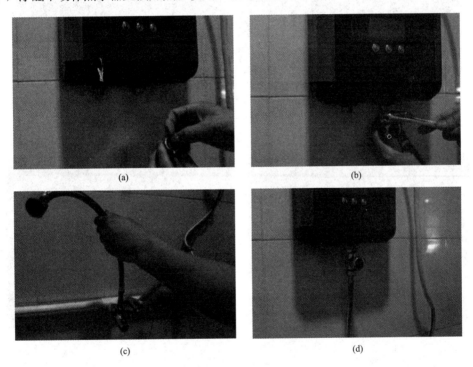

图 8-71　连接进水管

(a) 加装过滤网；(b) 拧紧进水口螺母；(c) 进水管与主水管连接；(d) 进水管与调温安全阀连接

（4）安装花洒。对准缺口，插入滑竿，将升降杆安装在热水器的左侧，并用螺丝固定；然后盖上盖帽，再拧上喷头，如图 8-72 所示。

（5）连接断路器。将热水器的电源线连接到室内配电箱中相应的断路器上，要求采用 4mm² 以上的铜芯线。同时，注意连接好接地线。装好开关面板，如图 8-73 所示。

（6）通电测试。合上空气开关接通电源，先通水再打开热水器电源，根据需要调节温度（一般 40℃ 左右的温度比较合适）。

图 8-72　安装花洒

（a）安装升降杆；（b）再拧上喷头；（c）与热水器出水口连接

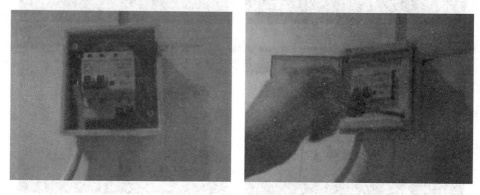

图 8-73　电源线与空气开关连接

📋 **特别提醒**

即热式电热水器必须竖直安装，先接通水路，再接通电路。

即热式电热水器功率一般在 4～6kW 以上，电流为 18～27A，要求家庭的电能表、进户电线、开关等的额定电流及额定功率应大于热水器的额定电流或额定功率，建议使用专线供电。

参 考 文 献

[1] 杨清德，先力. 家装电工技能直通车. 北京：电子工业出版社，2011.

[2] 杨清德. 图表细说装修电工应知应会. 北京：化学工业出版社，2013.

[3] 杨清德，陈东. 装修电工宝典. 北京：机械工业出版社，2013.

[4] 杨清德. 手把手教你学家装电工. 北京：电子工业出版社，2013.

[5] 杨清德，赵顺洪. 学家装电工就这么简单. 北京：科学出版社，2014.

[6] 杨清德. 电工师傅的秘密之家居布线. 北京：电子工业出版社，2014.

[7] 杨清德. 就是要轻松看图学家装电工（双色版）. 北京：机械工业出版社，2015.